水俣・女島の海に生きる

わが闘病と認定の半生

緒方正実◆阿部浩・久保田好生・高倉史朗・牧野喜好・編

世織書房

メチル水銀により失われた無数の命に捧げる

はじめに

水俣病が公式に確認されてから今年で六〇年を迎えます。人類が初めて経験した水俣病は多くの人々に健康被害をもたらし、海や山の環境を破壊し、魚や鳥、猫などのさまざまな生き物の命を犠牲にしました。

一九五九（昭和三四）年一一月二七日、一緒に暮していた祖父、緒方福松は当時の湯浦町では最初の急性劇症型水俣病で命を奪われ、祖父と生まれ代わるようにしてこの世に生を受けた妹のひとみは胎児性水俣病患者として人生の始まりを告げられました。

一九六〇（昭和三五）年三月の熊本県による毛髪水銀値調査で、チッソ水俣工場が排水とともに垂れ流したメチル水銀によって緒方家親族全員が水銀の中毒に冒されていることが明らかになりました。二歳当時の私の毛髪からは二二六ｐｐｍ、四歳の兄が二二四ｐｐｍ、六歳の叔父、緒方正人からは一八二

ｐｐｍの水銀が検出されたのです。私の人生は水俣病というきわめて重い出来事を背負わされて始まることになりました。

水俣病は一九五六（昭和三一）年に公式に確認され、六〇年を迎えた今、一人の水俣病患者として私が感じていることは、六〇年という数字だけが目の前に現れているのではなく、「水俣病とこれからどう向かい合うのか」という姿勢が、改めてすべての人に問われているということです。

自分自身の水俣病から逃げ続け、びくびくしながら暮らしていた認定申請するまでの三八年間を振り返ると失うことばかりでしたが、水俣病と正面から向かい合い始めてからの私は失うことは何一つなく、人として尊いことを次から次と身にまとってきました。

私や緒方家親族は水俣病という公害によって苦しみのどん底を味わったことで、人として喜びと幸せを感じる力を深めたと思っています。そして、人それぞれの水俣病は決して失うことばかりではなく、生の豊かさを得ながら生きる方法と人を赦す方法とを知ったのだと思います。それはまた、喜びや幸せを心から実感できる力を身につけている人は、苦しみや悲しみのどん底を体験した人であり、そのどん底は無駄ではないことの証だと思っています。

差別を恐れて自分の水俣病から逃げ続けた三八年について思うことは、なぜ向かい合う努力をしなかったのかと振り返りながらも、この三八年があったからこそ〝向かい合う〟ということの重さに気づかされたのであり、逃げる努力と向かい合う努力が互いに絡み合わさって今ここに私がいるのだということです。

私は自分の水俣病と向かい合う時はまず、水俣病への恨みを取り去ることから始めました。そうしなければ直面しているさまざまな問題は恨みへと変って行き、解決ではなく恨みを晴らす結果になると気づいたからです。

二〇〇〇（平成一二）年、私は認定申請手続きの中で熊本県によって繰り返され、社会的問題となった「成績証明書無断使用」や「ブラブラ記載」、さらには「人格問題」などの問題に正面から向かい合いました。そして、当時の潮谷義子熊本県知事をはじめ、行政の中にいる一人ひとりと一緒に認定を妨げていると思われるさまざまな問題の解決に向けて歩み続けました。

＊

本書は、私が患者認定を受けた三カ月後の二〇〇七（平成一九）年六月から二年間にわたり、水俣病の矛盾と闘うために行政不服審査請求を土俵にして闘った一〇年を振り返りながらその時の思いを正直に語ったものです。同時に、私が一九五七（昭和三二）年一二月二八日に生を受けてから二〇〇七年三月一五日に水俣病の患者認定を受けるまでの半生の胸の内を明かした記録です。

語りから九年の歳月を経た現在、気持ちの変化は当然ありますが、一九九五（平成七）年の水俣病最終政治解決に切り捨てられ、その後の公害健康被害補償法の中で一〇年間の闘いを経て二二六六番目の患者認定を受けた直後の一人の患者の正直な思いです。

また、二〇一三（平成二五）年一〇月九日、水俣で開催された水銀に関する「水俣条約」の採択に向けた開会式で一四〇カ国の代表の前で患者として五〇分間スピーチを行いました。世界中の人々の幸せのために一日も早い水俣条約の発効を願うばかりですが、そのスピーチも「おわりに」として収録しています。

その月の二七日、全国豊かな海づくり大会で水俣を初めて訪問された天皇皇后両陛下に水俣病資料館語り部を代表して「正直に生きる」という講話を一五分間いたしました。両陛下に心の内を明かしたことで、それまで胸につっかえていたものがスーッと抜けていきました。その講話も収めてあります（巻末資料7）。

私は、水俣病を真に解決するには、原因企業のチッソや水俣病の拡大を防げなかった行政、さらには私も含めて被害に遭ったすべての人がそれぞれに背負わされた個としての役割を果たすことであると思っています。私が背負わされた役割とは、私自身の水俣病の事実と向き合うこと、そして流れた時間の真実を世の中の人々に伝えるための水俣病資料館語り部活動と、本書『水俣・女島の海に生きる』の刊行であると思っています。

水俣はこれまで、水俣病に対して幾つかの問題を解決してきましたが未だに解決できない問題や新たな問題と直面しています。このことは、人類が初めて経験した水俣病は六〇年の歳月を経ても解決できるような出来事ではないことを明かしています。一度公害を起こしたら半世紀以上にわたり向かい合わなければならないことを、世界が教訓としてほしいと思っています。

*

刊行に向けていく九年間の中で、私が知らなかったことや気づかなかったことなど改めて多くを学んでいくことにもなりました。同時に、認定を求めて行政や社会と闘った一〇年は、水俣病を行政に認めさせる闘いというより、〝私自身が自分の水保病を自らに認めさせる闘い〟だったことに改めて気づかされました。

刊行にあたり世織書房の伊藤晶宣さんをはじめ関東や地元の編者、スタッフの皆様に大変お世話になりました。そして、私を支え続けてくれたすべての支援者の皆さん、父の弟正人叔父、なによりも妻泰子に心より感謝したいと思います。

水俣病公式確認六〇年を迎えた年に世に送れる私の水俣病半生の語りが、これからの水俣病解明に資する一冊になれば幸いです。

二〇一六年九月二六日

緒方正実

目次

水俣◆女島の海に生きる

＊文中の（　）内は編者の補足です。

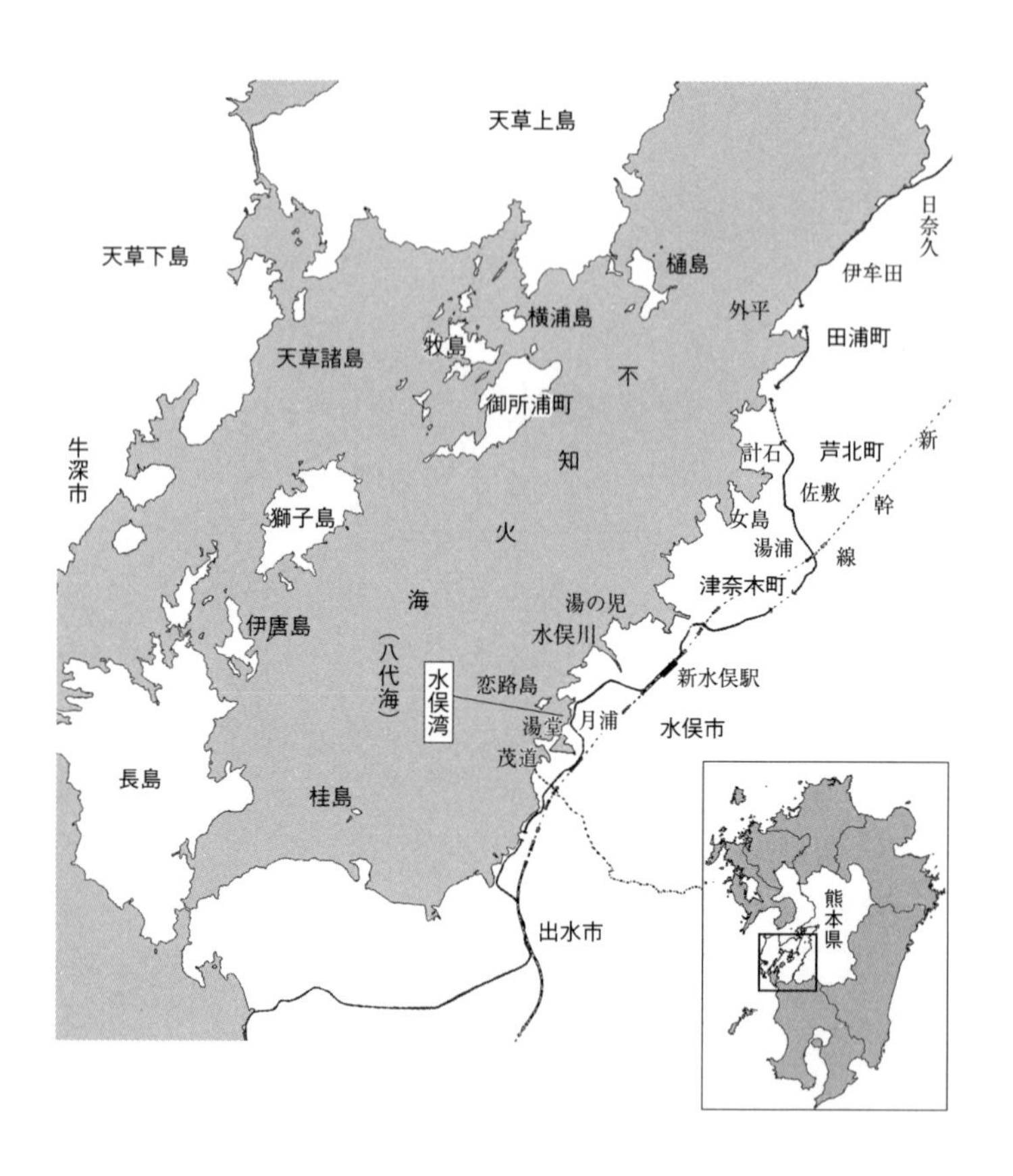

天草上島
天草下島
日奈久
伊牟田
樋島
横浦島
外平
田浦町
牧島
天草諸島
不
御所浦町
牛深市
知
計石
芦北町
新
佐敷
幹
獅子島
女島
火
湯浦
線
津奈木町
海
湯の児
伊唐島
水俣川
（八代海）
水俣湾
恋路島
新水俣駅
湯堂
月浦
水俣市
茂道
長島
桂島
熊本県
出水市

水俣◆女島の海に生きる

I

生い立ち、そして独立

一九五七年～一九九四年

1 出生から中学卒業まで

生まれた頃の記憶

一九五七（昭和三二）年、私は当時の葦北郡湯浦町女島の漁村に生まれました。最初の記憶として残っとるのは、ぼんやりとしていますが、当時の緒方家の様子ですね。とにかく大勢の人たちが家の中にいて、いつもワイワイ、ガヤガヤ賑やかでした。そういう風景だったのを覚えとります。

網元だったことで、近所の人たちや嫁いだおばさんたちが、仕事に毎日通ってきていた。それで大勢いたんだろうと思います。一緒に仕事をしたりして、昼になればいつもご飯を一緒に食べて、今、考えてみると誰と誰が本当の家族で、誰と誰が近所のおばさんで、誰と誰が遠くからきている人か区別もつかないくらいだったんです。

父親のことは、父ちゃんと呼んでましたが、いつも忙しそーうにしとったですね。ちょこっと（ほんの一瞬）私たち、子供の顔見てさっと沖に出て、帰ってきたらまたちょこっと抱いて、そして舟のところで網を繕っていたとです。ちょこっ、ちょこっとしか顔を見せなくって、いっつも一緒にいたちゅうことはあまりなくて、毎日忙しい父親だったなあ。

私を見てくれていたのは、コメ婆ちゃん（祖母）だったんです。母親は家族のご飯を作ったり洗濯し

昭和32（1957）年頃の湯浦町女島の風景。向かって左奥の家は著者の実家。左下に“しょけ”が見える。

たりと、それにかかりっきりだったみたいです。母が一人ではできないから、叔母さんとか婆ちゃんとかも私のめんどうを見てくれたと思うんですけど、そん中で婆ちゃんはいつも私のめんどうを見てくれていたんです。

これもかすかに覚えとっとですけど、〝しょけ〟ちゅうとがあったとですよ。竹で作ったこう深か平らな籠（かご）で、イリコなんかを乾燥させるために入れる竹籠みたいなものです。ずっと見とるわけにはいかんちゅうことで、それに私を入れてあやしとったらしいんです。私はやっと歩くか歩かない時で、籠の中で手をつっぱって立って、ごろんごろんと転んで楽しんで、籠に入れとれば一日おとなしくしとったらしくて手のかからん子じゃったと、後で聞いたんです。それはかすかに覚えとります。三歳、四歳くらいまでだったかなあ。

野菜の芽を摘んでしまった話

こまんか時（小さい時）はおとなしい性格だったが、五歳ぐらいになると元気が出てきたそうです。

家の後ろにミカン畑があって、そんミカンの木の間に婆ちゃんが野菜の種を蒔いていたそうです。近所に歳が一緒くらいの誠一（せいいち）という友だちがいて、その子と一緒に家の裏にある段々畑に上がってですね、何か小さな芽が出てきとるものだから子供心に、不思議に思ったんでしょう。悪さをしようと思ってしたんじゃなかですけどね、この芽は何じゃろうかと二人で芽を全部摘んでしまったそうです。婆ちゃんがせっかく種を蒔いてやっと出てきた芽を何で取ってしまうかと、すごく叱られたことを今でも鮮明に覚えとっとです。「正実が小さか時に、婆ちゃんが蒔いた野菜の種からやっと出た芽を、ほっとしとった矢先にみんな摘んでしもうたがね」ち、大人になって結婚した後まで言われたっです。

沖で漁ができない日に、陸の方でいろいろな仕事ができるよう、爺ちゃん（祖父、緒方福松）が漁で得た利益を山や田んぼや畑に換えていたらしいんです。網子として来られている人たちが、時化（しけ）で漁ができない日に暇をもてあまさないために、そんな日は田んぼに出て農作業をする、山に入って下草の下払いとかができるような形を常につくっとった。うちは網元であった爺ちゃんがいろんな状況を考えて、漁師の中では珍しく、田んぼや畑や山が多いんです。じゃけん、いつも婆ちゃんは畑で鍬を持って耕している。漁に出ていく婆ちゃんというのは見たことがなかったです。

幼少時通院の記憶

その後は、一緒に住んどった節子叔母さんちゅうのがおって、井上病院というところに連れてってもらってたのを、覚えています。あの頃バスは通っとらんかったですけん、どぎゃんして（どうやって）

連れて行かれたか憶えとらんですが、舟で女島からずーっと佐敷川の河口まで行って、芦北町役場の裏側の河口のところで降ろしてもらって、そこからかろわれて（おんぶされて）、佐敷駅（水俣駅から北に三つめ）まで行き、当時はまだ駅に馬車がいた時代で、馬車に乗って佐敷の商店街の中にある井上病院に診てもらいに行っていたとです。

私は子供の頃、涎がものすごくひどくて、「この子はどげんかしてくれんば（この子をどうにかしてやらねば）。ただの涎じゃなく病気があるとじゃなかか」、ということで病院に行ったとです。その当時はちょっとやそっとのことでは病院には連れて行かないし、すぐに行けるところでもない時代に、涎で病院に連れて行かれたちゅうことは、ものすごく症状がひどかったんだろうと思うんです。

病院に行ったら、医者が叔母さんに言ったそうです。「食欲はありますか、この子は」「食欲は普通にある」「なら大丈夫、大丈夫」っち（と）。「食欲のなからんば、心配せんばならんばってん、逆に食べ過ぎで涎が出るったい」とあっさり医者が言うもんだから、帰ってからも「食欲のあれば大丈夫っち言わったばい。逆に食べ過ぎで胃を壊して涎が出るのかもしれん」と叔母が私の両親に伝えたみたいです。じゃってん（けれども）、普通の子供が食べる量ぐらいで、むちゃくちゃ食うわけじゃなかし、胃を壊しておかしくなるちゅうのは……と、両親はいろいろ不思議に思っとったそうです。

叔母さんとしては、私を病院に連れて行くことで自分もたまに解放感ちゅうか、久しぶりに街に出るから用事もすませてというのもあったと思います。日頃買いたいいろんな物を買う、そういうのもかねていたんかなあ。

なぜ叔母さんと行ったことを鮮明に覚えているかというと、病院からの帰りがけに、今の佐敷駅の前に食堂があって、その食堂で昼飯でも食べていこうとなったんです。そこに立ち寄って私はテーブルに向かって高かイスに座らせられて、不安定な感じで掴まりながら何か食べていたら……はっきりと覚えとりますが、パリーンちゅう音がしたんです。

どこで買ったのかは記憶になかですけど、病院からそこまでの間に叔母さんは化粧品を買っていたんです。買った品物を食堂で広げて見とった時に、誤って化粧水が入ったビンを落として割ってしまったんです。ものすごく残念そうにしとらった。それを見て、自分が悪いことをしたような感じがして、一緒になって落ち込んでしまったのを覚えとっとです。そのあと、のこりを食べたのか食べていないのか、覚えておらんとです。

帰りはどぎゃんしたかというと、その頃は電話もなかったけんが、迎えに来いとも言えんし、行きに降ろしてもらった佐敷川の河口に渡し船がいたんです。川の向こうに計石（はかりいし）ちゅうところがあって、今は国道三号線から橋がかかっとるが、当時は橋がかかっとらんであそこ付近しか渡るところがなかったとでしょう。三号線の橋までずっと歩いていって川を渡って、またずっとくればそこに渡し船があったですよ。

女島の京泊（きょうどまり）から一山峠を越えたところが私の家で、京泊は直線で見えるところですから、そこで降りればよいわけです。あとは一山越えればもう家です。そこまで五十円ぐらいで渡してくれるとです。なぜか五十円て覚えてるんです。何度か婆ちゃんと一緒に帰ってきたことがあって、そういう時は病院

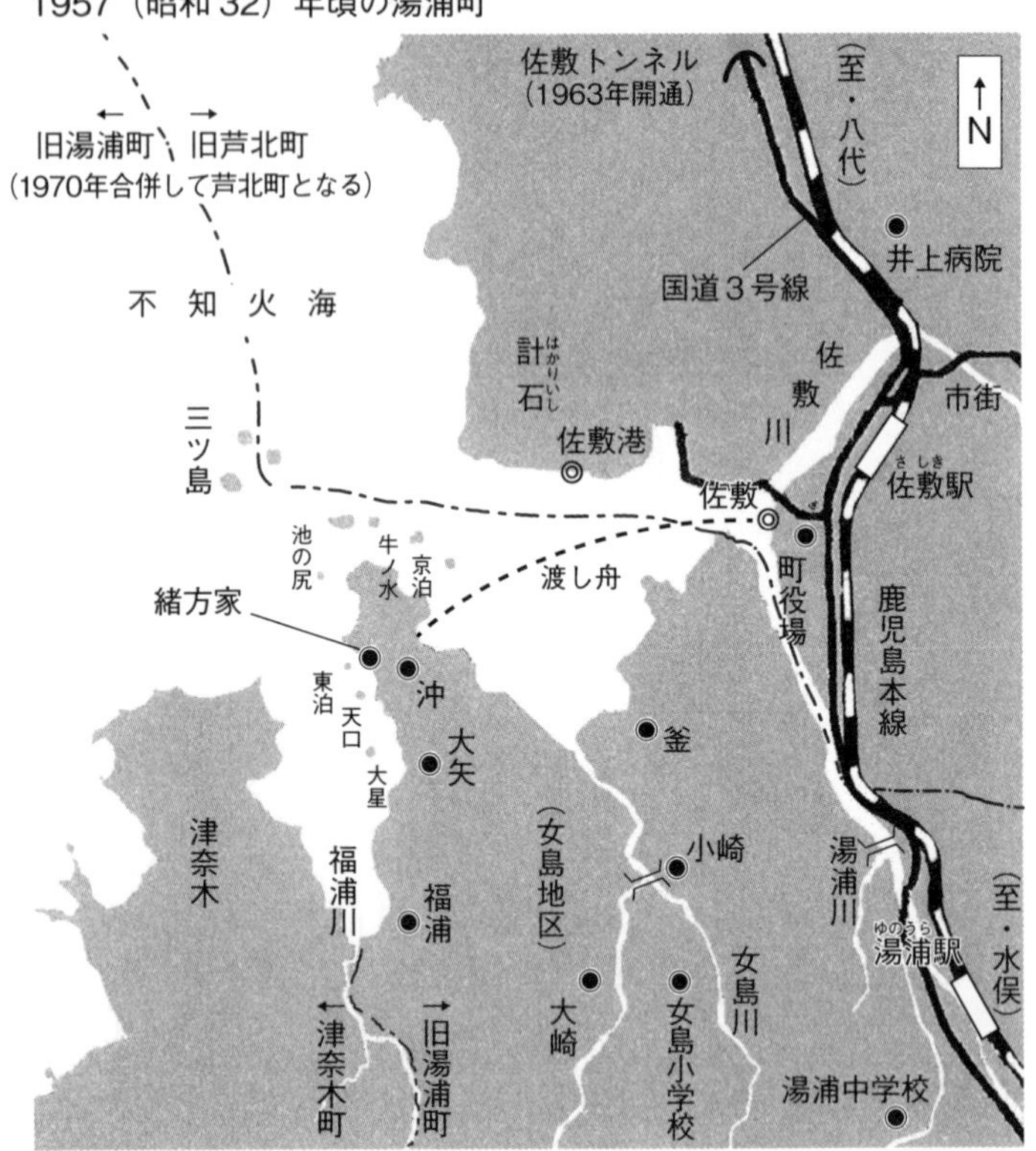

1957（昭和32）年頃の湯浦町

に連れていきよったかなと。医者に診察された様子は、ぜんぜん記憶してないです。途中のことだけを覚えています。

　最近になって、節子叔母さんのところに行ったら「涎がひどくて、ひどくて、何やろかと思っとった。父ちゃんも母ちゃんも忙しくして行かれんけん、私が連れて行ったんよ、覚えとるとや」と病院に行った時のことば話してくれて、「本当は水銀のせいやったんかね……」と言いよったとです。

　生まれたのが昭和三二（一九五七）年で、当時五歳くらいだったちゅう話ですから、三七（一九六二）年くらいですかね。

当時の食生活

食事は魚(いお)が主でした。朝昼晩、刺身が出てくる。子供としては珍しく魚が好きで、刺身を〝ぶえん〟（無塩。煮付けない魚）ち言いよってですね、ぶえんを与えれば泣きやむちゅうくらい、そぎゃん（そんなに）好きだったようです。

今では刺身なんかは小皿に移して、醤油を付けてから味わうような感じですが、そげんじゃなかったですね。どんぶりに魚をいっぱい詰め込んどって、それに醤油ばバーッとかけて、そして箸で取って食べるんじゃなくて、どんぶりを抱えて飯を食べるように食べる。そういうふうにして、腹いっぱい食べよったです。量はすごく多くて、普通の人たちが一生のうちに食べるくらいの魚を、いや、それ以上かな、それを一年間で食べたろうと思います。今じゃ考えられないくらい、魚で腹いっぱい。それも、ほとんどがぶえん、生だったんです。煮たものは、あんまり食べとりません。「煮てしまえば、魚じゃない」そういう考え方があったですかね。

私の兄貴ももちろんそういう食生活だったですけど、私ほど生魚は好きではなかったそうです。好きではないというか、好きの方にはもちろん入っているですけどね。私が異常に好きだったので、それと比べれば、それほど好んで食べる方ではなかったということです。

魚のほかには菜っぱ。煮付けじゃないんですけど白菜を薄味で煮たものや、タマネギとかジャガイモとかを煮付けたのが並んでいて、食卓には野菜もいつもありました。でも、私たちは野菜に手をつけることはあまりなかったです。ジャガイモなんか出てくれば、ジャガイモはのけてしまって、魚ばっかり食べる。普通、魚ばっかし与えられていれば、飽きてしまって違うものに目がいったりするのに、そうじゃなかったですもんね。魚はいくら食べても飽きるちゅうことがなかったです。

魚の種類

魚の種類は主にタチ（太刀魚）、コノシロ、ボラ、あとはガラカブとかイワシとか、いろいろですね。イワシといってもカタクチイワシで、チリメンとかシロゴといって、小さい魚で捕れたてをその日に食べれば生でも食べられたからよく酢醤油をかけて食べとったです。ゆでたものはそんなに食べなかったです。生で食べられればおいしかですもん。朝捕ったならば夕方までで、あくる日はもう食べられんとです。弱ってしまうんですね。今みたいにきれいに冷凍しとけばよかばってん。

あと、ナマコ、タコはもちろんです。不知火海に泳いでいる魚はすべて食べたかな、ちゅうくらいの種類は食べてます。女島ではクサブとよんでいる、ベラちゅうて色のきれいな熱帯魚みたいな魚も、食べればおいしかです。煮付けとかにしてもね。

食べられないものはないちゅうくらいで、おいしいかおいしくないかの問題だけやろな。たとえば、マグロとかカツオとかは、本当に魚の好きな私に言わせれば魚じゃなかです。やっぱりひえくさい、生臭い、そういうのが本当の刺身ちゅうか魚ですね。最近のきれいに盛ってあるような盛り合わせとか活き造りとか、あれが刺身ちゅう感覚が私にはあまりなかです。切って、ばーと盛ってあって、好きなだけばーと食べるのが刺身ちゅうか。盛り合わせはそれをいきなり変えられてしまったような感じがしてます。遠慮しいしい食べなければならなく、一つ取ったら、きれいに盛りあわせた形が崩れるから、あんまり取っちゃ駄目なのかなと……。

同居しとった人たちも一緒に食事をするわけです。今のように一人ひとり皿に盛って、見栄えがいいような食事の仕方じゃなくて、人が多いものだから一緒に食べるぞってどんと据えられて、好きなものを好きなだけどんどん取って食べる、そういう食事の仕方だった。まっ、早う食べんと食べ損なうちゅうのもあったんでしょう。そんな中で自分が好きなものが「ぶえん」ちゅうことに気づいて、好んで食べてた。今ならば健康を気遣って野菜も少しは食べながらとか言うんでしょうが、子供の頃はそんなこと考えずに、好きなものを好きなだけ食べてよいという、そういう食生活だったと思います。

祖父の死、漁業の変調、叔母の出郷

私の家は緒方家の本家ですから、福松爺ちゃん、コメ婆ちゃんがいて、父ちゃん、母ちゃんがいて、そして兄貴がいて私がいて、妹がいました。親父の兄妹で節子叔母さんや、その妹の幸子(さちこ)叔母さん、正人(まさと)叔父さん、そして網子の住み込みで同居している人が、三人くらいいたような気がすっとです。ずーっと、寝泊まりしていた人たちがいたんです。

爺ちゃんは私が二歳の頃に亡くなっとるけん、爺ちゃんと食事した時の記憶はなかです。爺ちゃんが亡くなったあとは父親が、長男だったから引き継いで網元になりました。

小学校に入る前、昭和三八（一九六三）年くらいでしたかね、網子として漁をしにきていた叔母さん、叔父さんたちが独立して自分のところで漁を始めていたんですが、「もうこのままでは生活でけんけん（できないから）、名古屋に行って一旗揚げてくる」と、二家族の叔母さんたちが、新しい生活を求めてちゅうのかな、職を求めて女島を離れていきました。漁が不漁にならなかったらそういうことにはならなかったでしょうから、たぶん不漁が続いとって、このままでは生活がでけんちゅうことだったんでしょう。私はその頃、親戚が遠くに行ってしまうち、ものすごく悲しんだのを覚えています。二度と帰ってくることはないだろうなという感じだったです。その頃、名古屋といえば夜行列車で行ったんだろうと思うんですけど、ものすごく遠ーいところという感じがしてたんです。

その後、どちらの叔母さんたちも、年に一回だけお盆の頃に家族全員で帰ってくるわけです。一週間から一〇日くらい里帰りしてたんですよ。今度はそれが楽しみで楽しみでですね、父親に電話が入って、手紙だったかな、「今度、帰るから」って。その日が待ち遠しくてですね。なぜ待ち遠しかったっていうと叔母さんが持ってくる土産を待っとったです。いっぱいお菓子ば買ってくるとですよ。女島あたりで見かけないような名古屋のお菓子がいつも楽しみで。はっきり覚えているのは、きれいな柄がある大きな缶に入ったドロップみたいなキャンディでした。

でも名古屋に帰る時はすごく淋しくて、ずーっとついてまわり、家の前の船着き場から佐敷駅近くの港まで舟で送っていくんですが、「また来るけん」「おい（ぼく）も一緒に行きたたか」て。

それと、名古屋からたまに小包が届くとですよ。それをまた楽しみにしてたです。段ボールを開けて見れば、正実にとか茂実（兄）にとか書いてあってですね、洋服、シャツとか、お菓子も入っていた。その昭和四〇年代の始め頃では、シャツなんか盆と正月にしか買ってもらえない。いつでも買えるんだけれども、そういう贅沢をしてはならんと、盆と正月までは我慢する。兄貴がいれば兄貴のお下がりを着たもんです。一番上はいつも新しい服を着れるばってん、二番め、三番めはお下がりで、新しいものを買ってもらえんけん。当時は物を大事にしていたですね。でも小包が来れば、わーって飛びかかって行って、我先にみんな手にしていたです。

必ずお礼の手紙を書いていました。私はたくさん便せんに書こうとして、兄貴が「まだか、まだか、書いたか、書いたか」言うてですね、「まだ書いとらん」「早う書かんば、明日出すけんね」って、そうするとばーって走り書きで書いたですね。ある時なんか、私が下書きをしたのを兄が間違って自分のと一緒に出してしまい、書き直してもう一度出したこともありました。

胎児性の妹のこと

私の兄弟は六人、私は二番めです。私が小学二年生くらい、七歳の頃やったかな、妹が小学校に上がる前のある日に、少し大げさですけど、家族会議みたいな深刻な話を両親がしているのを聞いていたことがあったです。妹は二歳違いで、今度入学という時です。父親が「ひとみは無理じゃ、学校に行くのは無理じゃ」って話をするんで、母親が「何で無理かな」って、「こぎゃん体で学校に行きなる（行ける）

もんか」、そげん話してました。見た感じはよちよち歩きで歩きますけれど、兄の私は、妹は体が不自由なんだとは見ていなかったですもんね。学校に行きはならんとか、学校に入学でけんとか、そういう話を聞いた時に初めて妹を〝あっ、普通の体と違うんかなー〟と思ったです。

たしかに、妹がゆっくり歩いて来るのをイライラして「早く来んかー」って強く言ってたことはありました。一緒に遊びに行く時、いつも後ろからゆっくり、とことこ、とことこ来るもんだけん、「早く来んかー」って。体が弱かけん、急いで歩ききらんという考えは当時の私にはなかったです。泳ぎもよく家の前の海で、親も普通に泳がせたりしよったですもんね。溺れるから泳がしてはならんとか、無理をさせてはいかんっていう思いがあまりなかったんでしょうね。普通の子供、普通の兄妹みたいに接しとった。

ある日、妹が私と泳いでいて溺れてしまったことがあるんです。家から三〇〇メートルくらい先に行ったところに正人叔父さんの家があって、今は埋め立ててしまってあるんですけれど、そこは先が湾になっていて、砂浜だったんです。遠浅で、潮が引いたら正人叔父さんの家の前まで引いてしまうくらい。そこの砂浜で泳いでいたら溺れてしまって、私は助けようにも助けきらんとですよ。で、父・義人がたまたま私と妹の泳ぐのを近くで見ていて、ひとみを助けたです。

妹が子供の頃はですね、普通といえば普通ですけど、普通じゃないていえば普通じゃない。なんて言ったらいいかな、こちらが話しかけたら必ず笑ってましたもんね。話しながら笑って答えていたですもんね。言葉の一つひとつがどうこうちゅう思いは持ったことなかったですけど、笑い出せばもう止まらないちゅうか、笑いながらしゃべるちゅうのがあって、結局、うまくしゃべることができないから、笑ってしまうちゅうことにつながっていくのかなあち、後々考えられるですけども、その時はそう考えていないです。言葉がもつれたりちゅうのはあんまりなかったですけれども、ただスムーズに話せるかちゅうふうに考えれば、そうでもなかったですね。

妹との登校

妹とは私が二〇歳まで一緒に住んでました。さっきの話につながっていくとですけど、妹のひとみを小学校に入学させるかどうかちゅう両親の判断は結局、普通に六歳で入学はやはり不可能だと。で、どっかの福祉の施設や養護学校に入学させることも考えたとですよ。しかし、周囲からのアドバイスもあったんでしょうが、「養護学校が悪いちゅうもんじゃなくて、なるだけなら養護学校にやっちゃならんぞ。普通の学校に、女島小学校にやらんば」という話を聞いたことがあるんです。だけん一年間様子を見て、それでも女島小学校に通学する自信がないならばしかたがないからちゅうことで、一年間様子見の期間を設けたそうです。

で、何とか一年遅れで入学ができそうだと。できそうだちゅうのは行かんならんちゅう気に両親も妹もなったんでしょうね。ただ、力が衰えてるとですよ、全身。その中でも下半身ちゅうか、足がものすごく弱っていて普通に歩けない状態なんです。女島小学校までは四キロあるんですよ。それも上り坂があって、下り坂があって、砂利道で、どうやって通学するか、ちゅうことです。

やっと産交バスが通い始めた頃でしたが、それを使わない手はないわけです。だから、学校にバス通学を許可してもらったみたいです。でも、バス通学を許可してもらったとしても妹一人では乗り降りができないわけです。バス停まで行くのに、家から相当な距離を歩かないかん。それも山道で、山登りと一緒で、その頃はけものが通るくらいの道幅しかなかったですからね。そこを歩いて誰がどうやって連れて行くか。最初は両親が連れて行きよったですけど、仕事もせにゃならんけん。そうすっと、どうせ兄弟が学校に行くとだけん、一緒にひとみを連れて行ってもらえばよいということになるわけです。「正実、ひとみを連れて行ってくれんか」って私に言うんです。私はなして（どうして）、兄貴に言わんのかなーと思いましたね。兄貴は六年生ですけん私よりも年齢的にもしっかりしとるし、なして四年生の私にひとみを連れて行ってくれんかと。ところがですね、どうも親たちは私も同時に負担が軽減されるちゅうふうに見てたようです。妹をバスで連れて行くことで、私も歩かなくていい。だから、私の分の許しももらって、妹と一緒にバス通学をしたとです。当時、兄貴は元気よかったけん、親は兄貴より私をバス通学させた方がよいと考えたのでしょう。でも私は、子供心にものすごく嫌だったです。

歩けるのにバス通学をしてるちゅうのは「なしてバスで来とるとや」て言う子もいたし、楽しとるという目で見られる。同級生ちゅうか一緒の学校の子がバス停の前を通ると、私は妹を引っ張ってミカン山に隠れたこともあっとです。すると、その間にバスが行ってしまって、私は〝あらー、しまったー〟と思ったんです。妹と二人でミカン山にずっとおって「なんしようかね」て言ったです。〝怒られるかなあ〟って思いながらも家に帰って、親に「バスに乗り遅れた」って言ったら、「ばってん、あぎゃん

（あんなに）早い時間に家を出とって、なして乗り遅れるっと」「はってた（行ってしまった）もんね、バスは」（笑い）。他にも一回乗り遅れたことがあっとです。

もう一回はですね、女島の中に車が何台かあったですよ。その車の一台が、たいがいその時間に通っていて、いつも私たち二人を見て行かっとです。そうすっと〝あの子供はバスで行くとやがねー〟と見られているような気持ちが私の中に生まれて、だけん、その前に隠れとこうと思って隠れたんです。したらバスがその間に行ってしまったとです。今なら〝楽だけんよか〟と思うのだけども、まわりから特別扱いされるのが嫌やったですね。

普通の日はバスで帰るんですが、土曜日はその時間のバスがないし、一斉下校ちゅうのがあって、校庭に並んで校長先生がいろいろと話をして、そして先頭で団長が黄色い旗を持って「池ノ尻に帰る人はここに並びなさい、一緒に帰る人はここ」、と言って一斉に下校すっとですよ。だけどその列に一緒に並んで帰ることが結局できなかった。運動場から出る時は一緒やけども、ひとみがみんなに付いて歩きよらんもんだから、私もひとみに合わせてだんだん遅れていく。五〇〇メートルくらい行ったところで、二人で道の横に座って休憩しながら帰っとです。普通の子供の足で、四〇分から五〇分くらいでしょうかね、それを二時間位かけて帰る。もう薄暗くなる頃に家に着くこともあったとです。

土曜日は必ず、お袋がお金を持たせてくれたってです。途中、釜（かま）という部落があってですね、湯浦（ゆのうら）の方からずっと入ってくると橋があって海岸線に入る道なんですが、その橋のたもとに、川に四本足で突きだして家が建っとったです。そこは雑貨店やっとってですね、そこに寄って、パンとか牛乳とかいろいろ買って、一緒に食べて飲んで腹ごしらえをして、またずーっと二人で帰っていったとです。あの頃は帰り道で、一台も車と会うこともなかったですね。誰か知らない人が乗って通る車は怖いという感じも、ちょっとあったです。

小学校の頃はいっつも私がひとみの手を引っ張って連れて行ってたというのが、記憶に深く残っています。

子供の時から二〇歳過ぎまで痩せて、ひょろひょろしていた

私はとにかく、誰が見ても痩せてもやしのごたるちゅうくらいに弱々しい体だったですね。いつも先生が心配して面倒見てくれていたちゅうか、〝この子は、いつもあとからトコトコついてくる〟ていう感じで、気になる存在だったんでしょうね。痩せていて、二〇歳の時は五〇キロなかったです。今では信じられないかもしれませんが。

背は小学校の同級生が三三人いた中で二番めに低かったし、中学一、二年生まではいつも一番前か二番めでした。だけん、中学三年になってから卒業するまでの間に、急に成長したのかな、背が普通くらいになったですよ。それまではとにかく、一番前の方ばっかりだったです。体も弱かった。

私の嫁さんは泰子ちいうんですけど、結婚式の時に妻のいとこが初めて私を見て「泰子の旦那さんは大丈夫か、食わせていくっとかい」ち、親戚の人は「あんたの旦那さまは大丈夫かい」ち、妻に話されたそうです。そげんな印象を持ったち言われたことがあるとです。ひょろひょろ、ひょろひょろ、とに

かく痩せとったです。ばってんが、人は見かけじゃなかったなあち。私はその後、自分で仕事を始めて、ある程度、生活にゆとりができた時に、見てみろちゅうような思いや場面がちょっとあったんです。

現在は太ってですね、今、七四キロくらいあるですよ。私の小さい頃の印象が焼き付いてる人は「何、その太り方は」「えらー、太ったね」って、びっくりするんです。

病院とは縁が切れなかった

もともと私は体が弱くて、何かあれば「腹が痛い痛い」といつも言っていて、しょっちゅう病院に行ってた子供時代でしたね。小学校三年、八歳の時だったかな、その時も腹が痛かったです。でもそん時は原因があったとです。授業中は、なぜかいつも一番前の席に座っていたというか、座らせられていたんです。〝一回でよかから一番後ろの席に座らせてくれんかね〟と席替えの時にいっつも思うんですけど、でも一番前。〝なんなのかな？〟と思ってな、それがそん時わかったですよ。

授業中いつものように先生が見ていたとき、私はずーっと腹ば押さえていたらしいんです。先生は〝いつもと違う〟ちゅうふうに思ったらしいんです。なしてかちゅうと、下を向いて鼻水をすって（すすって）、すってすったっても流しよるように見えたらしいんです。実は鼻水じゃなくて、腹が痛くてそれに耐えきらず、涙流して泣いていたんです。

それで鼻水じゃないちゅうふうに先生がわかって、すぐ私のところにきて、「今日の痛さはいつもとは違うね？」ち言ったとです。それまでは「どこが痛か」「この辺が痛か」ちいつも言ってたけん、でもそん時は「ここが痛か」ちはっきり下腹を指したもんだけん、「いつもの痛みと違う」って、校長先生のとこへ連れられて行ったんです。

その頃女島には、数えるくらいしか車がなかったです。その一台があるところに電話をして、「とにかく病気で苦しんでる生徒がいるけんが、家まで連れて行って欲しい」って頼んだとです。で、トラックがきて、家まで連れて行ってくれたんです。当時、電話交換手が何番何番ちゅうて呼び出す、誰が取っても通話は聞こえる有線放送ちゅう電話があったけん、それで父親と学校と連絡は取れとったでしょうね。家に帰ったらすぐ父親が「いつもの腹痛とは違う」ということで病院に連れて行ったら、急性の盲腸炎だったんです。その頃、盲腸の手術は大手術でした。みんな心配してきて、家族、親戚は手術の時間は見守ってくれていたと思います。そぎゃん大手術でした。「この子はそうとう痛かったろう」と医者がいうくらい我慢できない痛みだったんです。

一番前の席に座らされていたのは、何かあればと先生が気づかってくれていたんです。まあ、子供の頃から病院とは縁が切れない、そういう記憶があります。

感覚障害という自覚はなかった

水俣病と思われる感覚障害の症状ちゅうのは、確実にあったですね。はっきり記憶にあるのは、小学校四年の頃のことです。女島の小崎（こさき）ちゅう部落から京泊ちゅう部落の間に、今は埋め立ててしまって海岸が遠くなってしまったところがあるんです。小崎照雄おじさんのミカン畑があるところですけど、下校の時にそこば歩いておって、どうしてそうしたのかわからんとですけど、細かい竹の尖っとっとをですね、ズボンを半分降ろしとってから左の太ももに突き刺して友だちに見せたことがあるとです。何でか痛くなかったです。

右側はどうだったかはっきり覚えてなかだけど、四年生の頃は左側の腰から太股の付近、そして膝の根元までずーっと、それも外側ですね、しびれっぱなしでした。その頃は、水俣病とか考えたことなかったですよ。たぶん、竹でこう刺して見せてですよ、「痛くなかぞ」と自慢したんですね。今から思えば確実に中枢性の感覚障害です。

それと今は感覚があるんですが、誰もが堅い手の平の内側の皮の表面に縫い針を皮膚の中にすーっと刺して糸を入れて、出して、もう一回ジグザグにして見せよったとです。「痛くないよ。すごいだろ」っち、得意になって見せていたことがあるんです。やっぱりその時は感覚障害があったんでしょうね。私はそれを、障害とは考えてなかったですもんね。ただ自慢ちゅうか、すごいだろうちゅうふうだった。

他に、長く正座をしとってから立ち上がった時に足がビリビリしびれるでしょう。私の足のしびれは、あぎゃん（あんなに）ひどくはなかですが、やわらかいしびれちゅうのは常にあります。今もしびれとるんですけど、神経内科でも「原因がわからん、異常はどこにもなか」て。左手の中指と薬指のしびれは年中です。もしかしたら、右手もしびれとるかもしれんですけども、左手がひどいから異常か正常かわからんとです。

左手の外側というか、小指側はさわっても感覚がわからんですよ。親指側はわかるんです。手を怪我した時、小指の付け根から先がまったく感覚がなかです。人にふれられてもわからん。だけん〝あ、これか、感覚がないちゅうことかわからんやったです。ただ、鈍かちゅうことは自分でもわかっていたんです。それまでは感覚がないちゅうのがどういうことなのかと初めてわかった。

子供の頃自慢していたのは、結局、水銀の影響を受けた感覚障害だったと後で思ったですね。そして、人前でしゃべったりする時にですね、少し引っ込み思案で自信がもてなかったちゅうのと緊張感もあったんでしょうけども、口がビリビリ、ビリビリしびれていきよったのを覚えとるんです。口の周りがしびれとって、だけんついつい、しゃべらなくなったりする時があったです。

中学生時代の通院

湯浦(ゆのうら)中学校に入ると、体の具合が一段と悪くなっていったんです。具体的に言えば、耳と鼻が悪くなったです。鼻がつまってしまうんです。息苦しくなってしまうんです。耳と鼻はつながっとるんでしょうね、耳鳴りがして集中できんとですよ。授業中でもですね、しっかり先生の話を聞こうちゅう気にならん。耳と鼻の不具合が気になって、気になって集中力が欠けてしまうんですもんね。病院に行って診察を受けたら「しばらく通って治療をする必要がある」と言われ、学校を休んで病院に通いました。通院回数が週に一回から二回、三回と増えていくんですが、学校を頻繁に休むことができないから、午前中は学校に行って、昼からは病院に行くために早退という繰り返しでした。

匂いがわからない、頭痛がする、やる気が出ない、それはすべて鼻がつまったからですね。なかなか言葉では表現できないんですが、とにかく顔の中心部の調子が悪いとすぐにやる気をなくすような状態でした。耳は蝉が鳴いているようで、「ビュー」というような感じ。それを耳鳴りというのでしょうかね。もう、勉強も熱がはいらんわけです。だけん、「早く治さないと」と思いながら病院に通ったです。

学校には、八キロの道のりを三〇、四〇分ぐらいかけて自転車で通ったんですが、学校から病院へはバスです。最初は葦北郡田浦町（現在は芦北町）にある宮坂医院という耳鼻科に、記憶では一年ぐらい通いました。なかなかよくならないから、水俣市立病院（現在は市立医療センター）にかえたんです。薬をかえ、治療方法もかえれば、もしかしたらよくなるかもしれんと、すがる思いでかえたんです。病院には八カ月ぐらい通いましたかね。その間は、湯浦から水俣までバスで行ってました。もうそれこそ半日がかりもいいとこだったです。

バスに乗って通院する時に、〝みんな、今ごろ何してるのかなー〟と孤独な思いにさせられたのを今も覚えています。午後に通院していましたから、自分が楽しみにしていた技術の授業がある時なんかは、授業を受けたかったという思いもありました。二年生の頃になれば病院に通っているのか学校に通っているのかわからないような状態になっていくわけです。そういう日々の繰り返しでしたね。

市立病院での鼻の治療、耳の治療は、子供にとってはうんと辛い治療で、鼻の治療は鼻の中に洗浄液を注入して洗い流すわけで、中に水を吸い込んだ時に、むせる。「今からしますよ」ちゅうふうに言われてわかっていても、ものすごく怖いけれど、〝だけど治したい〟という思いで治療をつづけていったんです。そんな三年間が過ぎたんです。

妹ひとみの認定申請をするよう女島の実家に川本輝夫さんが来て両親を説得している。この直後に、父義人は38歳で亡くなった。昭和45年頃と思われる。写真は左から妹ひとみ、父・義人、川本輝夫さん、母、弟。

川本輝夫さんや支援者の働きかけ

妹は生まれながらに重度の障害を持っていたために、あの頃は支援者の伊東紀美代さんたちが、「ひとみちゃんをちゃんと申請してやらんば」とよく家に来よんなはった（来られた）んです。それには、まず親がどうだったかちいうことをはっきりさせる必要があるんですよ。だけん、親父も母親もやっとの思いで申請に踏み切ったんです。

ひとみは一回保留にされたっですけども、認定は早かったです。ひとみが認定されたちことは、生んだ親も被害を受けていることは明らかで、周囲や誰かが説得したわけでもないんですが、やっぱり親がきちんとせなっちいう話が飛び交ってたのは覚えとっとです。

川本輝夫さんがひとみの認定申請を説得に来たちいう話は聞いています。「ひとみちゃんば申請させんな（申請させませんか）」と。それは土本典昭監督の映画『水俣――患者さんとその世界』の完全版（二時間四七分版）の中に入ってます。あれは本当に私にとって貴重な映像で、土本さんに見せられた時にびっくりしたっです。映画の中で川本さんが私の家を訪れて、親父に「ひとみちゃんば申請させせんな」と。で、親父も出てきて「はぁ、そうな〜。ばってんな〜」「は〜わかった、わかった」「ちょっと待て」とか言って話しよったちいう場面が映ってますよ。

川本さんについてはお話しすることがいっぱいありますので、後で改めてお話しします（第Ⅳ部）。

ま、そういうのがあって、私が中学生ぐらいだったでしょうね、家族は認定申請に向かっていったです。

父の死と家族の認定申請

親父は私が一三歳の時に、三八歳で亡くなりました。水俣病の認定申請をやっと決断して、申請書をもらってきて、病院に診断を受けに「どうしようかね、いつ行こうかね」って言ってる時に急性心不全で亡くなったんです。親父は「指がビリビリ、ビリビリしびれて仕事にならん」といつも口にしていたそうです。輪ゴムを指先に巻いて、ごまかして、しびれを紛らわす。そうしながら吾智網漁（ごちあみりょう）に出て行ったちゅうのは、私も記憶してるんです。症状の話でもう一つ私が印象深く覚えとるとは、親父の髪の毛や体毛が抜けていって、「なんじゃろか、なんじゃろか」と親父が言ってたですね。意外と見た目は元気だったです。焼酎もいっぱい呑むし……。

お袋は親父が亡くなった直後に申請したんです。昭和四六（一九七一）年ぐらいだったのかな。親父も生きていれば同時に申請しとったから、水俣病の認定患者としてなぐさめられとったかなと思うとです。それがちょっと私は残念ですね。やっぱ被害を受けたちいうのをお金とかそういう話じゃなくてですよ、何らかの形できちんと受け入れさせるいい方法はないかなと、この前も県（の職員）が来た時に言いましたが……。

私の叔父さん、正人叔父にとっては兄貴で親父のすぐ下の弟も、その前の年に三五歳で白血病で亡くなったんです。その翌年私の親父が亡くなった。二歳しか違わんけれども、一年遅れで亡くなってるから、（享年は）三歳離れたことになっとですけどね。

で、その叔父さんの毛髪水銀値が記録に載っとっとですけども、被害の事実はきちんと残っとるのにもかかわらず、救済の対象にもなってないとです。「どぎゃんかならんもんじゃろかね」ちこの前言われて、このことを熊本県に言ったです。そしたら、公的な診断書がなければどうにもできないようなことを言ってたけども、公的な診断書はなかったとしても毛髪水銀値の資料が公文書だけん、私の認定も毛髪水銀値がものすごく影響したわけですから、考え方によってどげんでんなるち思うとですよ。この問題は今後の課題です。

中学卒業の頃

私と同級の卒業生は一四七人で、高校に行かなかったのは一一人でした。三年の二学期ぐらいになったら、おおよその進路がきまるんです。私はやはり、中学校の時は勉強どころか自分の病気との闘いだったけん、やる気も出ないというのがあって、勉強に熱が入らなくて高校進学を断念せざるをえなかったというか、進学するちゅう気がなかったですね。それと、緒方家の漁業再開のため早く私の手が欲しいちゅう家庭的な事情もあったりして……。

三年生の終わり頃は、まだ自分の病気と闘っている真最中ですから、とにかく病気の方をどぎゃんかせなならんということで、「このままじゃだめだ」と母親も一緒に、「耳鼻科のいい病院を知らないですか」といろいろな人に聞いて次の病院を探し始めたです。そしたら、水俣の隣町の鹿児島県出水市というところに吉田耳鼻科っていうたいへん人気のある上手なお医者さんがいる、という話を聞き、すぐに行って診察してもらったんです。

診断は、蓄膿症までいってないけども副鼻腔炎と言われました。そして「手術をしたほうがよいでしょう」ということで、手術することになったです。中学校を卒業するのを待って、その病院で二回か三回ぐらいに分けて鼻の手術をして一カ月ぐらい入院しました。昭和四八（一九七三）年の四月頃です。

ちょうど第一次訴訟の判決が出たりしてた頃です。裁判の結果が大事ということは知っていました。母親たちも落ち着かない様子だったのを覚えています。補償協定とか、そういう文言はもちろんわかるはずもなかとですが、何かが起ころうとしている、起きている、ちゅうことは当然感じましたね。「その頃きちんと認定申請をしていれば、何も問題なく水俣病患者として認定されていたはずだった。それをしなかった親が悪かった」と後で母親が謝りました。まあ、申請しなかった理由はたくさんあったわけですし、私自身もしないほうがいいという選択をしていたわけですからね。その時は、ただメチル水銀中毒によるいろいろな症状が出ていたということだったと思います。

今でもですね、風邪をひいたら真っ先に鼻にきますし、耳にもきます。鼻水、鼻づまり、耳がつまる、そういった症状です。

　中学の時、勉強に身が入らず病院通いをしていたことが、私の人生をやっぱり大きく変えていくことになったわけです。それを後悔してはいないんですけど、そのこと一つ考えても、水俣病によって人生を大きく左右された少年時代だったのかなと思います。

2 漁業の中止と闘病

緒方家の漁の再開

　中学を卒業して就いた仕事は、漁業です。私が中学二年の時に網元として祖父を継いだ親父が急死したもんですから、緒方家の漁業が長い歴史の中で一時中断してたんです。

　親父と一緒にやってた兄貴はいつでもやれたんですが、漁は一人ではできないわけです。機械化で以前のように多くの人手はいらない時代に入っていましたが、たとえば網を巻き上げるような設備も整えて家族だけでできるようになってたわけですけど、それにしても二、三人はいなければできない。で、戦前から引き継いでいる緒方家の漁業をこのまま途絶えさせるのはしのびないということで、私が中学校を卒業するのを兄貴と正人叔父が待ってて、「よし始めよう」と言って再び始めたんです。

　正人叔父は分家するまで、私たちと兄弟みたいに育っていました。昭和四六（一九七一）年に親父が亡くなりますが、亡くなる一年くらい前に、親父と漁の考えが食い違ってかわかりませんけど、正人叔父が家出をしたんです。そのあと親父は兄貴と二人で漁をやってて、そして親父が亡くなったもんですから、兄貴は一人取り残されて漁ができなくなったんです。親父が亡くなったことで緒方家の本家のことが心配になり、正人叔父が帰ってきて、一緒にまた生活することになったんです。しかし叔父と兄貴と二人での漁には無理があると、まだ二人とも十代ですからね。叔父は私より四つ年上で、私が一五歳の時に一九歳ですから、一八歳の頃帰ってきたのかな。

とにかく私が中学を卒業するのを待っているような状況ですよ。待ってて、三人でまた一から漁を始めようじゃなかかということです。私も耳鼻科の病気をもっとったせいで勉強が実にならず、頭を使うんではなくて自由にできる仕事が望ましいちゅうふうに思うとった。漁は本当はきつい仕事なんで、体力的に自信がない私に漁師がつとまるかですよね。でも、〝やってできないことはない〟ち思って、漁師という仕事に入っていくわけです。

じゃあ三人でやろうちゅうことで、木造船を造って、「若潮丸」と名付けて漁をすることになったんです。私が一五歳、兄貴が一七歳、正人叔父が一九歳、十代の三人が集まって不知火海での漁が始まったんです。天草の御所浦島の裏側にある、栖本町のところの湾に入って鯛を捕ったり、水俣から天草、御所浦を見た時に左手に小さな離れ島、ノサバ島という浅瀬のような無人島があるんですが、そこに太刀魚を捕りに行ったり。たまには大漁旗を揚げて、こうやって親父たちは漁の喜びを味わったんだなあちゅうのも体いっぱいに感じたりもしました。

若潮丸のことは正人叔父の本『常世(とこよ)の舟を漕ぎて』の中にも登場してます。吾智網漁ちゅうのが正式な漁法になるかもしれんですけど、芦北では〝とんとこ漁〟と言って、海底に網を降ろして袋状にしとってからずーっと絞り込んで、底にいる魚を袋に追い込んで、溜まった魚をローラーで引き上げる漁です。

じゃけん、その季節によって捕れる魚の種類が違うんです。冬は太刀魚が主で、二月、三月の最盛期には一回の漁で一〇〇〇キロくらい捕れる時もあったとです。もう船が沈みそうになるくらい捕れる時もあったりします。秋はグチ、東風魚(コチ)とか、桜の花の咲く頃になれば桜鯛ちゅうて三月から四月にかけてが最盛期で、それ以降も鯛などが捕れるんで、年中漁はできるんです。たまには水俣、芦北地方ではマナガタちゅうすごく高級な魚が入るとです。そういうのを三人で二年くらいやっとったですかね。

だけど、やっぱり冬場は辛くて辛くて。もう手が痺(しび)れて、舟に乗っている時も痺れてビリビリきて、寒いせいなのか、水俣病からくるせいなのかは、その時は考えもしなかったんですけどね。これは何からくるのか、考える余裕さえなかった。

一緒に漁業を二年ぐらいした頃、私が交通事故にあって足を怪我したために仕事ができなくなってしまうわけです。

一七歳のバイク事故　水俣病に気づく

自分が水俣病の被害を受けているんじゃないかなと、はっきり思ったのは一八歳の時でした。交通事故で右足を骨折したんです。あと一カ月で一八歳になるという昭和五〇（一九七五）年の一一月二八日、急に一日暇ができたです。まだ一七歳、友だちは高校三年ですから遊べると思ったです。たまたまその日は国鉄のストライキがあって休校になったですよ。よかさいわいに、水俣高校に通っとった友だちに、今日は俺も仕事が休みだから遊ぼうと電話して、バイクの後ろに乗って、葦北（郡）津奈木町の赤崎ちゅう所に友だちを尋ねて遊びに行った帰りにトラックと正面衝突して、そのトラックの荷台に載せられて芦北町の井上病院に運ばれたんです。レントゲン撮ったら、足の骨がバラバラだからうちの病院では手におえんと、救急車で水俣市の湯之児病院に運ばれて、大腿部複雑骨折で全治六カ月という診断を受けたんです。複雑骨折だから後遺症も少しは残るかもしれないちゅうことだったんですけども、まあ時間が、日にちが薬という感じで入院してたんです。だけども半年経っても怪我したまんまの状態で、まったくよくならずに折れっぱなしだったですよ。「こんなこと初めて見た」っち、院長の鬼木先生という名医が言ったんです。

　私の主治医は川島先生ちゅう人だったんですけども、川島先生がいつも首をかしげて「何でだろうか、何でだろうか、何で骨が繋がらんとだろうか、骨の芽が出ない」ちゅうふうに言われる。普通は一カ月以内くらいで折れたところから骨の芽みたいのが出てくるそうです。で、二カ月くらいから繋がり始め、三カ月くらいで骨が繋がってしまうそうです。あと訓練なんかがあって、半年で退院ちゅうことです。

　しかし、八カ月経っても骨が繋がらない状態が続いとったですよ。「学会でも発表して、原因とか治療方法を調べてもらうからね」といつも川島先生が言いよったですけど、ほとほと先生も行き詰まってしまったんでしょうね、原因がどこにあるのか調べるために私の家族を呼んで話をしとったです。私もその時、ストレッチャーに載せられて横におったけん全部の話を聞いとったです。

まず川島先生がこれまでの経過を説明して、「あらゆる医学を用いて治療をやっていきたいんだけれども、治るとか治らないちゅう問題ではなくて治るきっかけがない、骨の芽が出てこんとです。こんなことはありえない。誰か身近な家族に重病をした人はいませんか」と尋ねなさったとです。

そしたらお袋が「実は妹が水俣病の認定患者なんですよ。じいちゃんもばあちゃんもですよ。一緒に暮らしとった人は、ほぼ全員が水銀の被害者に間違いがない、認定されていない人もいますけど」と話したんです。そしたら川島先生が「なぜ、それを早く言わなかったんですか」と、でも聞かれなければ言いたくない話ですよね。「今わかった。それしか考えられない」ちゅうふうに先生が言ったんです。「水銀で骨の発育が妨げられている可能性は充分ある。ほかには理由がないから、それでしょ。具体的な治療ちゅうことはこれからの研究を待つしかないけど、私は原因はそれだと思いますから認定申請をまずして、水俣病かどうかから確認しましょう」ちゅうことで申請を勧められたんです。その時に自分の水俣病を意識したんです。〝水銀はこういうかたちで影響したのか、やっぱり水俣病だったのか〟ちゅうふうに思ったんです。

結局、私の認定申請は母親がしなかったんです。しなかったというか、させなかったんです。だいたい私が水俣病の被害を受けていることを知っていながら、認定申請をそれまでしてこなかったちゅうのは、水俣病としてレッテルを貼られてしまえばこの子の将来はだいなしになる。水俣病と指をさされたりしたら、それこそ嫁さんの来てもない。だからこの子には水俣病は背負わさないほうがいい、ちゅう理由で申請しなかった。だけんいくら医者からそういうふうに言われても気持ちは変わらなかったし、当然、申請もしなかったんです。

そして事故から一年以上経ったんですけど、その間いろいろな方法で治療をしたんです。たとえば脊髄に針を打ち込んでビリッと刺激を与えて、その刺激によって骨の発育を目覚めさせようとしたとですけど、そらもう生きた心地がしなかったですね。かかとの裏からポーンと刺激を与えて骨の所に伝えて、その刺激で芽を出させようとか、いろんなことをやったです。その頃よく口にした言葉は〝実験台〟ですね。普通の医学での治療は出し尽くした、普通はやっていないことで可能性のあることをやるしかないちゅうことで、いろいろやった。そしたらですね、一年過ぎてから、少し芽が出てきたんですよ。芽が出てきたらあとは早かったです。早かったと言っても骨の芽が出てから半年以上かかったんですけど、ようやく繋がっていったです。

一年一〇カ月ギブスに入ったまんまで、松葉杖でヨチヨチ歩いとったです。二本の松葉杖で一時退院できたのは、ギブスから腰まである装具に代えてからだったです。一九歳ですか、とても仕事どころではなかったですね。

それから、あまりにも長くギブスで固定していたことで、膝をやられてしまったんです。大腿部を繋ぐためには、ギブスに入って動かさないように固定しとらにゃならん。それで、膝の関節まで固定してしまって、動かなくなってしまったとです。リハビリで曲げようとしても関節が固まってしまっているから、なかなか元に戻らないわけです。だけん、今膝は四五度しか曲がりません。

ですから直接事故とは関係ないんだけど、「水俣病がなからんば、あんたも怪我せんじゃったかもしれん。水俣病がなからんば、その日も仕事ができとったはずだろう」とまわりの人は心配して言ってくれるんですよ。もし、漁に出とったならば、まあ怪我をしなくてよかったのかな。たとえ怪我したとしても、私が水俣病の被害を受けていなければ、水銀の中毒にあっていなければ、怪我も半年で治って、後遺症も残らなかったのかなあっち、やっぱり考えてしまうとです。

正人叔父の運動

私が事故にあった時期は、ちょうど正人叔父の水俣病の運動が始まった時期でもあったんです。叔父は晩はほとんど家にいたことはなかったです。

当時、私が住んでいた部落が池ノ尻という所で、さらに岬を一つ越えた先に海水浴場だった部落があって、そこに自主交渉支援者が移住した唐船荘(とうせんそう)があったんです。正人叔父はいっつも焼酎持って唐船荘に遊びに行ってましたから、なんやかんや語り合って行く中で、水俣病の運動に入って行ったんです。当時、「急性劇症型水俣病で命を奪われた親の仇を取る」と言ってましたね。

最初の頃は、自然な形で関わっていったようです。ある時から闘いの先頭に立って、「環境庁に行ってくるけん」と言ってよく上京してました。そうすっと、その時は私と兄貴の二人が取り残されるわけです。十代の私と兄貴とで漁の何ができるかというと、なかなか思うようにできないわけです。魚を捕るのはそんなに生やさしいもんではないんです。

　魚を捕るにはですね、やっぱり長年の経験が必要になってくるんですよ。いきなり海に出て網を降ろしても捕れるわけがないんです。正人叔父は家出するまで、ほんのしばらくでしたけど、親父（正人叔父にしてみれば兄貴）から仕込まれているわけですから、経験はあるわけですよ。その経験を基に船長として私たちのリーダーとしてやっているわけですから、正人叔父がいない時は漁を休むしかないわけです。逆にそんな日を利用して、船の手入れとか、網の手入れとか他の仕事をすることになっとです。

　私もですね、女島に住んでいた支援者たちの場所は私の縄張りですから、一九七三（昭和四八）年から数年間はいっつも出かけていきよったです。そうすっと、正人んとこの若かもんじゃ（若者だ）ちことで、特別にこう何かよくしてもらったとです。そのメンバーが水俣に作られた相思社に移ってからも、特に平石さんには、あだ名はカメラと言っていましたが、他人ではないような関係で接してもらったとです。

　水俣病の運動のことも正人叔父の存在が、私に影響しておりました。私たちの分まで正人叔父が代表でやってくれているので私たちは出る幕がないちゅうふうに実際感じたこともあったとです。認定申請は、それをためらう別の問題が私の中であったわけですけれど、それよりもいろんな運動を私がしたって正人叔父の足下にもおよばんから、正人叔父に任せて私たちの分まで訴えてもらおう、ちゅうような人任せにしていた部分は当時、正直あったんです。

正人叔父の逮捕

もう一つ、私が事故にあった一九七五（昭和五〇）年、一七歳の八月に「ニセ患者発言」があったです。熊本県議会の議員が、「水俣には金の亡者がいる。具合が悪くないのに認定申請をしている」と言ったんです。それに対して正人叔父たち（認定申請患者協議会）が、発言の撤回を求めて抗議を行ったです。あの時に四人ほど逮捕されたんです。その問題に対して説明を求めていた時に説明が終わっていないのに休憩を求めてきたそうです。休憩に入る段階ではないのに逃げてしまう、そこが許せなくて、「待て」と。「まだ休憩する場面じゃなかろうが、説明は終わっとらんと」と押し問答になったそうです。決して暴力はふるっていないのだが、ただ、「待て」と肩をひっぱったのは確かだということで、傷害事件にされたんですよ。それで、正人叔父を警察が逮捕しに来たんです。

一〇月七日、私は自分の部屋で寝ていたです。明け方早い時間に警察が家の周りを取り囲んで、踏み込んで来たんです。正人叔父は二階に寝とったです。私が寝ているところにも、警察がどやどやどやどやと来て、張りついたんです。私にどうすることはなかったですけど、どこにも行かせないちゅうか、現場保存ちゅうか、ぱっと張りついた。その瞬間、体が凍り付いたような感じになったのを覚えとるです。

考えてみれば、うちの家は逃げるところがないんですよ。前は海、先は行き止まり、逃げるならば、みんなが来たとこへ行くしかないんです。裏の坂道はあるけれど、家をぐるぐる取り囲む必要はないんですよ。それをパトカーが並ぶしこ（並ぶだけ）並んで、近所の人たちは火事じゃなかっじゃろかと思っとったけん。津奈木町の福浦という部落が海を隔てて向かい側にあっとですけど、本当に火事じゃと思った人もおったみたいです。

家に入り込んで来た警官に一人だけ優しい人がおったですね。お袋に事情聴取をする中で、「心配はいらんですから、事情を聞くだけですから。何か困ったことがあれば、すぐ電話をしてください、いつでも来ますから」と言いよった。安心させるような言い方で言っていたのを布団の中で聞いとったです。

いつか逮捕に来るちゅうのは聞かされとったですよ。マークされとるちゅうか、「車で出かければ後をつけてくる、帰ってくると、家の上の峠のあたりで潜んで見とる」、ということも正人叔父は言っとった。しかし、逮捕ちゅうのが現実的にどういうことが行われて、どういうものものしい場面か、まったくわからんやったですよ。だけん現実にやられた時のショックちゅうのは、ものすごいものがあった。自分は悪いことをしていないけれど、悪者になってしまう。正人叔父もそうなんだけど、その家族である私も共犯者とさせられてしまうような状況が作られてしまったです。結局、捕まったちなれば悪いことをしたちゅう、周りの人たちはそこに何があったのかちゅうのは考える余裕すらなかったですね。

その時に正直感じたのは、警察に刃向かっちゃいかん、絶対文句を言っちゃいかん、といった恐怖感です。あの時の恐怖というのは、ものすごいものだったけん、そのことが後々ずっと影響して、交通違反で止められても一切文句も何も言わず、「はいはいはい」ちゅうような人生を歩いて、過ごして来たとです。やっぱり（権力に）反することをしたらこぎゃん（こんな）目にあうという、見せしめみたいな、私たちに見せつけたような感じだったとです。

だけん恐怖感を味わったあと、私の中では闘いちゅうのを封じ込めさせた、認定申請をためらわせた出来事でもあったと思うわけです。申請は何度も考えたんですけどね、やっぱり言っちゃならんちゅうのもあったし、正人叔父が逮捕されたあとの恐怖感が残って封じ込められたとでしょう。しかし、そういうことの中で十代後半は確実にですね、水俣病に対する不満、怒りちゅうのは蓄積させていったんです。そぎゃん悔しか出来事だったですね。

そういう中で、さっきも話しましたけど、昭和五〇（一九七五）年一一月二八日の事故に遭ったんです。

緒方家の漁をせっかく三人で始めたのに、私が一人欠けたもんですからこわれてしまったんです。兄貴と正人叔父と二人で漁ができるかといえば、できないわけではないんだけども、三人のチームワークちゅうのができとって、それぞれ役割分担を持っていて、正人叔父が正面を見とるなら、私は後を見て、兄貴は左右を見て、そんなふうにして漁をしとったから、後を見る者がいなければそれを取り戻すまで、二人でするにはしばらく時間がかかるんです。そこで、もうどぎゃんかせねばならんぞ、やっぱり漁は俺たちには不可能じゃなかろかなあとも感じたですよね。兄貴が漁をやめる決断をして、近くに山を持っていたから、その山を開拓してミカン畑を拡張してミカンで生計を立てていくちゅう方向に向かったんです。

その頃、正人叔父は結婚を機に分家して、それをきっかけに独立して、奥さんになったさわ子さんと一緒にできる漁を始めたんです。

3　建具職人をめざす

病院での手作業

病院を退院しても私は、今までしていた仕事に戻ることはできなかったわけです。帰ってももう漁はしていない。で、この先どうしようかと考え続けていたわけですが、退院して自分の足で歩けるようになればそれでよい、ちゅうふうに家族は思っていたし、私もそういうふうに思うとったです。

いざそれが実現したら、今度は何か仕事ができないかな、と欲が出てきたんです。仕事ができるようになったら自分の好きな仕事をしていきたいなあ、と思い始めたとです。漁師は生やさしいもんじゃないと知っていたからもう絶対できないと考えとった。そこで、なんか物作り、自分で考えて自分で形にしていくものはないかなあちゅうふうなことを考えていたとです。

病院の中で、いろんな手芸的なことをリハビリ代わりにしてたもんですから、ある程度のイメージは生まれとったです。たとえば文化刺繡ってあるでしょう、リリアンをぱっと針に刺して、ぽっぽぽっぽ下絵の上から刺して絵にしていきます。それを五、六枚作ったんですよ。今も自宅に獅子舞の大きな額を飾ってますけど、それはその時作ったんです。はっきり言ってものすごくきつかです。根気がいるし、何カ月もかかるとです。しかし、でき上がって目にした時に、自分の中で到達感ちゅうかな、喜びを感じたのを忘れられんとですよね。だけん、なんかを作って残す仕事はなか（ない）かな、といっつも考えとりました。

　退院してから車の免許を取りに行ったです。当時は熊本の松橋に試験場があってその隣に自動車学校があったとです。私の足の状態では不可能、取れないちゅうことだったんですが、車がなからんばなんにもできん、どげんかして取られんかちゅう相談をしたら、「限定車ちゅうことで、条件付きで乗れるようにしましょう」ということになったです。私は試験に受かるか受からんかもわからんで車を購入して、左足だけで操作できるノークラッチ車に改造して、持ち込んで、そして泊まり込みで取ったんです。当時それをしてくれるのは、その自動車学校しかなかったんです。で、運転免許証を取ってから、いよいよ欲が出てきたとです。

建具店に就職

　そん頃、夜中に友だちが私のところに遊びに来とったです。私が「なんかを作って残すような仕事はなかかね」と言うと、「俺が知ってるとこに建具屋さんがあってね、募集しとるかもしれんよ」と言うから、「なんや、建具屋さんて」って聞いたんです。「建具ちゅうくらいだけん家の中の建具ば作るとばいね。障子とか襖とか」。〃あー、それは俺にふさわしか〃と思って、「体力はいるのか」って聞いたら、「体力はいるけれども大工さんみたいにはいらない」ち話でした。

　私は手先が器用で、大工の手伝いみたいなことをしたことがあったもんだけん、大工仕事は好きだったんです。中学の頃には、鉋（かんな）とか鋸（のこぎり）とか一式買って持っとったですもんね。ふつう中学生で鉋とか自分のお金で持ちおらんでしょ。コメ婆ちゃんから「障子がかたかけん、ここば直してくれ」ち言われて、「じゃあ鉋ば買ってくるけん」ちゅうて買ったんです。直してくれちゅうことは、器用だと家族が見込んでいたんでしょう。兄貴には誰もそんなこと言わなかったけん、家族は私にばっかり言ったけん。

友だちが「物作りに興味があれば、いい仕事かもしれんよ」ちゅうから、あくる日、松葉杖ついて水俣の百間にある税所（さいしょ）建具店ちゅうところをいきなり訪問したですよ。松葉杖ついて足を引きずって、まだ足が完治していない状態でできるだろうかなんて考えながら、ただ、してみたい、何か自分で仕事を持たなきゃちゅうことで向かったとです。その時私は二〇歳でした。私が松葉杖をついて行ったことに、親方は当然びっくりされとった。〝どげん（どんな）仕事か知っとっとかい、でけん（できない）ぞ〟ちゅう感じでしたね。

私は「一生懸命しますから、一生懸命しますから」ちしんみり言ったもんだけん、「じゃあ、明日から弁当持って来てみるかい」ち言ってくれたとです。しめたと思って、朝早くに女島から車で通ったです。だけど、現実は甘くなかちゅうか、本当、現実を見たとです。気持ちは仕事をしたい、社会復帰したいとかあっとですけども、あんな大きな怪我をしてそんなに簡単に社会復帰ができるもんじゃないちゅうのが、現実として私に降りかかってきたんです。

足の痛みで再手術

朝家を出て店に着いてしばらくはいいんですけども、夕方くらいになれば足が痛みで耐えきれない。痛みで気絶するような感じ。痛風をしたことがあるんですけど、痛風みたいな感じなんです。だけど「痛いから今日はもう早く帰らせてください」と親方に言われないわけですよ。それを言えばもうおしまいだと思うもんだけん、今度は言えない辛さがあって、昼くらいまではよかったですけど、もうとにかく、痛みが来るのをいっつもびくびくしながら、痛みと闘う毎日があったとです。〃どぎゃんして(どうやって)理由をつけて明日休もうかなあ〃ちゅうことばっかり考えてた時もあったし、〃痛いち言えば、やっぱり不可能だけんやめてくれって言われるかな〃と思って、痛みのことは口に一切出さずに用事を理由に昼から帰ったりとかしていたとです。

一年経った頃に、痛みで、もうだめだちゅうふうに感じたってですよ。仕事は好きだけど、もうこのままではだめだ。で、考えに考えて病院に相談に行ったら、「じゃあ、あと一回手術しようか」て言われて「手術すればよかってですか」って言ったら、「曲がらない足でふんばっとるから、膝が伸びたままで刺激をどんと受け止めてしまう。そこに全部負担が来て膝が痛み始める。足をぱっと突っ張った時に少し曲がればクッションになっていいんだけど、そうなれば柔軟な足になって、ショックが全体に吸収されるから、どんと来た時に、ずきんと全部のしかかっていかない」ち言う。「ならやる」ち言うて「で、どのくらいかかっとですか」って聞いたら、「四カ月くらいかかる」と。一年一〇カ月の入院経験があったもんですからね、痛みが取れることを考えればそのくらいなんでもない、四カ月くらいはまだよかよかと思ったです。

経営者のことを職人の世界では師匠とか親方とか呼ぶんです。で、親方に言ったですよ、「もうちょっとようなりたいけんが四カ月くらい入院させてください」。したら「よかたい、早くよくなればよかたいね」て。もう半分は諦めです、わかっとるです。〝ああ、もうこの子は使われん（使えない）ね〟って顔に書いてあったですもん。もうこれをきっかけに、この子はもう辞めていった方がいいと言っているように顔に出とったです。私はなにくそち、その時思いましたね。

死にかけた経験

実は、一七歳の時のバイク事故の入院中に死にかけたことがあって、その苦しさに比べたら足の再手術や社会復帰は自分の努力で絶対できると思うとりました。

事故にあってちょうど一カ月経った一二月二八日、私の誕生日なんですが、ベッドの上で寝たまんま意識を失ったんです。周りの人はあれっ、ちゅう雰囲気になって、なんじゃろうかとなったそうです。熱を計ったら四〇度、高熱を出しとったそうです。原因がわからないまま高熱で意識がない状態がそれから一週間くらい続いたとです。で、正月の三が日に、医者から「今日が山場、山場」ち言われてたそうです。〝もうこの子は元気になることはない〟ちゅうふうに、お袋も思うとったとのことです。

死にかけた原因はですね、点滴でした。まだ青々と跡が残っとるが、毎日二本ずつ点滴を打ち続けよったです。その点滴には私に合わない薬の成分が入っていたらしく、実は点滴を始めて一分もたたないうちに胸が苦しかったんです。最初から、「苦しい、苦しい」と医者に言ったとです。そしたら、「一七歳といえばまだ子供だから、注射が嫌いだから次に打たせないためにそげん言うとだろう。足をよくするために打ちよるとだけんね」と言われたこともあるとですよ。

たまたま正月の三が日に主治医がいなくて、当直の医者が病室に来たとです。初めて私を見る医者が、「この子はおかしい、何だこの顔は。顔が腫れ上がってしまってる」。主治医は若かインターンやったから何も気づかんとです。口を開けたらもう歯がガタガタになって歯ぐきが溶けてしもうとったそうです。当直医が「これは何だ、何を飲ませたんか」ちゅうて、すぐに原因がわかって「薬と点滴をやめなさい」と指示したそうです。点滴にも薬にも私には合わない成分が入っとったらしかです。はっきり覚えとらんですけど、やめたらあくる日くらいから熱がだーっと下がって来たそうです。やがて意識が少し出てきて、何か「アイスクリーム」ち言ったらしいですけどもね。まわりの人たちは「あ、これでもう大丈夫」ちゅうふうに思ったそうです。

こういう経験をしとったもんだから、ある程度のものは耐えられるちゅう気持ちがあって、絶対帰ってきてやるぞって、強く決意したとです。一度死にかけたわけですから、死にかけた私がこんなことで脱落はせんぞ、ち。

職場復帰

四カ月入院して手術をして、またもとに帰れるようになったとです。そしたら親方にですね「もうよか、辞めるとじゃなかったとや」ち言われたです。やっぱ、そうでした。〝やっぱり、しかたないね、この体で重荷になったんだろうね。むこうが雇う方だけんが、これ以上は言えないなー〟って思ったとです。

電話で正人叔父に相談したんです「断られたー」って。「また行くとやなかったんや」「そういう約束は交わしとったばってん」、そしたら「おかしかぞ、そら。約束は交わしとってなして（なぜ）。何かあったんや」「何もなか、やっぱり経営者として判断しよったんやろ」「よし、そんなら行ってみるぞ」て、正人叔父が私を連れて親方のところに行ったです。

そこで諦める者もいるし、諦めない者もいる。そこが大きな分かれ目になる気がしますね。そこで諦めとったら緒方建具店は存在しないし、今の私はなかったかもしれない。ま、だからといって、悲惨な人生やったかといえば、そらわからんばってん、あの時のことが定めきれなかったら今の人生があったかどうかということです。

親方のところに正人叔父が行った時に、向こうからいきなり「正人さんやろな」ち言われたですもんね。初対面でですよ。「なんで知っとっとですか、私のことを」て正人叔父が聞いたら「テレビで存じてます」て。新聞やテレビで未認定運動が連日報道されてた頃だけん、知っとらすとですよ。

そん時に、正人叔父が「正実は建具屋をしたかか（やりたいか）」ち言うから「したか」ち言えば、「こげんいう正実をどぎゃん（どう）するつもりですか、親方として」「もうやっぱり正実くんは無理やもんな、体が。もうこれ以上負担をかけたくなか」ちゅうことを言われたんです。「ばってん正実がしたいち言いよっとをあなたがでけんちゅうのはおかしか。それは、正実が決める問題やがな」と。「あなたが経営者で、あなたの判断が優先するのはわかっとるばってんが、今まで雇っとって、また社員ちゅうことをひっくるめて考えた時に本人がやる気があって、俺はやりたいんだちゅうとを、あんたができないと判断するとはおかしかばい。もう一回チャンスば与えてくれんかな」と言ったら、「また、やってみんや」と言いなったっです。それをきっかけにまた戻ったんです。親方は、正人叔父に断れば大変なことになる（笑い）と思ったんかもしれません。

足が悪くて建具屋なんかできん、と判断されたことが口惜しかったし、見返してやりたい気持ちもあった。何があっても絶対一人前になってみせるぞちゅう気持ちもあった。正人叔父が言ってくれたけんつながったですけど、私の人生では正人叔父がどこか節目、節目でかなり影響してますね。

4 結婚、一人立ちへ

結婚

税所建具店に再就職したあと、親方の家に間借りして住み込みで働いとったんです。足に負担がかかって、通勤がどうしても大変、車に乗っている時は足を伸ばしっぱなしで長時間乗っているとものすごく負担になる。「ならば、家に住まじゃ（住み込んではどうか）。一緒に住んでよかったい」て親方が声をかけてくれて、一緒に生活を共にさせてもらいながら仕事をしてた。親方は子供がいなかったもんですからね、私を子供のように思ってくれてたんでしょう。

再就職しておよそ一年経った昭和五四（一九七九）年の六月に結婚することになったんです。その前から付き合っとって、早く家庭を持ちたいなというのもあったです。私は何かをいつも求めとって、何か次に次に進めたかった、足踏みをしたくなかったです。

退院してまた職場に戻って、結婚もだけん、すべて新たな第一歩、私の人生はこれから始まるち考えたんです。退院、復職、結婚がほとんど同時期に来たんです。

私が結婚する時に水俣病のことはもちろんちいうかな、嫁さんには意識的に話してないんです。話したらおそらく、一緒にはならないだろうっちゅうのが私の中にあったとです。自分が不利になることを自らする人はいないわけですよね。自分を守る意味で言わんかった。でも聞かれた時には「違う」とは言っちょりません。

結婚が決まった時に親戚の人から「緒方家は大変ぞ。ほとんどの人たちが水俣病患者ぞ。緒方家に行けば大変な事になるぞ」ち電話があったそうです。「こぎゃん電話があったよ」っち言われた時、私は隠しはしなかったです。ただ、どぎゃんすればいいのかわからなかったです。妹が体が悪いちことも、女島の家に連れて行ったけん嫁さんはわかっとったとです。

妹のことを「ひとみちゃんもね」「うん、胎児性患者」。驚いとっただけで、どうこうとは言わんかったけども、考え込んどったのは確かです。「じゃあ、お母さんもね」「うん」ち言うてから、「お父さんもね」ち。「うん、早く亡くなったから」。「じいちゃん、ばあちゃんは」「二人とも……」。もう聞くのがちょっと怖いみたいで、それ以上は聞かんやったです。でも「あんたは、どぎゃんね」っち聞かれた時に「俺はね、申請はした事はなか」。それだけは言いました。したら「はぁあぁ」て。

やっぱり嫁さんにしてみれば、一気にそういう中に入ってきたわけですから、何が何だかわからずとまどうばかりだったと思うとですよね。水俣病はどういうものかちゅうのは、高校の時に聞かされていたらしいです。東北の方やったかな、修学旅行で行った先で、水俣の事を水俣病て馬鹿にされたらしいです。高校を卒業して岐阜にある専門学校に入ったとですよ。その時、熊本出身っちことは言うたけれども水俣ちゅうことは絶対口には出さんかったと。なぜ言えんかったかちゅうのは、水俣病患者と思われてしまうし、水俣病は差別されていることを知ってもいたし、自分も差別を受けていたこともある。そらあ、誰だって水俣病の被害者の家族の中に平気で入って来れた人はいないはずだから、ショック受けたなあと思ったとです。水俣病の患者や家族には嫁さんの来てがない、そう言われよった真っ只中だったですよ。

新居探し

そして、結婚を機に住み込みをやめ、わが家を持つことになるんですね。じゃあ新居はどこにしようかなとなって、正人叔父に相談をしたとです。正人叔父に常に相談しとったのは、私の親父が早く亡くなったから親代わりだったんですよ。

「よし、お前の住まいを探すぞ」ちて、私の兄と正人叔父と三人で出かけたです。当時、トヨタの青いカリーナちいう車に乗っとって、そのカリーナで水俣に出てなぜか水俣の市街ば通り抜けて行くとですよ。私は、できれば便利のよい町の方に住みたいなと思ってたんですが、袋（水俣市の南端）の方に入っていくとです。考えてみたら正人叔父は運動でいつもこの付近に来とった。で、まず連れて行かれたのが相思社です。初めて私は相思社に行ったとです。相思社の機関誌『ごんずい』一〇〇号にも書いたですけども、当時相思社はエノキ（エノキダケ）栽培ばしよったけん、そこに見学に連れて行かれたってです。正人叔父が「見てんな（見てみな）、エノキ栽培ばしよっと」と言って、ずっとこう見せてもらったです。

その時カメラ（平石）さんが相思社の事務所に住んどらって、叔父が「どっか宿はなかろか」ち言ったら、「なんすっと」「甥っ子が結婚するもんじゃけん宿ば探しよっとたいね」って。「そら、どこかあったろか」ち逆に言わって、そっから正人叔父が当時水俣病の闘いを一緒にしていた坂本輝喜さんの家近辺にあるかもしれないと思いついたんです。私は坂本輝喜さんてまだ知らんやったばってん、行ったら「あんた家は空いとっとかな」ち正人叔父が急に言うて、〝あんた家ちいうとはどこやろうかな〟と思ってたらすぐ近く、出月の水光社（生協）分配所の横の持家が空いとるということで、一発返事で「住まんな（住みなさいよ）」ち言わったんです。今はそこに住んでよかったち思うばってん、その当時は市街の方がよかったなっち思った。ばってん、ま、欲言っちゃならんと思って決めたとです。

それから子供ができて、三人で暮らしていくにはやっぱり厳しかったですよ。昭和五四（一九七九）

年は二一歳でまだ建具職人の見習いでしたから、給料は手取りで七万円位もらっとったですね。二万五千円の家賃を払って、税金とか国民年金とかいろいろ払ってしまえばもう、食費や生活費ってわずかなもんだったです。見習いち立場を考えれば給料を上げて下さいち言うわけにはいかん。で、まわりの人たちの話を聞けば、そん頃給料としては一二万円位が最高でしたけど。一〇万円貰えばもう高給取りち言いよったぐらい、そげんな時代だったとです。だけん、「ちょっと生活が苦しかね。どげんすればよかろかね」っち妻と話しとったです。したら、ある人に「家賃が安いところに行けばよかがね」ち言われて、市営団地に申し込んだっです。そしたら袋の陣原（じんばら）団地が当たったとです。二人で、「ついとらんやったね。やっぱもうこの袋から逃げならんぞ」って話したとです（笑い）。

陣原団地は今はよかってですけど、あの頃はバスも通らんやったし、車がなからんばどげんもでけんでとにかく不便やったですね。だけん何か、うりやられたごたる（いいようにやられたような）感じがしてはじめは断ったです。「おっどま（私たちは）市内に住みたか」ち市役所の職員に言ったとです。したら「そげんこつ言えば市営住宅には一生住まならんですよ、また新たに一から申し込んで順番が来るまで待っていなければなりませんよ」と言われたとです。と言ってもですね、ここまで待って待ってやっと当たったのが陣原団地、「今度いつどこが当たるかもわからん」と言われたとです。

結局しぶしぶ陣原団地に住むことになったですが、家賃は三五〇〇円で、家賃を考えればもう御殿のごたる（のようだ）ねち。段々給料も上がっていくし、普通はだいたい四〜五年位すれば一人前として認められるから一人前の賃金が貰えると。そしたらアパートに引っ越しをしようと二人で話しとったです。その後、月に三〇〇〇円とか五〇〇〇〇円位だったですけど貯金する余裕も出てきたっです。

子供が三歳位になった時に嫁さんが働くち言い出して、すぐ近くのみどり保育園に子供を預けて働いたです。その頃ですね、家を建てようち話をしよったです。だけん、共稼ぎして頭金を約一〇年かけて貯めたっです。そして、建具職人として技術的にも自信がついて、もう独立できるかな、ち感じたっです。

そのきっかけちいうのは、いろんな技術が身に付いたら付いたでさらに技術を求められるわけです。できんことはなかっです。求められたことに対して応えていくのも一理あるかもしれんけども、それは私にとって大半を占めるもんではないと思ったです。束縛されてしまえば建具職人になった意味がない、自分の世界はきちんと持っておきたい、自分でつくるしかないと思ったとです。私の中で無理がたまってしまってたんですね。〝こんな状態ではずっとこの仕事を好きな仕事としてできないような日が来るかもしれん、自分で自分の世界をつくりきらんといかん。そうせんと、こんなはずじゃなかったという日が絶対来っとじゃ〟と思って、自分の世界をつくろうと独立を決断したっです。

不動産屋にだまされた

そこそこ貯めとったお金もあったもんですから、不動産屋に「陣原団地から通ってもよかけん、建具屋ができる場所、とにかく仕事場を探して下さい」って頼みに行ったです。「よしわかった、探してやります」ちことだったです。条件が二〇〇ボルトの電源を引っ張るもんだけん工業地域か準工業地域か、無指定地域、要するに住居地域はダメなんです。そすっとですね、工場が多かったりとか、少し離れたりとか、今度は生活していく上では不便な場所になってしまうとです。だけん、いずれは横に家を建てるか、とか迷いながら話していく中で私の理想に思ってる場所を提供してきたっですよ。

「わーこういうところを私は探しとったですよ」っち。初野の、今の新幹線「新水俣」駅があるところを少し芦北に寄った方の国道ぞい、水東小学校の真下あたりですよ。植木が植えてある便利がいいところを紹介されたっです。で、ここならばよいと思って、金額を聞いたら、全部で一〇〇〇万円近くなっとです。頭金は一五〇万あればよかことになったんです。そん時一五〇万貯めとったですたいね。この一五〇万を全部使ってしまえば何もでけんけん、一〇〇万を頭金として不動産屋に渡したっです。

その後いっこうに返事が来んとですよ。で、「どぎゃんなっとっと」ち不動産屋に聞いたら、「うーん相手がなー、売るち言うとってからしぶり始めたったいな。でん（だから）緒方さん、もういっぺん言ってみるけんが、どげんなっとっとかって」。なんかあやふやなことを言うけん、「そぎゃん相手がはっきりせんごてあれば、私は買う気がなか。あなたが売るち言うたけんが、私はあなたを信用して頭金を渡したんですよ。相手のことを今さらそげんこつ言うたって、もう土地はよか。頭金ば返してくれ」って言ったです。そしたら、「すいません二、三日待っとって下さい」ち言うでしょ。その後も「ちょっと待って、ちょっと待って」。ずーとちょっと待ってですよ。で、一カ月過ぎた頃、「あんたは、使い込んだっじゃなかですか」って言ったら、不動産屋は「使い込んだち言うとはちょっと言い方がなんかなー。一旦緒方さん、私の口座に入れたっですよ。そしたら、引き落とされるものがあって、あなたに返そうち思うばってんがそのお金が引き落とされて、ないんですよ」っち言い始めたっです。〝あーこら騙されたな〟と思って、「とにかく、あんたば訴えるけんな」ち言うたっです。そしたら「それはちょっと待ってくれ、返さないとは言ってないでしょう。返しますから」。あっちこっち弁護士にも相談したりしたっです。

結局発覚したっですけども、私は一〇〇万円だったけんまだよかったばってん、本当に可哀想な人たちもおらった。結局他の人が裁判を起こして不動産屋の資格は取り上げられたです。

返ってこんお金は授業料ち思ったけど悔しかった。そっからどげんしようかねっち相当迷ったとです。私には一〇〇万円が一〇〇〇万円位に感じたっですよ、十何年間貯めて一五〇万円だけん。命がとられたわけじゃなくてお金がとられた、お金は働けば返ってくると思うしかなかったとです。

独立に再チャレンジ

ただ、自分の世界をつくろうと思って独立を決断したことは、どうしても諦めたくはなかったですね。お袋にすぐに相談に行って、もう家は建てんけん、近い内に独立だけはすると話したとです。お袋には金を騙し取られたっちことは、ショックを受けるから今も言ってないんです。「だいたい土地っちいうとはいくら位すっと」ち言うけん、「いや借って（借りて）するつもりや、月々に五〇〇〇円とか一万円で貸すとこがあるけん、そこを借りてするけん。ただ、工場だけでも五〇〇万位かかるし、中古揃えても機械だけで五〇〇万位かかる。ざっと一〇〇〇万は最低でもかかる。その頭金として一〇〇万近くはある。軌道に乗れば月々四~五万の返済で十分可能だ」ち言うと、「やってみたければやってみらんか」ち言おごたばってんが（言いたかったはずだが）、「三〇の若造がぞ、建具屋の親方になって誰が相手にするもんかち」と反対みたいなことを言わすと（言われた）です。

普通、建具屋っちいうのは六十代になってかなり年季の入った人が経営して、初めて信用されて人が頼むっちいう世界ばってんが、頼んでみらんばわからんちいうことで頼む者はおらんですよ。三十代の人が期待にそえるっちことはそうないわけです。それを親は知っとるもんだから、「まだまだ早かぞ」っち言われて。「俺が自分で自信があるからしようかと思たけん、今を見逃せばもうしたいとかいう気持ちが生まれ来んから、するなら今しかない。人に雇われて俺はもう続かん。体が続かん、無理もせなならん。自分でしとればきつか時は休まれるし、自分の世界が作れるけん」と説得ちゅうか話したら、「なら無理せんごとするならば応援するけん」っちいうことになったです。

で、頭金だけを出してもらって出月の今住んでいる所を購入したんです。建具店勤めとっ時の建設会社の方に融通が利いたし、住宅ローンとかいろいろ組んで、それで緒方建具店を始めて二〇余年です。もちろん、私一つの体に対して融資するわけじゃなくて、母親の存在もあったんです。

そして、（建具店を併設した）わが家を平成元（一九八九）年に、月浦（つきのうら）の川本輝夫さん宅の近所に建てたわけです。

認定申請はしないつもりだった

その時に、私は水俣病の申請はしてないし、もちろん水俣病の補償金も受け取っていなかったとです。周囲では、「緒方家の人っちいうことだからかわからんけども、水俣病のお金で建てたっちな（建てたんだろうな）っち。若うしとって建具店が建てられるはずがなかっち、やっぱり水俣病で金ばもろとらっとばい」ちゅう噂話が飛び交ってたと人から聞いたことがあるとです。そげん話を耳にした時に、いっくら努力して努力して、一生懸命働いて働いて得た金でも結局、水俣病の補償金と勘違いされてしまうことが私には悔しくて、だけんもう水俣病の申請はしないぞっち改めて思った理由の一つでもあっとです。いくら働いて働いて汗水流して働いても結局はそぎゃん思われるから、認定申請しないで、仕事で頑張って得た金で何でも買っとる、何でもしとるっちいうふうに思われたいと考えたっです。

本当はそういうふうに言う人が勘違いしとるとですが、私の心の中に相手に合わせようとして少しずれた思い違いがやっぱりあったんでしょう。私が水俣病として認定されたならば、今まで仕事を頼んでくれた人が頼まないようになってしまうかもしれない。それが、決して認定申請はせんぞって決めた、もう一つの理由でした。

二一歳の時に結婚して、二八歳の時にですね、嫁さんが何となく受け入れてくれたような気がした時に、一回認定申請を思い立ったんです。まわりで申請していく人たちが目に見えて増えて、「俺も申請してみようかね」っち言ったとです。したら「どうして」っち一言ですたい。

「子供はどぎゃんなっとね。水俣病の子供っち言われるがね。子供の将来を考えるならあえて親がそぎゃんする必要はなかよ」っち言われて、私も「そぎゃん言えばそぎゃんやね。水俣病の申請をするっち、結局は救済される目的がそこにあるわけだけん、お金と引き替えにそういう苦しみを引き受けにゃならんもんね。補償金と引き替えに子供たちもつらい目にあわにゃいかん。得るものと、失うものがあって、それを考えてみれば失うものが大きい」っちいう結論で、「じゃあもうしない」っち。もうそれで終わりにして、永遠に申請をしないつもりでした。

II

水俣病認定への闘い

一九九五年～二〇〇七年

5　政府解決策から外され認定申請へ

政府解決策に参加のきっかけ

建具店を始めた七年後、平成七（一九九五）年に政府解決策が打ち出された時も、当然参加しないっち決断していたとです。参加する気もなかったし、公健法（公害健康被害補償法）の認定申請もしていないです。そぎゃん（そんな）曖昧な政府解決策に誰が乗るかち、葛藤しながらもある意味誇りに思うとった。自分は、自分の考えを貫くんだっていう気持ちもあったし、惑わされてたまるもんかちゅうふうに思っていたとです。しかしそう思いながらも、平成八（一九九六）年の一月から七月一日まで申請受付期間が設けられて、最終（政府）解決策っち言われとるのやけん、その期間を過ぎたらもうなんちゅうたって駄目です。近まってくれば、やっぱり私の中では〝このままで本当にいいのか、いいのか〟ち、いろんな不安や戸惑いが出てきたとです。

周囲の人たちから「もう医療手帳はもらったんですか」と声をかけられることがあって、その都度「いや、私はしてません」って繰り返し言ってきたんです。ある時に「えっ、なんで緒方さん、せんと。どげんあんたは考えとっと。納得できんならば、申請してきちんと闘うべきじゃなかったんですか。あんたは逃げてしもとるもん。納得できないっち言葉は、闘っていく中で言う言葉ですよ。何もしないで、何が納得できんですか」ち、身近な人に批判されたです。

患者さんで身内になる人からも、「正実あんたがそういうふうに思とっとはわかるばってんね。このまんま政治解決で終わることができないのであれば、永遠に終わらんとぞ。どっかで人間は、やはり節目を迎えんときつかよ（辛いよ）。それが今度の政治解決ち思っとる。許す、許さないは別にして、水俣病がこれで終わるわけじゃないから、とにかく一つの節目をみんなと一緒に迎える、それがいいと思うんよ」ち言われた。その時点では「なんば（何を）この人は言いよっとかな」ぐらいの気持ちやったです。

でも、その言葉で私は変わっていく。二、三日考えてみて、ハッち気づいたとですよ。怒りがあったり、許してたまるもんかちゅう思いがありながら、レッテルを貼られたくないと水俣病から逃げとったです。自分が何をめざしとっとか、何を言いたいのか、都合のいいところで右に行ったり、左に行ったりしよっぞ。やけん（だから）、おそらく私は、みんなが解決してしまった後で、永遠に一人で迷い続けていくんだなあと。そうすると、みんなと一緒に溶けこんだ生活ができるかちゅう不安があったです。

そんなことを考えていく中で、あれっ、待てよと。政府解決策ちゅうのは、私のために作られたような気がしたんです。まあ「あなたは水俣病ではありません」ということは、水俣病を引き受けたくない人には引き受けさせない。しかし、一定の補償というか、お金もそうですけど、医療手帳がもらえる。とすると、なんかちょっと身が軽くなるのかなあと、いいことづくめのような感じがしたんです。その時の私は、とにかく「あなたは水俣病じゃありません」ちゅうのが、ものすごくよかったです。

他の人に言わせりゃ「なあんや、そんなことが許されるか」ちなるだろうけど、私はそうじゃなくて、水俣病というレッテルを貼られないことがよかったんです。だから本当に水俣病に怒りがあったのか、許さないと思っていたのか、どうなのかなと、自分を問いつめたっです。結局、自分にプラスになればそれでいい、そういう考え方を私はしとったかなあ。

私に声をかけてくれた身内の人の言葉がきっかけで考えていく中で、とにかく政府解決策は私にふさわしいちいう判断をしてしまって、直前になって申請したんです。

政治解決で救済されず――終わらない水俣病認定の闘いへの始まり

ところが、その一九九五年の政治解決で「非該当」の通知を受けて、行政に切り捨てられたんです。「保健手帳（医療費のケアのみ）にも該当しない」――このことが、認定申請への直接のきっかけになって、私の人生を大きく変えた瞬間だったんです。政治解決に参加を申し出るまではものすごい葛藤があったんですが、そこで終わらなかったために認定申請へと向かっていくわけです。

具体的には、平成八（一九九六）年一二月一五日、「対象にならない、その条件を満たしていない、結局あなたは水俣病ではない（条件の緩い政治解決の対象としても認められない）」、という通知が来るわけです。それを「あ、そうですか、わかりました」というふうに言えるような人生ではなかったわけです。それまでの私の三八年間は、不知火海の魚を家族と一緒に食べた生活があって、そして同居していた家族が水俣病で亡くなり、苦しみ続けた事実、私も水俣病の症状をかかえていた事実、つまり水俣病に〝どーっぷり〟と浸からされて生き続けてきた事実があったわけです。

たしかに私は自分を水俣病とは決めつけたくない、水俣病のレッテルを貼られたくない、という一心で、逃げ続けた三八年間でした。でもそれではやりきれなくて、何か区切りをつけるために、政治解決に手を上げていくわけです。そこで、熊本県が「あなたは水俣病とは関係がございません」と言った時に、自分は水俣病にはなりたくないと思っていたわけですから〝あーよかった、俺は水俣病とは関係なかったんだ〟と喜ぶのが本当だと思うんですよ。しかし、私にはそれができなかった。それは、〝あなたたち（熊本県）の結果が間違っている〟と、とっさに強く思ったからです。

私は、隠していたほうが楽な人生を歩けるというふうに勘違いしていたと思うんです。しかし水俣病の被害にあっていたことを強く意識し続けたわけではないながらも、事実としてはきちんと受け止めていたんだろうと思う。だから、熊本県が私に「非該当」という結論を出した時に、〝あなたたちの答えは間違っていますよ〟と強く思ったんでしょう。

最初私は〝事務的ミスかな〟と思って、熊本県に電話して「水俣の緒方正実ですけれども、通知が昨日届きましたけれども、間違っているんじゃないですか。あなたたちが差し出した書類は、たしかに緒方正実と書いてありますけれど、内容は私に当てはまりませんよ」と、抗議的ではなくて教えてやるよという感じで言ったのです。それが私の闘いの最初の一歩ですね。

「詳しい説明を聞きたい」と言うと、熊本県は「来年、一月何日」とかなり先の日にちを言う。しかし、「待たれないから早くしてくれ」と言って、少し早めて、当時は水俣病検診センターの建物が市立病院（現在の水俣市立総合医療センター）の前にあって、そこに行って説明を受けたんです。

対応した橋本所長が私に「間違いも、何もありません。これはあなたが水俣病かどうかの判断じゃございません。政治的な解決のもとで行われた事業ですから」と言うのです。私が念を押すと、「たとえ間違いがあってもどうすることもできません」、それはなぜかというと「政治的につくられたものであって、この受付は平成八年一月から七月一日までの期間かぎりです」。このことを考えても「再審査はできません、やり直しもできません」。さらに結果に対しては「不服申し立てはできないことになっています」、いわゆる「文句が言えない状況に今あります」から、「違った形でやるしかありませんね、（認定）申請をしたらどうですか」。そして、「政治が変われば、かならず救済される時が来ますよ」と言うたとです。どういう意味なのかよくわかりませんでしたけど、その言い方は役人そのものの態度でした。「あんたたちは、それでも人間か」と言いたいぐらいでした。

繰り返しになりますが、当時は自分の中で水俣病への定まらない思いがあった。補償金がほしいとか、認定がどうだ、こうだとは思ってなかったです。だから私はそれまで認定申請を一回もしたことがなかった。だけん、政治解決で切られても、その後熊本県が私に対して誠意ある説明をしていたならば、私の闘いは始まることはなかっただろうと思うんです。ところが、あまりにも侮辱するような説明をしたもんですから怒りが起こって、「終わらせたいのはあなたたちでしょう」ち言ったんです。問題なく終わらせたいと考えるのであれば、条件がそろっている私を熊本県は見落としたわけですから、自分たちの立場を考えればその時点でどうにかできたはずです。

さらに私が「あなたたちが間違った結果を出したんだからどうにかしてくださいよ」としつこく繰り返すものだから、開き直って「何を言うか、公の場で言いなさい」と声をあらげたわけです。私は原田正純先生の話を切り出したんです。「原田先生が『水俣病の患者さんで有機水銀を浴びてたことが特に明らかな人は、その時に大きな症状が出ていなくとも歳を取るにつれて症状がみられる傾向にある』と言われたことを、私は覚えていますよ。だから私が将来どういう人生をたどるのか、それだけ考えてもこのまま済む問題じゃないでしょう」と言ったら、「論文を持って来なさいよ。どこに論文があると。そういう論文をちゃんと突き出してから言いなさいよ」ち、捨てぜりふのように言ったんです。今でも私は、いつか橋本所長に会って話をつけようと思うとです。

公健法の認定申請

そのあと、水俣協立病院に行って「政府解決策に申請をしたけれども、『水俣病とは関係ない』という結果を熊本県が私に下した。けれども、そんなはずはないと思うので、とにかく私を診てもらえないでしょうか」と相談したんです。

(公害健康被害補償法に基づく)認定申請の診断書は協立病院の高岡滋先生が書いてくれたとです。検査をしているうちに「おかしい、おかしい。診断書を書くから認定申請してはどうかと思っている」という話をされ、〝どぎゃん(どんな)診断書が書かれているとかな〟と思って、封筒に入った診断書を受付でもらって帰るときにそっと見てみたら、「診断、水俣病」ち書かれとっとです。

私は診断書がどのように書かれるものか知りませんでしたから、それを見て正直びっくりした。それを重く受けとめたというか、「私は水俣病だった」ちゅうふうにはっきり証明されたみたいで、逆に怖かった。「診断、水俣病」の下に「幼少時に女島地区で育ち、大量の魚を食べ続けて二歳の頃は水銀値が二二六ｐｐｍ検出されている。現在は、感覚障害が認められている。すなわち水俣病として診断できる」と書いてありました。まあ、診断のとおりです。

高岡先生からは「緒方さんがこういうふうな結果はおかしい。徹底的に言うべきですよ」ちゅうアドバイスを受けましたが、この診断書を持って〝どぎゃんしょうかな、いまごろ申請しても人は相手にしてくれんやろうな〟と思っていたから、私はその後のことをどうしたらいいのか病院関係者に聞くのを恐れていたんです。私が困っている様子を察知したんでしょうね、病院の受付で「友の会という事務所が協立病院の敷地内にあるので、そこに相談に行ったらどうですか。申請の仕方を教えてくれますよ」と言われて、行きました。

会は駅通りから入った一階にあり、移転したばかりの時でした。行ったら、連絡が入っていたみたいでしたけど、事務局の人がいて認定申請書の書き方を教えてもらったんです。いまでも印象に残っているのは「自分で書いたほうがいいから」と言われたことです。申請書に経緯の欄が一番下にあって、「この経緯は一番重要になりますから、なるだけ文字を詰めて思いをたくさん訴えるように書いてください。後々、重要なことになる可能性が大ですから」と言われました。後々まさにそのとおりになったとです。そして県庁に認定申請書（巻末資料1参照）を郵送したんです。

何カ月かしてから検診センターに診察を受けにいきました。こちらの思い過ごしかもしれないけれども、その頃は申請者が少ないもんで変な目で見られているような気がして、辛い思いをしたのを覚えています。〝なーんも悪いことをしとらん〟と、心の中でずっと思い続けて椅子にすわり、「何でそんな目で見っと、私は人殺しでもなんでもなか。あんたたちが人殺しやがね」と自分に言い聞かせながらずっとうつむいて時間を待っとったです。

検査は予診（予備診断）から始まり、眼科が一日め、そして日をあらためて二回めには眼科の本診（本診断）。私は小児例（小児性水俣病）ですから内科、眼科、小児科、耳鼻科、精神科、それとX線などの検査です。一日に一項目しか診断をしないんですよ。一つの認定に対して六、七回検査があるんです。だけん、〝遠くから来る人はたまらんね。まとめてしているのかな〟と思ったりしていました。

第一回めの処分経過

第一回めの認定審査会の通知は、「保留」。「第一九二回の認定審査会にかけましたけれども、結論が得られず処分保留にいたします。よって眼科検診、ＭＲＩ（磁気共鳴画像）を再度検査してください」と記されてました。

「再度検査してください」ということは、視野狭窄（きょうさく）とかで引っかかっとったです。もし政治解決以前に申請しておったならば、その時点で認定されていた可能性があったと思うんですが、私が申請したときの状況は、政治解決に漏れたというのが一つ、そしてそもそも「水俣病は終わった」というその後の話の流れの中では、なかなか認定はできない。政治解決で漏れ、何の対象にもならなかった者が（棄却されずに）「保留」になったこと自体がものすごかことです。

この通知が来たときに誰に相談したかというと、真っ先に正人叔父です。「保留と書いてあるけども、どぎゃん意味なのか」と尋ねると、「眼科検診、ＭＲＩを再検査するようにとは、そりゃあ棄却の材料を探すためのことたい」と言われた。要するに「ＭＲＩをとったけれども、異常がなかったから水俣病としては認められないとして、棄却することはもうわかっとっと（わかっている）」と言われたことを覚えとります。

そして続けて、これまでの例を見るとそういうことになるが、「お前を簡単には棄却にできない理由がある。こっちはきちんと証拠を握っとっとじゃけんね。そう簡単に棄却はできん、するならしてみろというような覚悟をもてばよか」と正人叔父に言われました。それで再検査を受けに行きましたが、三カ月後、「棄却」の通知が来ました。

申請は一九九七（平成九）年の一月六日にしましたから、その秋に認定審査会にかけられて、一二月一九日に第一回めの処分が出たわけです。

6 行政不服審査請求の道のり

行政不服審査請求へ

それで「水俣病ではない」という棄却通知が来たけん、どうすればいいのかわからんから、顔見知りだったガイアみなまたの高倉史朗さんに電話で相談したんです。そしたら高倉さんがすぐ家に来て、具体的な話を始めたんです。

「政治解決に漏れたので認定申請をしたけれども切られ、このままだと納得できない。どうすればいいのか、力を貸してほしい」と言ったら、高倉さんが「よし、やりましょう」と言ってくれた。不安だらけの中で「よし、やりましょう」っていう言葉が自分をものすごく勇気づけてくれ、本当に闘いの第一歩、始まりだったんです。

自分から言わないとだめ

高倉さんは、行政不服の前に「形式上だけども、通っていかなきゃならない段階がある。熊本県に『あなたたちの判断した内容は、本当に間違いはございませんか。もう一回、調べてください』という異議申立てをしなければならん。それをしましょう」と言って、用紙をもらってきて私が書いて、高倉さんが見て、書類と一緒に手紙も書いて出しました（一九九八年一月二六日）。高倉さんにしてみれば結果はもう計算できとったみたいで、「自分が下した結果に『間違いがございました』ちゅうはずはない。そういう話は聞いたことない」と後で聞いたんです。しかし私は「間違いでした」ちゅうふうに言ってくれると思っとった。まだそのぐらいの考えの時期だったんです。

期待して手続きを行なったけれど、三カ月ぐらいかかりましたね。その間、電話で繰り返し「まだか、まだか」と催促しました。それは高倉さんから「放っておいちゃいけない。出さないことはないけれども、何カ月経つかわからない時もあるので、言わんとだめですよ」ちゅうアドバイスがあって、「言う」ということを自分の中に取り入れたのです。解決するには自分で言わなきゃ事態は動かない、言わなきゃ進展しない、言い続けながら先に進んでいかなきゃならん、ということを学んだんです。

結果の通知は三カ月後ぐらいに来たけれど、結局「熊本県の判断に間違いはなかった」、それで私の申立てを「棄却が相当」「却下する」との内容でした。

その頃はまだ〝えー、信じられん〟ちゅうぐらいでした。この後はどうするかと考えた時に、国から見てこの結果が本当なのか検証してもらうために行政不服審査請求ちゅうのをせなならんと思い、手続の仕方を「こぎゃん、こぎゃんね」と細かく習って、自分で書いて提出したんです。

行政不服審査請求ちゅうのはですね、結局、熊本県の身内ともいえる国に対して「熊本県がしたことは間違いでした。あなたたち（熊本県）の結果は認められないから棄却を取り消します。」という裁決を求めることです。明らかに、私（緒方）の訴えが正しいならそういう裁決になるけれど、緒方の訴えも熊本県も正しい、さてどちらにしようかなとなったときには、行政不服審査会は熊本県の味方をする、そういう存在なんだなと、だんだんわかってきました。でも当時は、「私の意見が正しいんだ、私の訴えが正しいんだ」とものすごく信じきっとった。「行政不服審査会に申し立てれば絶対、私の言っていることが正しいと言ってくれる」と、まだ信じていたんです。

それで、一回めの認定申請を棄却処分されてそのまま終わりにするんじゃなくて、行政不服審査会に審査請求するようにしていったんです。その一方で、二回めの認定申請を並行してしました（一九九八年二月一三日）。なぜかというと、高倉さんからのアドバイスがあって、「認定申請は何度でもいいんですよ」ということだったけん、できることは何でもしようという気持ちでやったんです。

普通に考えれば一回めで出た答えは二回めでも一緒かもしれんけども、絶対とは言えないと思って、並行して二回めの認定申請をした。そして二回めも同じく棄却されて、異議申し立てをして、異議申し立てが却下されて、そして二回めの行政不服審査請求の手続を行なっていく。それとさらに並行して、三回めの認定申請をしたが棄却されて、また異議申し立てをして却下されて三回めの行政不服審査請求の手続をして、さらにまた並行して四回めの認定申請をしていく。そういうように一回め、二回め、三回め、四回めの手続きをまったく同じように繰り返していきました。七年ぐらいの間ですから、申請の繰り返しは二年に一回のペースですね（巻末資料6参照）。

「水俣病ではない」と通知されたのは、政治解決（一九九五年）で一回。第一次の認定申請棄却（一九九七年）で一回、異議申し立て却下（一九九七年）で一回、行政不服棄却（二〇〇四年）で一回ですね。

第二次の認定申請で一回、異議申し立てで一回。第三次の認定申請で一回、異議申し立てで一回。第四次の認定申請で一回、異議申し立てで一回。第三次と四次の行政不服の答え（裁決）はまだ出ていないんですけども、実際に「水俣病でない」と言われたのがこの一〇回で、うち九回が熊本県からですね。こういう経過をへて、一一回め（国の裁決としては二回め）に、やっと熊本県知事の処分を取り消す「差し戻し」の裁決が出たんです（二〇〇六年一一月二二日）。

実は、それまでの情勢では差し戻しを勝ち取るのは難しいと、考えていたんです。で、これでもう終わりかな、ひっくり返ることはないだろうなと思っていたんですけど、第二次の行政不服の結果を見てから次の方向に進もうとかなり辛抱して、耐えて、耐えて第二次の裁決を待ち続けた結果の逆転裁決だったんです。

水俣病との距離を問い直す

繰り返しになりますが、認定申請から遠のいていたと言うか……、その気にならなかったのは自分の中で邪魔だったんです。何をするにしても水俣病か、いくら努力して働いても働いていても、結局は水俣病の補償金、というふうに見られてしまうのはもう嫌だったとです。だけん、私は水俣病の被害者でありながら水俣病のレッテルを貼られるのをものすごく嫌った。言ってみれば、私は水俣病に対して自ら差別しとったんじゃないかと、反省したっです。

その思いは、「差別はするな！　差別はするな！　あんたたちは水俣病をバカにしとる」と言い続けていく中で、逆に気づいたですよ。俺が自分の水俣病をごまかしたり、水俣病が邪魔になったために認定申請をしなかったということは、そもそも水俣病を特別扱いにしとったのは俺自身じゃないかと気づいたんです。自分がきちんと水俣病を受け入れることができないで、何で行政に批判ができるんだと、問いつめ続けてきた。

どぎゃんすっとか、お前はちいつも考えていて、寝る時、布団の中で自問自答して、朝起きて「よし、もう隠すことはしない。その代わり相手に対して一歩も譲らない。相手がごまかしていることをすべて私は許さない。私も水俣病のことをごまかさない」という葛藤がしばらく続いたですね。

だけん名前を名乗る決断をした時も、自分が水俣病の被害を受けていることをごまかしとって熊本県に「ごまかすな、ごまかすな」と言えるはずがない。名前を名乗ることができないのであれば言う資格はない、まあ決断するきっかけになったんです。テレビに顔を出す時も相当迷ったんですけど、そこを突破できないことには先には進まない、立ち向かえないと思ったんです。その決断をする時は、もう、正直言って生きた心地はしなかったです。

ただ、決めてしまってからは覚悟のできとったせいで、この部分はこういう意味で間違ってるっち、はっきりものが言えるようになったのかな。こそこそ自分の名前を隠したりとか、顔を隠す私であれば、言えるものも言えなかったし、こういう結果はなかったろうと思うとです。

行政不服審査請求の口頭審理

行政不服（第一次）の口頭審理は、半日ずつ二回やったんです。足かけ二年かかりました。

一回めの口頭審理は二〇〇二年七月に一回、あくる年の春にもう一回というかたちだったです。というのは、一回めの半日の時間で「これで結審してようございますか」ち審査長が言った時に、「はい、これ以上意見はありません」と言えば結審ですけど、しかし私が「まだまだある」と言ったもんですから、「どうもこのようすでは終わりそうもございませんから、引き続き日をあらためてするということでいいですか」と逆に言われて、それで私が「けっこうです」ちゅうふうに言って、処分庁の熊本県もそれに従ったために、口頭審理が二度行なわれたちゅうことです。

場所はグランド肥後（ホテルの会議室）でした。中のようすは、まず仲裁役として審査庁がいる。委員はお医者さんが一人、法律にくわしい人、そして天下りと言えば失礼でしょうけども、役人上がりという感じの人の三人でした。審査長は大西さんという人だったと記憶してます。それから事務方として環境省から二人来てました。審査庁のスタッフになるわけですね。そして処分庁の熊本県から、知事の代理人が並ぶんです。相手方は全部で一〇人ちかく。そして請求人の私と私の代理人の人たち（支援者）が一〇人ぐらいで、そこで向かい合って主張をしあうんです。

熊本県は「自分たちが判断したことに間違いはない」と述べて、「認定申請は棄却が相当だった」ちゅう理由を資料をもとに説明していく。それに対して私は、「あなたたちの判断に誤りがある。なぜならば……」とその理由を説明していくわけです。小さい時から水俣湾で捕れた、汚染された魚を食べ続けて来たのは間違いなく事実である、それによって体のあちこちが蝕まれてしまった、たとえばこういう症状がある、医学的にも掛かりつけの医者が証言している、と言いたいことをすべて出すわけです。自分としては、一回め、二回めを合わせて言いつくした感じはありました。

ただ、第一次の審査請求では却下の裁決を受けました（二〇〇四年二月）。その時に私が思ったことは、結局審査庁が判断して裁決するわけで、言いつくせなかったことや証拠を出しつくせなかったために私は熊本県に勝つことができなかったというか、知事の棄却処分をひっくり返すことができなかった、ちゅうことを学んだんです。

第二回めの認定申請に対する棄却処分に対しても行政不服（第二次）をしたわけですけれど、こんなに待たなければいけないのかちゅうぐらい待たされて、口頭審理開始の連絡が入ってくるんです。そのときは並行して認定申請手続きをしていまして、もう四回めになっていました。

第二次の行政不服審査請求の口頭審理（二〇〇六年一月）では、行政不服審査会も気を使ってか結局まるまる一日、朝から夕方の五時まで私のために時間を取ってくれたんです。ですから、第一次不服審査で出しつくせなかったことを、第二次の時には一日たっぷりかけてすべてを出しつくすつもりで自分の主張をしていきましたね。

熊本県は被害者の命を軽視

主張のやり取りの中で、熊本県は「法律に基づいてこうだ、ああだ」と法律論ばっかりで言うので、私は「法律論はだめだとは言わないけれども、その法律で私を判断したときに水俣病患者として認めることができないのは、そもそもその法律がおかしいからだ」と主張していったんです。私の訴え方は法律論を無視するのではなく、明らかに水俣病の被害を受けている私を救えない法律はおかしいと、被害者の気持ちを中心に訴えたんです。

要するに私は、行政が作った基準を物差しにしても量ることができない部分が水俣病にはまだいっぱいあるのを知っているもんですから、基準に従っていくこと、あてはめられていくことがどうしても許せなかったんです。私が持っている物差しも使ってほしいと思って、言い続けたんです。

具体的には、私が二歳のときに毛髪水銀値が二二六ｐｐｍ検出されているのを知っていながら、健康調査や「魚を大量に食べないように」という指導を一切しなかった、つまり見殺しにしようとした。それは、目の前に血を流して倒れて苦しんでいる人を見て知らん振りして通り過ぎることと一緒なんですよ、ということを言い続けたとです。

もちろん「ブラブラ」問題や成績証明書のことなど（後述）は水俣病被害者を見下していることから始まっていることは明らかで、それは私を救おうという気持ちが最初から欠けていたことになる。これでは私を認定することはできないし、そもそも認定基準に誤りがあるのは明らかだ。だけんいくら認定制度の基準で議論したところで、私を認定することは難しいだろう。おかしいことがこんなに水俣病事件の中にある。これでいいものかちゅうことを言うためにここに来ているんだ、とありのままを言っていくわけで、自分としては「人間としての叫び」を強調しながら訴え続けました。

一方では「そんなことを言ったって、行政不服審査会に受け入れられることはない。不服審査会というのは熊本県が認定制度に従って適切に間違いなく手続きを行なったかどうかチェックするだけの機関だから、人間的に思いを訴えたところでそれなりに受け止めるだろうけれども、事務的に間違いがなかったら見直しはしない、それが行政不服審査会」ちゅうことをまわりの人たちから再三言われたです。しかし私の第二次裁決はそうではありませんでした。

差し戻し裁決（患者の訴えを認め棄却処分を取り消す）の確率は一割もない、六百数十件のうち結果的に私が申し立てた行政不服の差し戻し裁決は一一件めだったそうです。

検診医の氏名が記載されていない診断書

逆転裁決に結びついた第二次行政不服の口頭審理の中で、審査庁が処分庁に対して厳しく追及する場面があったんです。それは「私を診た医者の名前を知りたい」と訴えた時です。「本当にその人が診断したものを熊本県がまとめてこういう結論を出したのか、信用することができない。本当にこういう診断したのか確認したいから、私を検診の時に診た医師の名前を教えてほしい」と言ったら、「熊本県情報公開条例に基づいて、できない」と言う。私のことは公にさらけ出しても私を診た医者の名前は公表できない、相手はあらゆる角度から私のことを知っているのにできないと言うのです。

「私がその人のことを知ってもおかしくないじゃないか、私のことをどう診断したのか、私は信頼できない」と繰り返し、さらに強く「本人がいいと言えばいいはずだ」と言ったら、県の課長がちょっととまどって「一度確かめてみます」と言ったんです。そしたら審査庁が「今確かめなさい。電話で」とすぐに電話させたとですよ。課長は会場を出て電話して、席に戻り「今いない。ちょっと待ってほしい、ちょっと待ってほしい」と返事が返ってきて、時間ばかりが経過していく。そこで審査庁の信用を失うような態度が現れ来っとですよ。そのときに審査庁が「できないならできないではっきり言いなさい。待って下さいと言うなら待って下さいとはっきり言いなさい」と声を荒立てて言ったのを覚えています。

こりゃあもう、ずさんと審査庁が考えているように私は思いましたね。裁決書でも「ずさんな対応の中で、処分した」と厳しく非難していました。だけん、審査庁は私が直感したのと同じで、手続が的確に行われたかどうか少し疑問に考え始めていた、と思うんです。間違いかどうかは、行政不服審査会も調べればわかるわけです。しかし、結果がどうなのか、結果に信憑性があるのか、結果がどうやって出たかが問題だけん、結果をきちんとチェックしなきゃならんのに、その内容は「公表しない」ちゅうから信用ができないわけです。

医者のカルテそのものじゃないわけです。熊本県が書き換えてまとめてきて、それをもとにして審査会にかけて棄却処分するわけじゃけん。もしかしたら棄却処分するために書き換えていたことだってありうる。高倉さんの知恵を借りながら私もそこに気づいていくわけで、医者に会わせないちゅうこと自体おかしな話だと気づくわけです。

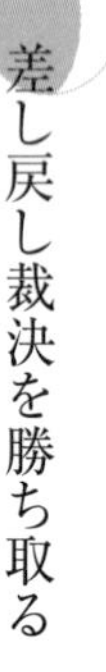

7 差し戻し裁決を勝ち取る

行政不服審査請求の裁決（第一次）

第一次裁決は「水銀に暴露している（水銀汚染魚を食べ続けた）ことは認める」とある、これは当然だと思いますね。しかし、「水俣病と認定するためには判断条件に示した症状の組み合わせを満たさなければならない」とされているんです。

熊本県が私に言っているのは、感覚障害については「水俣病特有の感覚障害とはこうなる。だから水俣病の症状には当てはまらない」。視野狭窄については、一度は保留にしたけれども再検診の中で「MRI検査の結果によれば異常は見られなかった。狭窄に変動はあったものの、水俣病からくるものとして断定することはできない」ちゅうことですね。運動失調については「ゆるやかな異常は認められたけれども、異常と診断されることはない」という主張をした。

それを審査庁が判断した時には、感覚障害は「認められない」とも言わないが、「そういうのがあった」と記載するのみで、運動失調に関しては「ゆるやかな失調がみられたけれども、異常として認めるまでには至らなかった」。そこから考えれば「認定には無理がある」という熊本県の判断に従って、どちらかといえば「棄却が相当」だろう、「決定的に認定にいたる証拠が示されないかぎり無理がある」

という裁決でした。

第一次の裁決が第二次のヒントに

第二次の口頭審理は、第一次の裁決をヒントにしたわけですけど、運動失調の「ゆるやかな失調がみられたけれども、異常として認めるまでには至らなかった」というその一点を考えたときに、じゃあ正常・異常はどこで決めるんだ、その基準はどこにあるんだと、問いただそうと思ったんです。

あなたたちが正常と異常を判断する基準はどこにあるのか、それに「ゆるやかな運動失調がみられた」ということは異常があった、すなわち運動失調ありというふうに考えるのが相当だろう。あなたたちは認定をしないために、もしかしたら先入観をもって少しぐらいの異常は異常と見ないのではないか。医者がその時点で総合的にみてまったく異常がないと判断したら「異常がない」と書くはずなんだ。だけん、医者が記載したその時点で多少の異常がみられるちゅうことは、異常ありじゃないですかと言ったんです。

感覚障害もそうです。「末梢説、中枢説」と言われているけれども、毛髪水銀値が二二六ｐｐｍ検出された私の中で感覚障害が現に起こっている、あなたたちが考えているのが末梢説（末梢神経損傷説）か中枢説（中枢神経損傷説。関西訴訟で最高裁が採用した）かはわからないが、私の体の感覚障害はいったいどこから来ているのか、あらゆる方面から調べたけれども肝臓病も糖尿病も、ほかに考えられる原因は一切ない。感覚障害に結びつくものが見つからないちゅうことが証明されている。有機水銀しか考えられないちゅうことは、何人もの医者が断言している。ほかに考えられる病気があるのかどうか、あなたたちは調べたのかと聞いたら、「調べる必要はない」と言うもんだから、「有機水銀の疑いしか今のところないでしょう」と訴えた。その後の裁決書には、私の中で起こっているのはいろいろな感覚障害で、それが「水俣病から来るものと考えてもおかしくはない」と書かれていました。

それと知能障害に対しては、「あなたたちは私に知能障害はまったくないと書いているけども、成績証明書の無断使用をしたときには、成績のことにふれていて、『あまり良くなかった』というふうに書いているでしょう。ばってん、結果は正常と書いてある。普通だったと書いてあれば正常に結びつけるけど、『あまり良くなかった』ちゅうことは異常の分野に入っていくわけでしょう。なぜここに異常と書かないのか」と、真正面から追及したんです。

自分に合った口頭審理

私が口頭審理で訴えたことが裁決にすごく響いたと思っています。裁判も重要ですけれども、行政不服は細かく訴えられるし、それに細部についてまで検証できるちゅうことで、ものすごく重要な解決方法の一つかなと思いましたね。それは弁護士任せではなくて、皆の力を借りながら、色々と教えてもらいながら自分でやり取りできたことで、本当に意味のあることだと思い知らされました。

そしてですね、自分の水俣病を明らかにしていく中で不条理な水俣病問題がたくさんありましたから、国の法律に照らし合わせて検証しながら訴えていく不服審査制度はすごく意味のあることだと思いましたね。ですから、行政不服の口頭審理の中ですべてについて真実が言えるわけで、公の場であれだけ言えるやり方は、ほかにあるのかなちゅうぐらいです。

口頭審理に出会った頃までは手続だけの形式的なものと思っていましたが、最初の口頭審理をしたときに自分にはぴったし合っていると実感して、二次、三次、そして四次の申し立てにつながっていくわけです。

昔の行政不服制度の場合は、書面のやり取りが多かったんです。口頭審理が新法（「公害健康被害補償法」一九七四年～）になって入ったから、私は審査の手段をフルに使いきったということになります。東京の久保田好生さんが数年前に水俣へ来られたときに「必ずしも裁判がすべてじゃありませんよ、緒方さんには行政不服がぴったり合っているような気がするから、しばらくはこれで頑張っていった方がいいと思いますよ」と言われたことを覚えとります。そういう一つひとつの言葉を信じて、皆に助けられてここまできたわけです。

支援して下さった高倉史朗さんとか川本輝夫さんだって、裁判の場合は弁護士に任せるからそんなに議論はできないと言ってましたね。なんといってもですね、行政不服の場合は弁護士以外の代理人（支援者）の人たちの発言も許されていますからね。ものすごいのは鎌田学さんで、高倉さんにしてもそうでしたけど、待っていましたと言わんばかりに、日頃不条理に思っていることをかなり長時間にわたって発言されました。

やはりある意味では審査庁の「言わせるだけ言わせる、言ってもらう」という姿勢が必要だと思いますね。「言い足りなかった、しまったあれを言っとけばよかった」ちゅうのが、もしかしたら一番判断する人が知りたかったところかもしれないわけです。そういうことで大きくその人の人生を変えてしまうとか、判断が変わっていくわけで、とにかく言いたいこと、不満に思っていることを「一日時間をかけますから言ってください」ということでしょう。だけん、それが私にとってみればぴったし合ったわけです。もう一つ、私を処分した県と十分やりとりできるわけです。

裁判の場合は、当事者同士はそんなに質問をしあわない。しかし口頭審理では、私は何度も質問をしたんです。具体的には、私の毛髪水銀値の数値を二歳の時にすでに熊本県は知っていた。それを二六年間公表しないで一九八五（昭和六〇）年に公表した。実際私が知ったのはそれから一〇年後で、三八年間私は知らされることはなかった。それによって緒方家は水銀の被害を感じていたとはいっても、決定的なものがそこにあるとないとでは全然違う。すでに知っていた熊本県が行政指導をきちんとしていたならば、私たちは魚を食べることも控えただろうし、早めに病院に行って治療を受けたならば改善されただろう。そこに結びつかなかったのはあなたたちが直ちに緒方家に知らせなかったこと、このことが見殺しにつながった、それが水俣病の被害拡大を招いた。それは絶対に許すことができない。そのことをどう思うかちゅうことを、すべての県の代理人一人ひとり言いなさいって質問したです。

そしたら全員だまりこくっている中で、課長が「すべての人に言っていただくのも一人ひとりの立場があるし、それぞれの思いもあるでしょうし、急なことですから、課長である私が代表して言わせていただきます」と言うんです。たしかに真剣に受け止めてくれました。「それが事実だったとしたら」と、事実というのは二六年間隠して行政指導を一切しなかったことですけど、「もう四十数年前のことだから事実かどうかわからないわけですけれども、もしこれが事実だったとすれば、緒方さんの立場になったならば本当に申し訳ないと思っています。おわびしたいぐらいです」と謝ったんです。それを行政不服審査会が見ているわけですよ。

行政不服審査会は、この案件は形式的には解決できない、こんなにも私の水俣病被害が次から次へと明らかにされていく中で、一つのものさしだけで判断できるのかな、と感じていたと思うんです。

課長の発言などを聞いていると、やっぱり関西訴訟の最高裁の判決（二〇〇四年一〇月）をふまえて私の問題に取り組んだことは間違いないだろうと思いますね。熊本県とやりとりするときに何度も出てくるのが、「関西訴訟の判決で熊本県の責任が問われた以上、熊本県も真剣になって今まで以上に緒方さんの問題に取り組みます」ちゅう言葉です。「緒方さんの力はすごいね」と人に言われますが、関西の裁判が私の認定にものすごく影響をおよぼしたことは、あまり誰にも知られていないようです。

やっぱり熊本県も反省のまっただ中で、私の問題を考えているわけです。強気の時の人間の判断と弱気の時の人間の判断は違うような気がします。私は関西の裁判を自分の闘いの心（しん）として、ずうっと受け止めてきたんです。まったく一緒のことを訴えていても、もし関西訴訟の判決がなかったならば訴えの形は違っていたでしょうね。

裁決で勝った時の気持ち

裁決書はおそらく年内（二〇〇六年）には送ってくるだろうと思っていました。結審が一月二六日で、およそ一年近くになりますから、もう送ってくれるだろうと思っていました。前回の第一次の時は結審から八カ月で裁決が出たので、八カ月すぎてからは毎日ポストを見ていましたね。

一一月二七日、今日ぐらいは届くだろうなと思っとったら、その日の昼頃に郵便屋さんが配達証明郵便を持って来たんです。見た瞬間、裁決書だとわかったわけです。近いうちに裁決が出ると新聞記者から聞かされていたんですけど、環境省に電話をしたような記憶もあっと（あるの）です。「まだなんですか」ちゅうたら、「もう近々届けます」ちゅう返事があった記憶があります。ですから、今日来てもおかしくないちゅうふうに思っていたのかな。

実は裁決書が届く直前に、報道関係者から電話で「環境省で大きな動きがあった。記者会見をする」と一報があって、「それはたぶん緒方さんの裁決じゃないか。結果はなにもわかりませんけど」と、まさか勝ったちゅうことは誰も知らないわけで、どうせ処分は取り消さないという却下だろうちゅうように、思うとったぐらいでした。

封を開けるのにかなり時間がかかったように感じましたけど、裁決書（巻末資料5参照）を取り出して見ますと、最初に「熊本県知事の処分を取り消す」という文字が目に入ってきました。正直いいますけど、現実問題として「勝つ」とは思わなかったんです。気持ちの中では負けてたまるもんか、ちゅうのがありました。がしかし、六百数十件も申請してほとんどが請求棄却か取り下げちゅうこれまでの水保病事件を知っているわけですから、訴えの中身では勝っているが裁決がどうなのかと考えた時に現実問題としてはかなり厳しいと思いながらも、ものすごく「ドキドキ、ドキドキ」してしばらく開けきれなかったです。

裁決書は一〇〇ページにもおよんどって、裏表に書いてありました。で、一枚めに「添付して送ります」と書いてあって、次の一枚の何行めかに「主文」ち書いてあった。一回もう見ているからだいたい記憶しとっと（記憶している）ですけど、前回の裁決の文字と違っていることに気がついて、えーっと思って元に返って文字のところに指をつけて一字、一字こう指していったんです。そしたら最初の文言に「本件審査請求（水俣病認定申請）に係る熊本県知事の処分を取り消す」と書いてあって、あら、これは俺が勝ったちゅうことかなというふうにだんだんなっていくわけで、もう一回読み直しして、やっぱり勝ったと、自分を納得させるために「処分を取り消す、処分を取り消す」ち何回も何回も自分で確認し、自分が勝ったことにだんだん胸がふくらんでいきました。

そん時は仕事場にいたけど、横にある居間に直ぐ行って妻に見せ、「これ読んでんね（読んでみてよ）。熊本県知事の処分を取り消すと書いてあっど（書いてあるだろ）、結局はこれまでの国、県の判断が間違いだったちゅうことやろ、勝ったよ」と言ったら妻もびっくりして、もうどぎゃんすればいいのかわからなくて体が震えてきたとです。で勝ってしまって、どう自分で応えればよかか（よいか）と思ったのを覚えています。

落ち着かせよう、落ち着かせよう、どぎゃんすれば落ち着くかと思ったが、それがわからなかった。

体が震え上がって、落ち着かせたいけど落ち着かない、現実に今起こっていることに対する感動も不安もあったんですね、気持ちの整理ができなかったちゅうことです。

最初に正人叔父に、その時は何か落ち着いて、平気な感じで電話して「今日裁決が届いたぞ」と告げたら「どうやった」と言われ、「勝った、処分の取り消しを下した」と。そしたら「ほんな（本当か）」とびっくりした様子で言いました。「よし後はたいへんぞ、高倉さんにすぐ言ったか」ちゅうから、「まだ。今からすっと」。「マスコミがどっと押し寄せるけんね、そこんところは高倉さんに電話してちゃんとアドバイスを聞いて進めて行かんば」。そのほかにもいろいろ話をしたんですけど覚えてなくて、なぜかそこだけははっきり記憶してるんです。

で、高倉さんに裁決書を届けるためにガイアみなまたに向かいました。その時は車で行ったんですが、事故を起こさないように、事故を起こさないように。起こしたらこれまでのことがパーになるから、これからいろいろなことが待ち構えているからと思って、とにかくスローで行ったのを覚えています。たどり着いたら黒田淑子さんと高橋昇さんがいて、「高倉さんは」と震えた声で言ったら、「相思社に行っとんなっとです（行っています）。急ぎならば連絡しましょうか」と気を使いながら言うから、「じゃ高倉さんに行政不服の裁決が届いた、勝ちましたちゅうことを伝えてもらえないでしょうか」と言ったら、しばらくして高倉さんが飛んで来らったです。

直ぐそれを二人でテーブルの上であけてみて、高倉さんもびっくりちゅうか自分のことのように「いやー、こんなことがあるのか」としみじみかみしめていたのを覚えています。高倉さんは裁決書の見方を知っていますからね、主文の言葉を見て、結論のところに行って、私がやったように指ですーっと確認しながらずうっと見ていき、「えー、えー、えー、えー」と声を上げながら「すごいぞ、これはすごいぞ」と言われたが、私は何がすごいのかその時はわからないわけですよ。「えーここまで言うのか、言ってくれたのか」と言葉にしながら最後に、「自分が関わった行政不服の中でここまで不服審査会が判断してくれたのは初めてだ」と言われました。もうどういう内容か表情を見てもわかるほどで、高倉さんが喜んでくれたちゅうのは自分のこととして今まで闘ってきてくれたからだと強く感じました。

裁決書には疫学を重視して結局、そこから私を判断すべきだというふうに書いてあって、「やっと行政不服の裁決が（疫学に）入りこんでくれた。今まで何度言ったかわからない、そこまで踏みこんで来なかった。やってきてよかった」と高倉さんは言ってました。

それから、今後どうしようかとなって私が「これは認定ではないわけですから、熊本県は自分たちの判断には誤りはないはずだと言って、おそらく審査のやり直しを最終的に命じている以上、審査をして棄却してくることも十分考えられますよね」と言ったら、「そうです」と高倉さんが答えました。で、この内容を見れば認定と言わんばかりだからそこをどう判断するか、そこが一番問題になって来る。県は検診して認定審査会にかけてそのときの判断で処分できるわけで、しかし裁決の中ではものすごく熊本県の診断そのものに疑問をもった内容だから、再検診をさせないで、これをもって一気に認定までいこうということも話し合ったんです。高倉さんは「待てない。潮谷県知事に会いに明日行こう。時間が過ぎれば事態も変わっていくからあさってではだめだ。今から準備しましょう」と言って、関係者に連絡してもらって、それからマスコミにも電話を入れたらマスコミがびっくりして「裁決を受けた今の心境を記者会見で」ということになって、ガイアみなまたで夕方することにしました。

その時に「熊本県じゃどうしているのかな」と言ったら一報が入ってきて、県にも同じ裁決書が届いていて「まったくほんと、ほんと。てんてこ舞いで、今後のことに関しては今から考えるしかない」ちゅうふうに言っていたそうです。私は「この時が来た。私が苦しんだ分あなたたちも苦しんで苦しむべきだ」ち言い続けて来て、まさにそのとおりになった。よし、後はことをどのようにもっていくか、慎重に、慎重にいかなきゃならん。絶対に慌てちゃならん。ここまでたどり着くには一〇年もかかったんだから、ぶち壊すようなことはしちゃならんと自分に言い聞かせたです。

8 県との交渉、そして水俣病認定へ

熊本県庁へ

裁決書を受けとった一一月二七日の夕方に県に電話をしたんです。「裁決書は見られましたか」と谷崎淳一課長に言ったら、「はい、届きました」と言われました。「熊本県の処分を取り消していますから、このままじゃいけませんよね。私は知事と顔をつき合わせて、私をいったい今後どうするんですか、ということを一日も早く聞きたいんです」。とにかくこの裁決書をふまえて潮谷知事は私をどうしたいの

か、どうするのか。このままでは処分できないし、認定審査会が二年数カ月開かれていない当時の状態をふまえたうえでの訴えです。「認定審査会にかけずにまた棄却するんですか、どうするんですかちゅうことを聞きたいんです。明日こちらから県庁へ出向きますから」と伝えたら「いまから日程の調整をさせていただきます」と課長が申し訳なさそうに言ったんです。ふつうであれば急な日程はつかないはずだが、私が「明日」と言ったことで、知事の日程も決まってしまったわけです。

「知事は公務がぎっしり入っていますけども、緒方さんの申し出に答えなきゃならんと私たちは判断しています。日程調整にしばらく時間を要しますから、夜になるかもしれませんけれどもしばらく待ってもらえないでしょうか」ち言うたから、「それは待ちますよ。努力することを前提ならば待ちます」ということで待った。そしたら夜の九時頃に電話がかかってきて、「午後一時から一五分か、二〇分程度ならば知事は会えます」と伝えて来ました。

潮谷義子知事との話し合い——第一回交渉（二〇〇六年一一月二八日）

翌日、知事と面会したんです。部下を横と後ろに並べてものものしい雰囲気でした。私の支援者は十数人いました。で、私が「報道を入れてほしい。多くの人たちに今の状況を判断してもらうために、こそすることはできない」と言うと、「緒方さんがそれでよければかまいません」ということで、報道も入れて面会しました。知事との面会はテレビでのトップニュースで流れたちゅうことです。

私が知事に対して、前の晩に書いた「申入書」を立ち上がって読み上げたんです。そこで「私をどうするのか、どうしたいのか言ってほしい」と、訴えたんです。トップニュースはちょうどその場面だったんです。

それまでに潮谷知事とは「ブラブラ」表記問題（後述）などで二回会っています。他に手紙のやり取りなんかもしてましたから、かなり会っているような感じがしてましたね。知事はよく話を聞いてくれてましたけん、「ちょっと、ちょっと聞いてくれんな（くれませんか）」という感じで、知事が遠くの人ちゅう感じはなかったですもんね。

私が裁決書をふまえて「私のことを十分知っている知事が、今後どうするんですか。このままほっとくことはもう許されません。また棄却するんですか、そうじゃないでしょう。知事としてきちんと答えを出さなければならないところに来ているわけでしょう。一日も早く答えを出してほしい、今出してほしい」と言ったんです。知事は「緒方さんの立場を考えたら、やるせない気持ちでいっぱいです。もう十分緒方さんの気持ちは伝わっています。熊本県として今どうすればいいのか、答えが出せないでいるというもどかしさというか、その真っ只中に私はいる」と。だけん私に対して今後きちんとした結論を出していくためには、「しばらく時間がほしい。時間をかけて考えさせてほしい」と、認定と言葉では言わなくても、それに近い表現をしました。「答えがどこかにあるはずで、その答えにたどり着くにはどうやっていけばいいのかを探してほしい」ということを強く言ったときに、言葉一つひとつ、顔の表情一つひとつ見ていれば出任せか、真剣かが私にはわかったんです。

知事の言っていることは出任せでない。だけん「時間が必要ならば明日とも言わないで待とう」。知事に「とにかく真剣に問題の解決につながるよう、具体的な答えがほしい」と言ったわけなんです。「お金はいらないから今すぐ認定してほしい」とか、「認定審査会にかけるべきじゃない。棄却した審査会は同じ答えを出すのは当たり前で、違う答えを出すはずはない。そういうことを繰り返しやっても時だけが過ぎていって苦しむのは私だから、そんなのはもうやめましょう。知事、あなたが単独で判断してください」ということを再三言ったです。すると知事は「私が単独で緒方さんを判断したならば、法律にふれることになります。認定審査会の意見をふまえたうえで、知事は判断することと法律の中に書かれています」との返事でした。

裁決は結局「再検査からやり直せ」ちゅうことです。「検査をやり直して審査会の意見を聞いて、それから処分者の県知事が処分するという形を取りなさい」とまでは書いてないけれども、そう読めるようなことが書いてあるものだから、それに従わなきゃならんと。裁決書の中に「熊本県知事である潮谷義子知事が処分しなさい」と書いてあればそれはできるわけです。しかし書いてないから、「法律にふれてしまうから今のところできません」ということになるとです。それなら審査会を急遽開いてほしいと、私は突いたんです。認定審査会が現在休止していて開かれるかどうかわからない状況の中で、「いつまで私を待たせるんですか」というふうに言ったんです。そしたら「返す言葉がない。もう頭を下げてあやまるしかない」。「どうしたらいいんですか」って言ったら、認定審査会を再開させるとも言わないし、「とにかくその方向を見つけたい」と繰り返すばかりでした。結局は二〇分か三〇分ぐらいで話が終わったんですが、その間は慎重に、慎重にと自分に言い聞かせていたわけです。

その後に水俣病対策課へ行って課長と話を延々と二、三時間したのですが、知事の話と一緒の繰り返しでした。

一番確実に言えるのは、私と県の立場が逆転してしまったことです。行政不服審査会の裁決によって「待ってください。待ってください。答えは必ず出しますから」と繰り返す行政をいつも見上げていたんですが、「これ以上待たれん」と言えるようになった。そのことを私は冷静に受け止めて、私の言い分が通ったわけだけん、あわてる必要はない。今からは私が主導権を握っていいんだと思ったとです。

その日を境に県の方から「何月何日に相談に行きたいんですけど」ちゅうふうに、相談して来るようになったです。「その日は忙しいからだめ。いつにしてくれ」と、簡単に言えるようになったですよ。ただ交渉ごとに関しては「いつするか、しないか」とは決めなかったです。私のやり方は必ず相手に宿題を残すんです。「このことについて直ぐ答えられません」というなら、「いつまでに答えられるのか」。すると「何月何日までに必ず答えます」と、自然に言ってきたんです。一回めの時に「私をどうするのか」って言ったら「一カ月待ってほしい」と。私が「それまで待たれん」と言えば早めたでしょうけれども、「待ちましょう」と言ったとです。

裁決が出たのは一一月二七日。交渉が明くる日ですからね、もちろん結論は出なかったわけですから、ま、熊本県に対して私からの宿題みたいな形で後につなげたんです。

第二回交渉（二〇〇六年一二月二二日）

二回めの交渉は、「一カ月は待てるけど、それ以上は待てない」と私から言ったこともあって、「年末にお話をしたい」と熊本県の方から話がありました。具体的に明日会うとなった時に「潮谷知事がいたほうがよいですか。いないほうがよいですか」と谷﨑課長から質問して来たんです。私は「いたほうがいいか、いないほうがいいかはあなたたちの考えることでしょ。もういろいろ私の気持ちは伝えてるわけですから、そこんとこはお任せしますよ」と答えたです。で、しばらくたってから、「明日は副知事が対応させていただくことになりましたけど、よろしいでしょうか」って言って来て、「だから、あなたたちが決めなさいと言っているでしょ。不満はありません」と言ったです。

当日水俣からは高倉さんはじめ、支援してくれている熊本学園大学の人たち、そして被害者互助会の佐藤英樹さんとガイアみなまたの藤本寿子さんや多くのメンバーで向かったんです。会場に着いたら、いろんな人たちが心配して来てくれていた。相当な人数だったですね。県の方は金沢和夫副知事をはじめ村田信一部長、谷﨑課長、部下の人たちなど、かなりの人数で対応をしたです。

まず、私が冒頭に話を始めて「一カ月、私は不安の中、過ごしてきたんじゃ。このこと自体考えてもあなたたちは私に対して、苦しみを与え続けているちゅうことをわかってほしい。こういう状況から一日も早く私は抜け出したい、脱出したい、正直言ってそういう気持ちなんですよ。待たせられれば待たせられるほど、辛い日々を送るんです。すべて水俣病から始まっていることなんです。まず、これをわかってほしい。私は今まで自分の気持ちは、ほとんど出しつくしてきた。あとは熊本県がそれに対してどういう答えを出すのか、どうしたいのか、ということだけです。よい答えが聞けると期待して来ているわけですから、熊本県の考え方を聞かせてほしい」と言ったと思います。

話が前後しますけど、前の日の夜遅くに県の関係者からの言付けが届いたんです。それは、交渉の中で知事の単独の決断を求めないでほしい。知事が単独で決断したならば、補償を伴わない、公健法で認められる認定とは違うことになってしまう。緒方さんは、そんなことはどうでもいいんだと思われるかもしれないけれど、補償を伴わない認定はあってはならない。だから明日は知事は現れない方が緒方さんのためにもなる、という内容でした。「そういう話があったっちゅうことは、きちんと受け止めときます。しかし私は人に左右される必要はないし、この一〇年間はそう単純なものでもなかった。明日はどうなるかわからんけども、聞いたことは忘れませんから」と返したです。

副知事が平謝り

金沢副知事は「とにかく申し訳ない。返事ができない状況をずーっと続けていて、何とお詫びすればいいかわからない」と、とにかくあやまりの繰り返しだったです。で、「自分たちも必死で、どういう方法があるのか、全職員に考えてもらっているところで、自身が一人の人間として考えたとき、どういう方法があるかと、必死に一カ月間やってきました。しかし、まだ見つからないんです。やはり認定審査会にかけて、そして結果を出すということしか今ないんです」と。「認定審査会が今あるのであれば、私（緒方）も認定審査会にかけられるという考え方もできないわけじゃないんだけど、休止している認定審査会にどうやって私をかけるんですか。何月何日まで認定審査会が立ち上げられますという約束をするのであれば待ちましょう」と。したら今度は村田部長がちょっと強気で、「約束はできません。でも必死で委員の人たち一人ひとりを回ってお願いをしているのは事実です。熊本県も一生懸命になってしてるんですよ」と言う。

私は村田部長に対して「あなたたち行政は私に対して、どういうことを今までしてきたかわかってて、そういうことを堂々と言うんですか」と言ったんです。で、私は毛髪水銀の資料を見せました。「これを見てほしい、これを見てくれ。あなたたちがこの毛髪水銀値を二六年間隠しとおしたり、平成八年の政治解決の時には、診察した医者にお願いして所見書に添付して判定委員会に提出したのに、その毛髪水銀値を熊本県職員の手で削除しているじゃないか。そういう犯罪的行為をあなたたちはやっている事実があるんだぞ。そういう、いろんな過ちの中で今日を迎えているわけでしょ。そのことをまずあなたは考えなきゃならん」と、激しい口調で言ったです。

そしたらですね、自分たちがしてきたことが、こういう日を迎えさせてしまったことに気付いて、態度ががらっと変わってしまったんです。それから私が延々と一時間ばかり、副知事と全職員に説いたっです。で金沢副知事に「さあ、今あなたはどういうふうに考えていますか、言いなさい」と言ったです。「ようく、痛いほどわかった。こういう水俣病の悲惨な事実を、現実を見て、言葉にできないほどだ」と言って、「緒方さんに勇気づけられました」と涙を流して言うわけです。「私はあなたたちを勇気づけに来たわけじゃない。私を勇気づけて欲しいんだ」と言ったら、苦笑いして「その通りでした」と金沢副知事はあやまる。

　私はその時、潮谷知事が副知事を出席させたのは、緒方さんの水俣病による苦しみを直に味わってみてくださいちゅうふうに、副知事に体験させたいちゅうのもあったんだろうと思ったとです。知事だけが、私とのやり取りをしとるのではなく、副知事の意見も聞いて、さらによい方向を見つけていこうとしているかな、ちゅうのを直感しました。副知事が泣いてあやまった時には、もう認定するにはどういう形があるか本当に真剣に考えているんだなちゅうのは伝わってきました。そんな共通する思いを見つけ出しきらんと（見つけ出せないと）、お互いにダメになってしまいますよね。

　それで私が、県にどういった聞き方、問い方をしようかなと思ってた中で出てきたのが、全国のたくさんの支援してくれる人たちの声を力にさせてもらったことです。で、「話によれば、私のことで全国の方々が心配されて、一日も早い解決を願って知事に申し入れというか、ハガキで要請していると聞いておりますけども、それは事実ですか」ちゅうふうに聞いたわけです。谷﨑課長が一歩前に出て「そうなんです、はい、そうなんです。知事宛に今日もいっぱい届きました」と言うから、「実際、何通くらい届いているんですか」と聞いたら「今日の時点で、二百数十通届いてます。熊本県としても真摯に受けとめております」ちゅうことでした。

「やはり、一日も早い解決を願えばこそ、私は言いたくないものも言わなきゃならないし、できれば県を傷付けるようなこともしたくない。しかし、だからといって黙っておこうとも思わないし、早く私は楽になりたいんだ」ちゅうことを再三言ったんです。したら、藤本寿子さんが声を荒立てて「早く決断しなさい。目の前に被害者がいて、苦しんでいる姿ははっきりしているじゃないか。あなたたちが時間を延ばすことで、苦しみが続くんだ」と声を張り上げて訴えてくれなったです。

「とにかく答えを出せばよいということじゃなくて、一日も早くきちんとした答えを出すことが、私の水俣病の苦しみを早く救ってくれることにつながる。あなたたちは早期救済、早期解決と口では言っているけども、言ってることとしてることが違う。口で言った以上、即実行することこそが、やはり熊本県民に信頼される熊本県行政の姿なんですよ」と言ったです。私は、自分だけが勝ち取れればいいということではなくて、水俣病のいくつかの問題がある中で、やはり解決できるものから解決していかなきゃいけないというのがずっと前からあったですもんね。

一言で解決ち言いますけども、順序がある中で、それを具体的に、形が見えるものにしていかなならんと思うとったけん、必死でそう訴えたですけど、答えは出ないまま、「これから約一カ月間全力で、熊本県を挙げてこのことには取り組みます。しばらく時間がほしい」ちゅうことで、二回めの交渉を終えたんです。

第三回交渉（二〇〇七年一月二三日）

三回めは、一カ月以上待てないということを私が言い残しとったもんですから、二〇〇七（平成一七）年の一月の終わりでしたね。一回と二回は熊本県庁で、三回めは水俣の環境センターでやったとです。「自分たちが出向かなきゃならん、来ていただくのは気の毒だ」とのことで、水俣病資料館の隣に

2006（平成18）年11月27日に行政不服の裁決を受け、翌2007年1月23日水俣市にある熊本県環境センターで3回めの交渉を支援者と行う。左より溝口秋生、高倉史朗、著者、坂西卓郎の各氏。

ある県環境センターで、村田部長と谷﨑課長と女性職員、あと事務の人たち数人が来ました。

私はその時、もう、結論というかおおよそのことは聞けるかなと、ある程度期待して臨んだんです。大詰めに来とったせいもあって、もしかしたら、ここで結論が出るかもしれないという思いもあったんです。テレビの中継車が来とって、会場の中もマスコミの人たちの方が多いんじゃないかという状況の中で始まったんです。支援者の人たちも三〇人くらい来てくれたし、正人叔父も来てくれました。正人叔父は「よっぽどじゃないかぎり交渉の中でおれは言わんけんね」と、言いながら山下善寛さんと二人で後ろの方の席に座って、ずっと見届けてくれておりました。

まず、前のテーブルに座ったのが、私と高倉さん、溝口秋生さん（棄却取消訴訟原告）、その頃、一生懸命かかわってくれていたのが相思社の坂西卓郎くんだったけん、「坂西くん座ってもらえんだろか」と言ったら「私ですか、私は前列に座る身分じゃありません」ち言うもんだから「いや今日、前にいてもらうとにふさわしいちゅうふうに思っとるから座って欲しい」と言って座ってもらって、四人で対応することにしました。

村田部長が冒頭、声を張り上げて「今日は言いたいことがたくさんあるんですけども、それを言ったならばマスコミがどう書くかわかりませんから、今日はちょっと控えさせていただきます」と言って始まったんです。私はその時にもう、こん人たちはマスコミのためにここに来とっとばいなあ。私のことは心配しとらんなあ。マスコミから追及されてもしかたない、それでも緒方さんのために反省を見せるために、もう、何でも言おうという気持ちにならんとかな、との思いが沸き上がって、はらわたが煮えたぎっとったです。

で、その後もやっぱりこれまでと同じことを言うわけです。「一生懸命、この間、熊本県は必死になって国とやりとりをして、認定審査会の再開に向けて、必死で努力しております。審査会に対してお願いしている最中なんです。認定審査会に緒方さんをかけて、そして、知事が処分判断する形に、やはりしたいんです」と言うわけです。

でも私は、村田部長の「今日は言わない」その言葉がずーっとひっかかっとって、冷静になれんかったです。私をさらにバカにしとるね、どぎゃん怒ったろかなというのが、さらに私の中で生まれてきたです。

とにかく熊本県は変わっとらんと。「時間を下さい、時間を下さい」「もう時間をやらない。私をどうするか、すぐ答えを出しなさい」「それは無理なんです。とにかくもうしばらく時間をください」。私は「もう待てん」と手元にあったボールペンを村田部長に投げつけたっです。そしてテーブルをどかしてから、毛髪水銀値が載っとる資料と家族の被害状況を示す家系図をまとめたファイルを村田部長と谷﨑課長ともう一人の職員の前に行って、顔に突きつけたです。「見ろ。とにかく見ろ。あなたたちはこういう取り返しのつかないことをしてて、まだ私を待たせる気か。どぎゃん思うのか、一人ひとり感想を言え」って言ったんです。はっきり言って、自分で何をしているのかもうわからない状況でしたね。

後で聞いたんですけど、認定審査会の委員には一人ひとりお願いして、おおよその体制はできあがっとったそうです。それを言ってしまえば、認定審査会の目安がついたとボーンと新聞が書いたりするから、「言いたいけども控えさせてもらいました」ちゅうのを後でマスコミに話したそうです。私も県に対して「何であんなことを言ったんですか」ちゅうふうに認定された後で質問したら、「実はあの時、一人ひとり回って先が見えとったんですが、そのことを言ってしまえば、確定していない中でどういう方向に進むかわからん状況だったから、伏せとこうと思って。本当は言いたかったんです、緒方さんには」と言われました。

憤りの爆発

行政不服の裁決が出て、決してあわててはならん、あわててはならん、立場が逆転したんだから、あわてる必要はない、ちゅうふうに自分に言い聞かせながら、一カ月が過ぎ、二カ月が過ぎようとしている時に、もうコントロールがつかなかったというのが正直なところです。それと支援者の人たちがたくさん来てくれている。マスコミも注目している。このような状況の中で、私はこのまんまでよかじゃろか、みすぼらしい姿をこのまま見せつけてよかじゃろうか、やっぱりここで、自分がどうしたいのかちゅうのは言うべきじゃなかろうかと思ってしまうわけです。熊本県の言うがままにされてる姿を見られているのが、やるせなかったけん。そういうのが爆発してしもうたですよ。

だけん、全然考える余裕がなく、前にあったボールペンに手が行って、それをぶつけてしまった。それでも気がすまんけん、ファイルを顔まで持って行って「見ろ、で、感想を言え」と繰り返したです。

資料のことについては、それまでも何回か感想を聞いていたです。しかし、そん時も感想を言わせたかったです。私が席に戻って、ちょっと冷静になった頃、部長が言いました。「本当に申し訳ない。何て言っていいのか言葉が見つかりません」「見つかるはずじゃ。言葉はあるはずじゃ。そういうことは私にはもう通用はしない。反省の言葉があるはずじゃ。ごめんなさいでもいいし、許してくれでもいい、そういう言葉を私は聞きたいんじゃ」と私は言ったです。県の人たちは「申し訳ない。すみません」と言ったと思うんですけどね。

そういうやりとりが長時間続いて、ま、その日は、「答えが出せない。しばらく時間が欲しい、時間を下さい」ちゅうことで、また延び延びになってしまったわけです。一回め、二回め、三回めが終わって、次は四回めですよ。でも、私は一カ月待つことにしたんです。その時は、一カ月とは向こうには伝えなかったんですけど、だいたいもう、そういう形作りができとったけん、一カ月先とお互い思っとったんでしょうね。

知事との遭遇

水俣病公式確認五〇年事業で、「水俣まんだら」（シンポジウム）が水俣市文化会館で開催されて、私も足を運んだんです。二〇〇七年一月の終わり、三回めの交渉直後でした。

冒頭、宮本勝彬（かつあき）水俣市長が、次に潮谷知事が挨拶を始めたんです。挨拶が始まってしばらくたったら、「緒方正実さんにどうやってお詫びすればよいのか、どうやって緒方さんの問題を解決すればよいのか、熊本県は問われている中、ここに来させてもらいました」と話を始めたんです。私はびっくりして、こういう公の場で私の名前を出して詫びる、そして水俣市民に詫びる。これは私一人の問題ではなくて、水俣市民全体の問題、県民すべての問題、国民全体の問題として考えなければならないんだなと、私は思わされたし、知事は一個人のちっぽけな問題として受け止めてもいなかったんだなあとあらためて思ったんです。

一部が終わって休憩に入ったときにトイレに向かったんです。というのはですね、熊本県職員がずらーっと来とって、私を目撃している人たちが何人もいたから、おそらく潮谷知事は私のところに来るんだろうと思ったんです。私は、何かそこにいたくなくて、トイレに向かったんです。会場の出口のところに谷崎課長とよく交渉ごとに同席する女性職員の人と、もう一人の三人の県職員がいたんです。私はとっさにですね、何の用意もない中で、「ボールペンば投げつけてしもて、当たらんかったけんよかったばってんが、当たっとったら大変なことでした。すんませんでした。許してくださいね。村田部長にもそげん言うとってくださいね。悪かったと思っちょりますから、反省していますけん」って数日前の県環境センターでのことについてあやまったんです。したら谷﨑課長が驚いて、「いやいやそんなことを緒方さんに言ってもらうなんて、もとを考えたら私たちが悪いんです。緒方さんが腹立てるようなことをしてしまったのは熊本県なんです。もうあやまらないでください。本当にありがとうございます。村田部長に伝えます」ちゅうふうに言ったんです。

で、俺があやまる必要はなかっただけど何でそぎゃんこと（そんなこと）言ったんかねと席に戻ってから思ったとです。それはやっぱり、その前に潮谷知事が私にあやまっとるけん、自分としては堂々とあやまる姿を見せつけられて、影響しとったと思う。堂々とあやまる勇気こそが、本当の人間のすばらしさの一部なんだと感銘したちゅうか、影響を受けてのことだったろうと思うんです。この催しの記録が冊子になったですもんね。最後に私も感想文を書いとっとです。

自宅で第四回めの交渉（二〇〇七年三月一日）

四回めは、自宅に谷﨑課長と部下が来ました。今度は非公開でやったんです。私がそれを望んだんです。マスコミが来てるからものが言えないということを考えれば、今の状況を聞くには一対一じゃなければいかんなと思って、「四度めは私が一人で聞きます」と伝えたとです。高倉さんにも同席してもらわんかったです。

そうしたら課長が、「認定審査会はもうすぐです。おそらく三月に入ってからとなりますけども、それに向けて今準備作業中なんです。いろんな手続きをふんでいるところで、お約束することができます。

今日の時点では日にちまでは言えませんけども、三月の前半ぐらい」とはっきり言いました。その内容は高倉さんたちには話したんですけど、ほかの人たちには言わなかったです。

事態が動く

三月一〇日に認定審査会が再開されるという前日の九日にですね、マスコミから「明日、認定審査会がどうも開かれるような感じがする」と電話が入ってきたとですよ。私は今日か明日かわからなかったけど、開かれる直前まで来てるなちゅうことは感じ取っていたです。明くる日、谷﨑課長から「今日午後六時から開くことができるようになりました」ちゅう電話があったんです。認定審査会が始まるわけですよね。私や周りの人たちにとってみればかなり緊張する場面で、どういう結果になるかをみんな相思社に集まって、ずーっと結果を待っていたわけです。

で、夜の八時過ぎに谷﨑課長から電話があったです。私の妻が受けたんですが、「無事、ようやく今認定審査会が終了しました。結果については後日、ご説明に伺いたいと思います」と伝えたそうです。私は相思社にいて留守だったんですが、もし私がいれば「認定相当です」と言ったかもしれません。

相思社ではみんな、どういう結果になったか、まだか、まだかって電話の前でずーっと待機しとって、もしかしたらマスコミが情報をつかむかもしれんちゅうことで、熊本と水俣の双方で記者たちのやりとりを聞きながら待っていたんですけど、入ってこない。結果は公開しないからやっぱり無理かな、記者会見があったけども、内容は公表できないちゅうことも言っているわけだし、でもマスコミはそれで終わるもんじゃない、ちゅうふうに思ったんです。言わんどってくれと当時は言われましたが、審査会委員とかをずーとつけ回していたある記者が副知事の家に張りついて、玄関ばたから動かずに、夜の一二時頃になって、「どげんですか、知りたかでしょう、今日、結果を」と私に連絡が入ってきます。「このまま眠れますか」ち言うから「眠れるはずがない。結果を当然知らせてくれると思って私はずーっと眠れずに今も待っているんだ」と言ったんです。

相思社にいる報道陣と私はやりとりをしてたんです。それを副知事宅に張りついている記者からの質問の形にしたんでしょう。張りついている記者が「緒方さんはこういうふうに言っているけれどもあなたはぐっすり眠れるのか。眠れないで苦しんでいる緒方さんを知っていながら、あなたは今日ぐっすり眠ることができるのか」とインターホンで言ったら、副知事が表に出てきたそうです。

「緒方さんは認定相当」

「出所は出さない。県の幹部職員としておいてくれ」との条件で話したそうです。「緒方さんは認定相当でした。もう一人の名古屋の方は経過を見るとして処分保留でした」。

そっから相思社にいる私たちのもとに、「認定相当」との一報が入ったです。私はその一報を聞いた時に、もう今夜は無理かなと思うとったですけん、ものすごくこう自分の中で乱れてしまった。まあ、やったちゅう思いもあったし、熊本県に勝ってしまった、勝ったーちゅう気持ちもある中で、複雑でした。

2007（平成19）年3月15日、認定通知書を受けとり相思社の集会所で確認している著者。

まともに人の前にいることができずに、「一〇分くらい泣かせてくれ」と、相思社の裏の縁側に飛び出して行って大泣きしたです。後ろからカメラマンが来とってパチパチ撮るもんだから「今だけは撮らんじょってくれ」ちゅうたら「ごめんなさい」て引いて、一〇分くらいたって「思いっきり泣いたけん、すーとしたけん、聞きたかことあればお答えしますけん」と、記者会見を開いたです。その時「どのような思いで今の時間を過ごしたんですか」と聞かれて、「熊本県に勝ったちゅう思いと、これまでの一〇年間の思いが甦った。その思いで涙が出てしまった」と私は言ったですよ。

　それは本当ですけども、それよりも、ちょっと人前で言えなくて伏せていたんですが、認めろ認めろ、お前たちは何を言ってるか、あなたたちの判断してることは間違いだ、私は水俣病患者だから早く認めろ、認定せろって言うてきた一〇年間だったんですけど、いざ認定相当の判断が示されてみれば、ものすごく何か、辛いものが迫って来たです。その時に言ったですけど、人間ちゅうのは言葉ではこうなんだ、こうなんだ、こうしなさい、ああしなさい、絶対こうしないと許さないと言いながらも、いざ自分の手に入ったならば、うまく表現でけんとですけど、何か矛盾した気持ちになってしまうことがわかったです。

水俣病になりたかったわけではない

やっぱり私の中のどこかに、水俣病であってほしくなかったちゅうのがあったんでしょうね。それに気付いたのが、その瞬間だったんでしょうね、たぶん。

もちろん、自ら水俣病になりたくて闘ってきたわけではなかったですけど、私や水俣病に対する、熊本県のあまりにも不条理な姿勢との闘いだったのは間違いないんですけど、認定を受けることが自分の訴えを相手に受け入れさせること、というのがわからなかったんじゃなかろうかなと思っとるです。

認定という言葉で実感として何が待っているのか、わからなかったのかなと思ったんです。認定を受けるということには、ものすごいものがあるぞちゅうところまでは、私は心の準備ができてなかったのかなと。できとったとしても、熊本県に対する思いとか、チッソに対する思いとかこれまで以上のものが、待ちかまえていたんじゃなかろかと、その時思ったんです。

裁決を得た「天の時」

今ふりかえると、関西訴訟の原告の人たちがああいう真似のできない闘いをしなければ、私の認定はあっただろうかと思います。敗訴した熊本県が弱気になっただけじゃなくて、審査庁に何らかの変化があっただろうと思うとですよ。

あともう一つ、私が感じたのは、水俣病公式確認五〇年だったその年に出た裁決ということです。私は、時が動かした裁決だったとよく言うんです。世の中が水俣病に注目してるという緊張感の中に、裁決する人たちもいたわけです。

見られているという意識がものすごくあった年に出た裁決。もう願ってもない条件が揃っていたわけです。これだけ条件が揃っていてそれでも却下ということは、やっぱりないだろうし、あってはならないというくらいでした。

9　認定審査での三件の重大事件

(1)　成績証明書の無断使用問題

「成績証明書使用に同意を」

成績証明書のことですが、一回めの認定申請をしたときに「認定審査会の小児科の医者が小中学校時代の成績証明書を資料として使いたいと申し入れをしてきたけれど、使わせてもらってよいですか」と熊本県から問い合わせの電話が来たとです。私がすぐ「何で、私の成績を見せないといかんとですか」と言ったら、「小児科の医者が資料として必要としているると言われているもんですから。熊本県としてその理由の説明は今はっきりすることはできませんけれども、審査会の委員が求めてきたもんですから」「なら、だめ。説明をしないんなら、だめだ」と私が言うと、「どうしてもちゅうわけじゃありませんけれども、審査会の委員が求めているわけですから」と言う。私は、「それじゃあ、私の言うことをあんたらは聞かにゃならん。何で成績証明書が必要なのか尋ねとっとに、わからんわからんじゃ話にならんでしょ。あなたたちが私に求めるのであれば、私もあなたたちに求めるものがあるから、そこをきちんとお互いが納得できるような状況にするのが当然じゃなかですか。あんたは私の成績証明書を面白がって見たいだけじゃなかですか」って腹が立って言うたら、「そうではございません」と繰り返したんです。「そもそも、なんで水俣病に成績証明書が必要なのか、はっきりしろ」と言って、一方的に電話を切ったんです。

したら、また宮崎という県職員から電話があって「もし緒方さんが同意しないということであれば、それはしかたがないことですけれど。ただ、求められたことをしないちゅうことは、後ろめたいところでもあるんだろうかなと審査会の人間に思われてしまいますよ。緒方さんにとって、不利になりますよ」と言うんです。私は腹が立ったです。「なんが後ろめたいか。あんたたちが後ろめたかじゃろもん。使いたかったら使え」と言ってしまったです。何でも見てしまえ、それで文句があるなら言えっていう思いでしたね。

そしたら、同意書の用紙が送られて来たですよ。私は正人叔父にすぐ電話をして「成績証明書ばよこせちゅうから断ったばってんが、やりとりの中で使うなら使えて言ってしもた。同意書が送られて来たけどどうしよう」と相談したとです。「お前はそもそもどげんすっとな。成績証明書で水俣病がわかるんなら、どうぞ使っていろんな角度から見て判断してください。ばってんが、ど素人の私が考えても成績証明書で何がわかるかなあ。成績が良いから悪いからちゅう、そもそもそれを判断材料にすると差別になると。特に目的がきちんとしとらんとに使わすんじゃなか」「俺もそう思う」「水俣病判断に成績証明書を使わせるんなら、後のことをきちんとしてから使わせんと。何のために使ったのか、使った結果はどういうことになったのかをきちんと文章でもらうのを条件に使わせななならんぞ。それも、一つの方法としてよかじゃなかろうか」。

きちんと示されれば使わせてもよか、とにかく何にもならんちゅうことをわからせるならよか、相手を試せちゅうことで、成績証明書を使う意味、それは水俣病事件の中でプライバシーの問題に入っていくことがどういうことなのか、何をしようとしているのか——それで、同意書を送る前に私が県に電話したんです。「同意書は送りますけれど、何のために同意を求めてきたのか、成績証明書を見せないかんのか、使った後、どういうことが判断されたのか、きちんと私に説明をしてくださいね」と言ったら、「伝えておきます審査会に」。それを条件に成績証明書の使用の同意書を郵送で送ったんです。

ところが審査会の結果(一回めの棄却処分)が出た後になっても、私の申出について何も説明してくれん。おかしかと思いながらも、私の中では薄れていったんです。

私には水俣病を訴えるという大きなテーマが見つかったけん、成績証明書のことであんまりひきずるとそもそも自分のめざしていたものがそれてしまうという思いがあったですね。私を切り捨てたこととの間違いを伝えようと、そういうこと(私の水俣病を認めさせること)が私にとってはまだまだ大きなテーマだと思っていたんです。それにしても説明がなかったことに不満で、電話をしたんです。「あんたたちはうそば言うたね。説明もせんがな」。それはそれで許さないと思いながらも、しつこく追及しようとは思っていなかった。

二回めの認定審査でも「同意書」

やがて、二回めの認定申請についての審査会が始まろうとしている時に、また成績証明書使用の同意用紙が送られてきたんです。私は同意書を送る前に電話をしたんです。「あんたたちは、一回めの時に何も説明せなかったがな。約束したでしょ、説明するって」。したら「審査会の一人ひとりの医者の意見の中に判断が示されることで説明となっています」ちゅうことを言ったんです。「成績証明書のことを具体的に説明はしていないけれども、たとえば感覚障害がないのであれば、それに伴ういろんな異常がなしちゅうことになっている。緒方さんの場合は『知能障害なし』と判断されていますから、成績証明書にも何ら問題はないとです」とあっさりと言ったです。

私は「あんたたちはわかっとるけども、俺はわからんかったんじゃ、今まで。俺にわかるように、あんたたちは説明せにゃならんぞ。はっきり説明してくれちゅうとっとに。私がどれだけ悩んどったか知っとっとですか」。そしたら「すいません。私たちの説明不足でした」「説明不足でしたちあやまったらいい、そういう問題じゃなかですよ。約束違反でしたと言うべきでしょう。きちんと説明してくれたら使っていいと私が言うとっとに説明しとらんですよ。違反を起こしとるとじゃけん、そこのところ、もうちょっと認識してから、私に言ってこんと。あんたたちは私を軽く見とるばってんが、私の中での水俣病は、そんなもんじゃなかですよ。あんたたちがおかしな使い方をすれば、自分たちで首を絞めることになるんですよ」と、釘をさしたんです。

二回めはどうしたかというと、「あんたたちは今度はきちんと私に説明をするか」ちゅうたら「します」と言うんです。したら「同意するよ」って送ったです。しかし、また説明はなかったです。その後、三回めの申請をして、審査会があらためて行われるとわかってたけん、また成績証明書の同意を求めて来たときには、二回めの時も約束を破ったから今度は問題にしてやろうと思っていたんです。ところが同意を求めて来ないまま審査会が開かれて、やがて棄却通知が届いたんです。ああ、やっぱり俺が一回め、二回め、あれだけ言ったから、三回めには説明ができないものはもう使わんことになったんだな、よかったよかったと、まあ私が言ったことがわかってくれたと思ったです。

第三次の行政不服審査で無断使用が発覚

そのあと、国に対して第三次の行政不服の手続きを行なったですよ。しばらくして熊本県の弁明書が行政不服審査会から私に送られて来たんです。私を判断したすべての、分厚い資料が同封されていて、これに基づいて私を熊本県知事が棄却にしたという、裏付けに使った書類を見るわけです。そしたら、成績証明書が綴じられとったです。何で成績証明書が綴じられとっと、と私は思った。これが使われるには私の同意がなければならないのに、勝手にこの人たちは私の成績証明書を三回めの審査会で使ってるなと思って、高倉さんのところにすぐ相談に行ったです。

私の成績証明書を県は勝手に使っとっとばい、これは大問題だということで、すぐ熊本県に抗議したです。そしたらですよ、「担当が今いない。とにかく担当者が帰ってから連絡させます」ということで、担当者から連絡があった時に「あなたたちは私の成績証明書を勝手に使ったな」と言ったです。「え、どういうことですか」ちゅうもんだから、「弁明書とともに送られてきた一切の資料を見たら、私が同意していない成績証明書が資料の中に綴じられているんですよ。これは、どっからだれがどうやって入手したのか説明せろ」と言ったら、「きちんと説明ができるように時間をください」と言ったんです。

しかし、一週間待っても連絡はなかったです。私は腹が立って、こっちから電話をしたら、「緒方さんは一回め同意されてますから、それに基づいて使わせてもらいました」とあっさり言うわけです。私は、「一回め同意したら、二回め、三回めは勝手に使ってよいのか。一回め棄却されたら、何で新たに二回めは別件として一からこちらに手続きを行わせて提出させるのか。これは別件でしょう」と言ったんです。すべてに対して、検診や書類提出も同じことを繰り返させるんです。「やはり一回めと二回め、三回めちゅうのはまったく違うわけだし、一回めで棄却された人が三回めには認定ってありうるわけでしょ。それをごちゃまぜにするなんて、あんたたちは、どういうことを自分たちでしているのかわかっとっとですか。このままですまされる問題ではありませんよ」と私は言ったです。

そしたら、当時の水本課長が私に文書を送ってきたんですよ。「一回め同意しているから違法ではない」と。しかしですね、どうも納得できなかったのは、二回めにも同意をしているわけですよ。一回めのが有効だったら二回めの同意はもらう必要ないわけです。「それじゃあなぜ、二回めにもらったのか」って県との交渉の場で言ったです。高倉さんも「このことを持ち帰って潮谷知事に伝えてくれ」と。そしたら、むこうもはっとして、そんなことをしとったのかち、その場面で気づいたです。

そのあとで私にどういう説明を再度したかというと、「一回めの同意をとれば使っていいんだ。しかし二回めに同意をとったのがまちがっとった」と言ってきたんです。「ああ、そうですかっていう人は、誰一人いませんよ。あなたたちは、そういうことを平気で私に言うこと自体、私を侮辱していることに気づいとっとですか。このような瞬間、瞬間が、私を苦しめているんですよ。このことをあなたたちは、今、気づかないと大変なことを起こしてしまいますよ」と言ったです。素直に悪かったことは悪かった、意図的ではなかったけれど、結果的に苦しませたことについてすぐあやまれば、それ以上のことは私も追及しないわけですからね。そして、その後の展開が、次の「ブラブラ」問題と重なってきたんです（巻末資料2参照）。

(2)「ブラブラ」表記問題

熊本県の聞き取り調査

「ブラブラ」表記問題は、私の認定申請での疫学調査の中で起きたんです。

私が平成九（一九九七）年に初めて認定申請を行なったもんですから、熊本県が、私が水俣病にどういう形でどれくらい関わりがあるのか、疫学調査を行なったんです。当然私自身のことや、私が生まれ育った女島の家族のこととか、親族のことなんかを調べたんです。で、私が生まれ育った緒方家の本家で生活していた人たち、特に叔父さんや伯母さんに当たる人の状況も私から聞き取ったんです。その中で職業についての聞き取りもあって、そのときに私が答えたのは、漁業をしている叔父さんのことは「漁業をしている」、水俣病患者で仕事ができない伯母さんや叔父さんについてはどんな仕事についているか、きちんと伝えることができなくて、「無職」と答えたんです。

「疫学調査書」の中身を知る

翌年（一九九八年）に、熊本県が聞き取った内容を「疫学調査書」にまとめたものを見ることになったんです。なぜ見ることになったかというと、一回めの認定申請が棄却されたことに不服で、「私が水俣病の被害を受けているのは明らかだ。なぜあなたたちは、私を被害者じゃないと切り捨てたのか。もう一回確認してほしい」と熊本県に異議を申立てたわけです。その異議申立てが却下されたために、行政不服審査請求を起したんです。

そしたら、行政不服審査請求の手続の中で、熊本県が「こういう資料を使って認定審査会の判断を受けて、熊本県知事は水俣病としては認めることができないとして申請を却下しました」と弁明し、不服審査会経由でその時使われた一切の資料が送られてきたんです。そこで初めて「こういう資料を使って判断した」その中に「疫学調査書」が入っていたことがわかったんです。

あー、あれ（棄却処分）はこういうように判断されていったのか、こういう資料を元に判断されたのか、と見ていくわけで、診断書も入っていました。で、「疫学調査書」に目が止まったとき、えっ、職業欄にブラブラと書いてあるけれども、ブラブラというのはいったい何を意味するものなのかなーと思ったんです。よく見てみたら、私の叔父さんや叔母さんの生活状況を記した右端にいろんなことが書いてあるわけです。

「ブラブラ」という言葉は水俣弁や芦北弁ではあまりいい言葉じゃなくて、決して目上の人とか尊敬している人には使わない。少し自分よりも年下とか人を見下すときに使う言葉です。仕事もしないでブラブラしとるという表現を行政がするはずはない、専門用語だろうと思ったんです。しかも、私が「無職」と答えたその言葉も残っていない。これは私たち水俣病被害者一族を熊本県は馬鹿にしとるなと、一方では思うけれども、いや、そうではないだろうちゅうふうに、自分の中で悩み続けたわけです。

正人叔父にも原本を見せて相談したんです、「ブラブラと書いてあるけれども、叔父や伯母のことを馬鹿にしとっとやなかろうかね、熊本県は」と言ったら、しばらく考えこんで「待てよ、そんなことは……そこまで何が何でも熊本県が書くことはないだろう」と言ったんです。私も、そう聞いてもう熊本県を疑うことはよそうと思った。

被害者の心を踏みにじる記載

それから一年が過ぎて、「行政不服の口頭審理が近いうちに行われるだろうから、会場の雰囲気を事前に体験しておいたほうがいいですよ。その機会がもうじきあるんです」と、私の行政不服の代理人である高倉史朗さんが言ってくれたわけです。たまたま行政不服の請求をされている別の人の口頭審理が熊本市内のホテルで行われる日程が決まっていて、私は傍聴人じゃないんですけど、意見が言える代理人として出席したんです。

津奈木在住の人の審理だったんですけれども、高倉さんと熊本大学の二宮正医師、患者の荒木洋子さんと私の四人で出席しました。代理人に渡された資料を見ていくと、その人の「疫学調査書」が入っていたんです。私はこれまでのことがあったので、「疫学調査書」に興味をもって隅から隅までずっと見ていくと、その方の親族の生活状況欄に、私と同じ「ぶらぶら」という記載があったんです。私の親族の生活状況の備考欄にはワープロ字のカタカナで「ブラブラ」と書いてあったのですが、その請求人の人の親族の生活状況の備考欄には手書きのひらがなで「ぶらぶら」と書いてあったんです。その文字を見た瞬間、熊本県がどういう気持ちでその文字を書いたのかが伝わってきたんです。それは人を馬鹿にして書いている文字だと直感したんです。

ですから私は、一年前の自分のことを思い出して、処分庁の熊本県に「疫学調査書の中に『ぶらぶら』と書かれているのは何を意味するものですか」と質問したら、出席していた県の代理人数人が協議を始めて、三分位はかかったでしょうね、当時の水本二水（わかつ）保病対策課長が「職業です」と答えたので、私は腹が立って「何が職業か。職業にブラブラというのがあるんですか」と言ったら、またしばらく協議をして、「これは申請者本人、もしくは聞き取った家族の人たちが答えられた、そのまんま記載してあります。その疫学調査書というのは手を加えてはならないのです。本人が述べたとおりに作成する。それが原則なんです」と、いかにも答えた側に原因があるような言い方をしたんです。

そこで、「いや、違う。私は一年前、自分の疫学調査書を見たが、自分の家族、親族の仕事のことをブラブラと言った覚えはないのに、私の疫学調査書には書いてある。あなたは水俣病患者を馬鹿にしとる、その現れなんだ」と言ったら、「それは違う、緒方さんも答えたと思います。だから、決して熊本県がそういう気持ちで書いたというわけではございません」と答えたもんですから、私は取り乱して怒って、ちょっと会場が乱れてしまったんです。

そこで、行政不服審査会の審査長が仲裁に入って、「今日は別件で、緒方さんの問題じゃなくて○○さんの口頭審理ですからどうでしょうか、近く行われるであろう緒方さんの口頭審理の中でじっくりと主張をされてはどうですか。このままではきちんと議論ができるかわかりませんので」と言ってくれたので、「あ、そうでした。わかりました。今日は私の問題じゃなかったのでこれくらいにしときますけれど、徹底してあなたたちを追及しますよ」と言って、ブラブラ問題の発言を終ったわけです。

マスコミの力を借りて熊本県を問う

先にお話した成績証明書の問題も継続していて、ブラブラ問題と平行して熊本県と私の間でやりとりが行われていたんです。

津奈木の人の口頭審理の翌日、相思社の集会所で、たしかテレビも来ていたと思いますけど、水本課

緒方正実

水俣◆女島の海に生きる

わが闘病と認定の半生

原田正純・栗原 彬・潮谷義子・高倉史朗

世織書房

不条理に黙っていてはならない

原田正純

　私は今まで水俣病と取り組んでくる中でさまざまなことを学ぶことができた。現地全体が私にとって学び舎（教室）のようなものであった。そこから「現場に学ぶ」、「水俣学」の発想は芽吹いたのだった。

　国道から車がやっと通れるような狭い急な坂を下ると、そこに女島はあった。私が最初にここを訪れたのは元網元の一人小崎弥三さんの行政不服審査請求の時であった。女島には凸凹の多いリアス式海岸の狭い土地に人々が肩を寄せ合うような暮らしがあった。ここを訪れてみればここの人々が生まれてこの方、海と深い繋がりで生きてきていたことが一目で分かる。不条理にも歩くこともできず、坐ったまま流涎（よだれ）を手でしきりに拭いている老人を認定審査会は「広範性大脳障害」という奇妙な診断で水俣病を否定していた。

　この時、昭和四十五（一九七〇）年一月から次々と水俣病を否定された患者たちが、〝お上〟に異議申し立てをしたのだった。私をそこに初めて案内したのは故川本輝夫さんだった。それは水俣病事件では初めての行政不服審査請求の時だった。翌昭和四十六（一九七一）年八月七日、裁決は審査会の決定を覆すものであった。すなわち、次官通知は「（水俣病にみられる）いずれかの症状がある場合において、（中略）当該症状の発現又は経過に関し魚介類に蓄積された有機水銀の経口摂取の影響が認められる場合には、他の原因がある場合にあっても、これを水俣病の範囲に含むものであること」という画期的な裁定を下したのだった。小崎弥三さんも水俣病と認定された。これ以降、認定患者は増えて救済の道が開かれたかのように見えた。

しかし、日本中を一時水銀パニックに陥れた第三水俣病事件を契機に、環境庁（当時）は昭和五十二（一九七七）年七月、息のかかった学者を集め、認定要件を再び厳しくした。すなわち、症状の組み合わせを重視する判断条件を提示した。以来、ほとんど水俣病と認定される患者はいなくなってしまった。その後、弁護団（全国連）が主導して平成八（一九九六）年五月までに多くの申請患者たちは訴訟を取り下げ、あるいは訴訟をしないことを条件に和解案を受け入れてしまった。これが〝全面解決〟のはずであったし、事実多くの世論が水俣病問題が解決したと思ってしまった。しかし、関西訴訟だけが和解を拒否して裁判を続けた。そして、平成十六（二〇〇四）年十月、最高裁判決で原告三十七名を水俣病と認めた。この判決によって〝水俣病問題は終わった〟とする世相に冷水をぶっかけたようになった。当然のことだが〝水俣病は終わっていなかった〟のである。

＊

〝水俣病は終わった〟と言うことが嘘であったことを明らかにしたもう一つの事件が緒方正実さんの行政不服審査請求事件であった。

水俣病事件は演劇でいえばいくつかの幕があり、各幕間ごとに一度は幕が降りたようにみえるが、また次の幕が上がる。この緒方正実さんの行政不服審査請求事件の決着も水俣病事件が終わっていないこと、生まれてこの方五十年以上も行政が怠慢だったこと、まだ胎児性・小児性水俣病世代の全貌が明らかにされておらず、その救済は進んでいないことを明らかにした。緒方さんの事件は決して緒方さん自身の問題にとどまらず胎児性・小児性世代の問題に光を当てたことになり、その意味は大きい。平成十九年三月一五日の緒方さんの差し戻し逆転認定はそのような意味で受け止めなくてはならないのである。それはまさに一つの幕（行政不服）の終わりであっても、胎児・小児世代の問題の新しい幕開けである。

水俣病の事件史の中では何度も新しい幕開けが繰り返された。それは常に何人かの少数の当事者（患者）が事実を直視し逃げず、避けず真正面から向い合う強さの結果、押し開いてきた歴史がある。それは被害者たちが勝ち取った成果はもちろん、それ以上に水俣病史上に大きな意義がある。行政、専門家という大きな権力、権威に対して庶民、素人が異議を申し立てることによって、道理が権威に対して勝利することを示した。権威、権力が科学（医学）の名のもとに不合理を合理と、非科学的を科学的と装って庶民の上に君臨する構造が見え隠れする。

何もしなかったら何も起こらないことを緒方さんの行為は示した。十年余におよぶ闘いにも似た行政との向き合いによって得たものは単に「水俣病であったかどうか」ということではなかった。あれだけの科学的・医学的証拠が無視されることへの行政の不合理・非科学性、患者は素人であるから専門家に対して異議など申し立てないだろうという驕り、無断で成績証明を参照した事件や「ぶらぶらしている」などの記載などにみられる行政の人権意識の希薄さなど、この事件が私たちにさまざまな問題を暴いて見せてくれたことは大きい。緒方さんの行動は権威や権力の不条理に対して黙っていては何も起こらないことを示した。単に、水俣病が認められたということ以上にこの事件の意味は大きい。

水俣病事件はさまざまな教訓を歴史に残してくれたが、この緒方さんの事件も私たち専門家といわれる人間にとっても、行政を担う人々にとっても大きな教訓を残した事件といえる。

（医師）

（この文は緒方正実『孤闘』に掲載されたものです。版権継承者、原田寿美子さんの了承を得て、再掲しました。　編者）

こけしの語ること——日常の中で「大切な事」を起点に限界政治を生きる

栗原　彬

私は、毎日のように、緒方正実さんの存在を感じ、水俣のことを想い起している。正実さんに頂いたこけしのキイホールダーに触れない日は一日としてないからである。無数の失われたいのちが眠る埋立地の木から正実さんが切り出したこけしは、今三〇〇〇体を超える。それだけの数のこけしが世界中に広がって、人々に水俣の魂を送り届けている。

こけしには、目鼻口耳の描き入れがない。こけしの受け取り手によって、それは、魚でも、猫でも、鳥でも、人であってもよいからだ、と正実さんは言う。こけしの面（おもて）を思い描くのは、私やあなただということになる。一つの表情を人に強いたくないという正実さんのやさしさのおかげで、私たちはこけしにいくつもの表情を見出すことができる。

5㎝ほどの小さなこけしが色を変えていくことに気がついた。白い木肌が少しずつ緑に染まっていき、全身緑になったあと退色して赤茶系の色になったけれども、それでも緑を部分的にとどめている。こけしは生きていると思う。生きていて、水俣の魂のざわめきを伝え続けている。

こけしの作り手、緒方正実さんの魂の語りの訪れに、耳を澄ませていたい。

＊

正実さんの語りは、なぜこんなにも深く、強く私の心を揺さぶるのだろうか。それは、行政と世間によって在って無かったことにされてきた「一人の人間」が本来の自分を取り戻そうとする必死の生き方が、状況の中での感情の起伏、心の揺れ、そして怯懦(きょうだ)でさえも、隠すことなく、正直に誠実に語られているからである。

水俣病から逃げることで自分という存在を見失っていた正実さんが、自分を取り戻す最後の機会として判定申請した政治解決策で、行政によって切り捨てられた。二歳の時の毛髪水銀値二二六ｐｐｍ、複数の水俣病の症状、魚の継続的な大量摂取、親族のすべてが水俣病であること。これらすべてが水俣病患者であることの真実を物語っているのに、行政の提示する一般的な基準に当てはめると、あなたは水俣病でないと言われる。ひとり、魂の生死の淵に立たされた正実さんが、認定審査で私という一人の人間の問題を解決して、自分の存在を救い出すためには、「とことん私の問題にかかわらせ」て、「私が持っている物差しも使ってほしい」と言い続けなければならない。

ここに正実さんのまなざしの逆転があったと思う。行政は、人々の日常生活をシステムの政治から上から目線で一方的に見るだけである。逆に、生活者は、生きのびるために、システムの政治を、日々大切にしてきたことを起点に、日常生活の目で見返すばかりか、新しい「人間の政治」を切り拓く方へからだを動かしていく。

こうして、正実さんの言う「私の問題」は、認定審査の過程で露出する、行政が水俣病の被害者に対してもつ無自覚の差別意識と、水俣病事件の大きな問題だけに目を向けて、人間として大切な事を忘れていることから、被害者が日常生活において矜持を傷つけられたり、価値剝奪を受ける、生きることに根元的に触れるできごとをも含んでいる。したがって「私が持っている物差し」も、水俣病患者であることの自己証明のほかに、正直であること、過ちがあれば謝罪することといった「人間として大切なこと」をも含んでいる。
「自分の水俣病を解決する」。「私が持っている物差しも使ってほしい」。これらの言葉で表される認定審査と行政不服審査を通しての正実さんの実践は、鶴見俊輔さんがいう「限界政治」に重なる。権力による抑圧をはねのけて、自分の人生のことは自分で決めたいと願う一人の生活者が、プロの政治におまかせするのでなく、逆に政治に背を向けて日常世界に閉じこもるのでもなく、政治のへりと日常世界のへりとが出会い、重なり合う限界領域に立って、日常世界の方から状況を組み替えていくこと。それが限界政治である。それは、水俣病事件という大きな山の頂上に立って世界を眺めるのではなく、山の裾野の自分が出会った小さな場所から考え、行動していくことでもある。

限界政治は、三つのポイントから構成されている（鶴見俊輔『限界芸術論』ちくま学芸文庫、一九九九年）。

(1) 自分が今いる日常生活の中から政治を拓くこと。
(2) 政治を拓く主体は、ひとりひとりの生活者である。
(3) 政治とは、生活者個人が、権威・権力に抗して不条理な状況を変革してゆく行為である。

認定審査の過程で正実さんが限界政治を拓いた「小さな場所」の「重大事件」は三つある。

第一に、成績証明書の提出および無断使用問題。なぜ水俣病の審査に小中学校時代の成績証明書が必要なのか。理由の説明もなしに提出を求められ、しかも三回目の認定申請の際には、同意なしの無断使用が行われた。

第二に、「ブラブラ」表記問題。熊本県が正実さんの疫学調査をした際、調査用紙の親族の水俣病患者の職業を問う欄に、正実さんが「無職」「無職」……と記入したのを、県は「ブラブラ」「ブラブラ」……と差別用語に改ざんして「疫学調査書」に入れ、それが認定審査会の（棄却の）判断に使われた資料の一部に加えられていたという事件である。

　第三に、「人格」記載問題。申請者に見える・見えないを答えさせる二つの視野測定法では「視野狭窄あり」だったが、一九九五年以降導入された瞳孔視野測定法という、機械が見える範囲を測定する測定法では「視野狭窄なし」とされた。異常が見つかっているのに、異常なしとされるのはなぜか。瞳孔視野測定法に信頼性があるか。正実さんの問いかけに対して、熊本県は「視野狭窄の原因はあなたの環境や人格」と答えた。つまり、補償金目当てで判断条件をクリアするために嘘をつく「人格」上の問題がある可能性を示唆する返答だった。

　三つの事件は、いずれも、正実さんの尊厳を奪い、屈辱を与え、人間性を貶(おとし)める、邪悪な政治的できごとだった。正実さんは、これらの事件を「自分の水俣病を解決する」ことを妨げているシステムの政治の根っこにある問題点として捉えた。一つ一つの問題点をていねいに「人間のこと」に解きほぐして、限界政治を拓く場に反転させることに「解決」への助走路を見出したと言える。行政を大きな壁と見立てるのでなく、職員ひとりひとりに「人間として大切な事を忘れていませんか」と呼びかけた。やがて、行政からも人間の言葉が返ってきた。

　「ブラブラ」表記問題で潮谷義子知事が、正実さんに過ちを認め謝罪したときに正実さんは知事宛に手紙を書いた。そのコピーを読ませて頂いた。更なる課題をつきつける文面だったが、知事の決断と実行を高く評価した上で書かれた「同時に、私自身潮谷知事に救われたという事が、正直な現在の気持ちです」という言葉に、私は感動し、震撼させられもした。二人の人間の出会いが、差別用語を含むすべての県の文書の洗い出しと表記の仕方の一からのスタートを促した。

「人格」記載問題でも、正実さんが許さなかったら責任を取って辞めるという谷﨑課長の「覚悟」と、真の謝罪がなければ認定申請をやめるつもりの正実さんの「覚悟」とが出会うことによって、決裂の危機が回避され、文書使用の改善につながった。

正実さんは言う。三つの問題点は大きな解決への障害だった。それぞれの障害の除去は、状況の変革を導いた。認定を妨げていた問題点を除去したその先に、行政不服の逆転裁決が生まれ、そのことが逆転認定までをも導いた。「人間として大切な事」を起点に、根っこの部分の問題点を一つ一つていねいに変えていくと、上の方は自ずと壊れていくよ、と。

正実さんの魂の語りに耳を澄ましたあと、私はどのような人間の言葉を返すことができるか。こけしの面にどのような表情を描くことができるか。

（政治社会学者）

「時が動く」

潮谷義子

今年四月、熊本県は大地震に見舞われ被害の大きさは甚大です。我が家の玄関にある飾り台からは、見事に品々が落下し粉々になりました。この惨事のなか緒方正実さんが実生の森の枝から作った「こけし」は、落下せず傷もありませんでした。

　顔の表情が画かれていない独特のこけしなのに違和感がなく「元気でがんばろう」と伝えているような力強さを与えられました。以前、顔が描かれていないのは、こけしを受け取った人が想像すればよい、と緒方さんに聞いたような気がします。確かに「こけし」は手にする人のその時、その時の心模様で顔の表情を異にするようです。

「こけし」には「子消し」という意味もあると耳にしたことがあります。何らかの理由でこの世に「生命」を得ることが出来なかった名もない児を偲び贖罪や追慕、悲しみを木製の童の姿にこめたと。思えば、水銀の影響で流産した児、重い胎児性の水俣病を、或いは小児水俣病とともに生死に至った幼子達を心に刻みつつ、緒方さんは作り上げたのかも知れません。

　今年で二五回を迎える慰霊式は地震のために延期とされました。水俣病公式確認の日とされる一九五六年五月一日から、すでに六〇年を経過しました。水俣病公式認定の年、佐久間ダムが完成し同年には日本初の巨大ダム、黒部ダム工事が着工されています。一〇年後、ダム建設黄金時代のなかで、わが郷土熊本にも川辺川ダム建設計画が動き出します。経済至上主義は、重工業化を推し進め第一次産業を衰退させ、家族の絆、地域文化を脆弱化させていくことになるのもこの時代からです。

　一九五八年、総理府（現・内閣府）の国民生活世論調査では、生活実感を「下」と答えた人は、四九％。それが、六七年には「中流」と感ずる人が九〇％に及んでいます。

　電気化学工業の基礎を確立し触媒に水銀を使用しアセトアルデヒド生産をするチッソは国内需要の過半数を占めていました。戦後復興を支える高度経済成長のなかで拡大した公害に目を向ける人々よりも、貨幣的価値に求める人々の方が圧倒的に多い時代です。

＊

本書は「水俣・女島の海に生きる」と一見凪の海で生きる個人の生活史のような書名に思われるかも知れません。あらためて述べる必要はないかも知れませんが、たれ流しの水銀は、食物連鎖のなかで、鳥、猫、人の〝生命・健康・暮らし〟を奪いました。年毎の慰霊祭では、水俣病で亡くなった人の名前が奉納され、今なお、後遺症に苦しむ人々が参列しています。昨年までは松葉杖だった人が車椅子になり、歩行できていた人が不可能になる姿を目にします。緒方さんは、水俣病被害を日常的に目にし耳にし自らも経験してきました。その人の著が凪である筈はありません。海に譬えれば、その「生きる様」は、さざなみ小波、大波やしけのように変化しています。しかし、どんな変化のなかにあっても波間に投げ入れられたアンカーポイント（舵）のように、事態を真正面から捉え、問題から逃げず事実と向かい合うことを信念として生きてきた人間史です。水俣病問題の理解にとどまらず。私達の生き方にも大きな影響を与える内容です。

緒方さんは、この著書のなかで、幾度となく不条理という表現をしています。それゆえに非日常のなかで生き続けてきた姿を赤裸々に語っています。彼のなかの怒り、抑圧、人権侵害差別、感覚障がいによる心身の傷、病い等、加えて人への不信、行政、医者等に対する不信の深さには、圧倒される激しさが感じられます。同時に彼の著書をとおして熊本県の大きな課題、ハンセン病問題と川辺川ダム問題、何らかの理由で親とともに過ごすことができず、養護施設で暮らす子ども達にも同根の歴史があることを直視させられます。

自分のふるさとを語れない、時としては出自さえも、否それどころか前述のように胎児のままに生命を閉じた例やハンセン病の場合は医療の名のもとに「断種」と「中絶」が強行されてきました。人間の尊厳を踏みにじられ、スティグマを背負い、差別と人権侵害を数多く経験した人々。地域の暮らしを揺るがし、奪い、自然や集落の美しさは失われ、水は汚れ、人々の生業は衰退していきました。地域社会の分断と様々な風評被害は、加害者と被害者の各々に関わる人々を含んで対立構造を深めていき、問題の根源を見え難くしていきます。問題の落ち着く先が見定められていない人々の胸中には、国、県、市町村への行政不信、怒り、諦観、苦渋に満ちた日々の連続だったことを知ります。

しかし、緒方さんは、このままに止まらなかったことをこの著書は物語っています。自ら「水俣病を計る物差しは行政が作ったのでは計れない、患者が持っている物差しを使って欲しい」と訴えています。公健法に基づく認定と司法による認定の二重構図にも投げかけられた視点と思います。

いずれにしても「物差し」の正確さ、その価値の質保証、裏付けこそ「疫学調査」であると私は考えます。関西訴訟最高裁判決後、熊本県は疫学調査を国に提案しましたが施行には至りませんでした。私には今でも降ろせない提案です。

緒方さんの行政不服審査請求は、自らが水俣病と向き合うことから一歩が始まっています。著書のなかで、水俣病指定医以外の医者が診断したカルテ、診断書に「水俣病」という字句を目にした時の緒方さんの心象描写には、狼狽ぶりが第三者にも伝わる程の切実な表現です。後に彼は「水俣病という事実は人間存在の証明である、事実から逃げずに正面から正直に認める」決意を明確にします。

本書の「水俣条約採択への願い」に記されている詩、「水俣からのメッセージ」を是非読んで下さい。思うに任せない現実、耐え難い苦悩、生きることの重荷のつらさに私たちが遭遇した時、きっと冷静さと道を切り開く力が与えられることでしょう。

二〇〇六年一一月二二日、不服審査会は、県の審査会結果を取り消す裁決をしました。二七日、緒方さんは「逆転裁決書」を手にしました。二年七カ月ぶりに開催された認定審査会で「水俣病」と認定されました。

緒方さんは「時が動かした判決」と評価しました。ブラブラ問題、成績証明書、ランク付け、という県行政がとった対応は、人格、人権侵害であり、人間の尊厳を犯す事であった事は、今でも申し訳ない気持ちです。これらの事が裁決を動かしたか否かは私には分かりません。

「時が動かした」歩みには、人間性豊かな医者、科学者、歴史家や写真家や数多くの人々を水俣に魅きつけ、各々の持ち場、立場から緒方さんをはじめ水俣病の人々を共に支え、課題を担ってくれました。とりわけ、水俣市民の良心と行動力を育てました。その証が二〇〇四年六月二七日に始まった「産廃廃棄物処分場建設問題」です。二〇〇八年六月に事業者を中止に追い込んだ九〇%に及ぶ市民運動の力です。

確かに「時の勝利」を感じます。しかし水俣病問題は終わっていません。語り部としての今の緒方さんは女島の海の凪の姿です。しかしいかなる海のような姿にも果敢に真正面から取り組んだ成果であることを、この著書は教えてくれています。

人の生命が軽んじられ、再び経済優先の風潮が感じられ、人々が居場所さえ失っている今日、さらに「時を動かす」力を高めなければならないと思っています。改めて水俣病公式発表六〇年の節目に緒方さんの本が上梓されることに意義深さを覚えますと共に、心からおめでとうございますと申し上げます。

（日本社会事業大学理事長・元熊本県知事）

正実さんの流儀、川本さんや溝口さんとのこと

高倉史朗

水俣に移り住んで四一年が過ぎた。今六五歳、今後もおそらくここで暮らし続けるから、少なくとも人生の三分の二以上を水俣で生きることになる。故郷の千葉県を疎ましく思ったことはないが、二四歳の春、ほんの数日間の滞在のつもりで立ち寄った水俣病センター相思社での生活がなんとも刺激的で、あっと思った時には三〇歳を超えていた。田舎の優等生の悲しさで、生まれ育った土地ではしゃちほこばった自分を崩すことができなかったが、誰も知る人のない水俣に来てタガが外れたのだろう、少しのぼせ気味に大酒を飲んで騒ぐようになった。それが許された水俣の生活に溺れてしまったのだろう。

少しまともに仕事をし始めたのは川本輝夫さんの補佐をするようになってからだった。当時（一九七〇年代後半）、相思社は、理事長でもあった川本さんを全面的に支援していた。未認定患者の救済補償を求めて全生活をかけて活動していた川本さんを何とか支える、それが水俣病患者支援を活動の柱とする相思社の仕事だと思い定めていたのだ。川本さんが提起する訴訟や県行政との交渉ごとの準備、市議会議員選挙の応援など、仕事はいくらでも出てきて、相思社の職員でそれを分担していた。私の仕事は主に行政不服審査のお手伝いになった。

この本の語り手である緒方正実さんは、その行政不服審査請求制度を使って水俣病患者としての認定を勝ち取る土台を作った。行政不服というのは、何か行政

処分があった時それに対して異議を申立て、処分の見直しを求める制度だ。一般に訴訟もできるわけだが、より速く簡便にをモットーとする。弁護士を立てる必要もない。ただし相手の弁明を求め、証拠物件の提出を要求することなどでは強制力が弱く、歯がゆい思いも味わう。でもうまく使えば、社会的注目を集め問題を浮き彫りにして、相手を追い詰めることも可能な場となる。

実際川本輝夫さんは、一度水俣病でないとして棄却された自分自身、そして同じ立場にあった八人の処分をこの制度を使ってひっくり返して（最終的に一人だけ負けたのだが）水俣病として認定させ、一九七一年当時の環境庁に水俣病認定のあり方を改めさせる通知まで出させた。この時には「水俣病を告発する会」（熊本、東京。この件の支援は一次訴訟と違い主に東京の当時のスタッフが担った）などの強力な支援者が応援し、その一部始終は『認定制度への挑戦――水俣病にたいするチッソ・行政・医学の責任』（水俣病研究会編、水俣病を告発する会、一九七二年）という本にまとめられている。

川本さんにとって、この経験と、その後のチッソ本社での座り込み、一九七三年七月の補償協定書締結の成功は、それ以降の活動の基本的エネルギーと闘いの技術的基礎になったと私は感じている。つまり、そうした経験を応用して、今度は自分ではなく周りの人たちを救済させようとしたのだ。ただし、俺についてこいという親分肌的誘導ではなく、応援するから自分でがんばれという所があったように思う。なんと六〇〇人位の人たちが川本さんの呼びかけに応えて不服審査請求を起こした。たいへんな事務手続きになる。私の仕事はこのお手伝いだったのだ。

＊

川本さんが亡くなる数か月前、緒方正実さんは川本さんに自分の認定申請を知らせ、助言を求めた。この本にもその当時の状況が語られているが、私が正実さん（知り合いに「緒方」姓が多いので名で呼ばせて頂く）の水俣病と関わることになったのもこの頃からだった。正実さんのことは知っていた。正実さんの息子さんは私の息子の友人で、私も正実さんのことは知っていた。でも水俣病との関わりは知らなかった。私が事務局を務めていた水俣病認定申請患者協議会の会長をしていた緒方正人さんの甥であり、「きばる」という甘夏みかん生産者の会の会長、緒方茂実さんの弟であることは知っていたが、水俣病の認定申請をしていること、九五年政治解決で対象外とされたことなどまったく知らなかった。

応援を求める相談を受けた時、私は正実さんの真剣な話し方に驚いた。正実さんはまるで哲学者のように自分自身の水俣病問題を実に深く掘り下げて考えていた。正実さんが最初に出した本、『孤闘』（このタイトルは田口ランディーさんによる）の跋文にも書いたのだが、これほど真摯にオルグされると圧倒される。私にできることはもちろん応援するつもりだったが、私の方にも真剣さが求められていることに緊張感を覚えた。行政不服審査請求で勝つことは極めて難しいと経験的に知っていたので、最終的には訴訟かなとは思ったのだが、正実さんは弁護士を介するより自分でやっていく審査請求を選ぼうとしていた。「その方が自分に合っている」と判断していた。その判断はまさに正しかったのだが、ここらへんの勘と言うか自分の方法を選ぶ嗅覚と決断はすごい。

正実さんも理解していたように、審査請求での勝利には関西訴訟の最高裁判決が大きな影響を与えたと思う。最高裁が感覚障害のみで有機水銀中毒症と認めたことは大事な基礎になった。だがそれだけではなく、不服審査請求の口頭審理で正実さんが自分の水俣病被害をとても丁寧に説明し、審査委員にわからせたことも重要だった。

審査結果には驚いた。勝ちもあり得るとは思っていたが、生活条件や毛髪水銀値など、疫学条件と呼ばれるものを最大限に重要視して正実さんの検診結果を解釈していたのだ。こうしたやり方は、川本さんをはじめとして被害者側を応援する人たちがずっと取ってきた手法であったが、それを不服審査会が認めることは滅多になかった。被害者側のその論理を、不服審査会の論理として真正面から使って正実さんの水俣病を認めた。川本さんが生きていらしたら、我が意を得たりと、さぞかし大喜びしただろう。

しかし、不服審査会の裁決は水俣病としての認定を確定させたわけではない。当該の棄却処分は取り消されるが、それはいったん熊本県に差し戻されて熊本県が再び判断を下すのだ。普通に言えばもう一度検診を受け、認定審査会がそれをもう一度審査することになる。そうなったらどうなるか。棄却が繰り返される可能性はきわめて高かった。ここからが正実さん独特の闘いの展開になった。前にもあげた『孤闘』の跋文で、私は「正実ワールド」と呼んだのだが、正実さんは敵も味方もその異次元世界に引きこんで、その中で正実さんの水俣病に向き合う場を構築したのだ。巧みに仕組んだという意味ではなく（そんなことはできない）、正実さんのものごとの解決に向けた姿勢その実践がそのままそこへと導いた。それが見事に実を結んだ。

潮谷義子さんという立派な人が熊本県知事であった幸運もあった。潮谷知事は部下に水俣病と正面から向き合うことを求めた。部下もそれに応えた。私など、応援どころかもうこの段階では正実さんについていくしかなかった。正実さんの判断にすべてを任せた。こちらへんが、それまでいろいろやって来た水俣病支援運動とは大違いのところだった。

正実さんの応援者には、後に最高裁でこれも歴史的な勝訴を勝ち取る訴訟を続けていた溝口秋生さんがいた。溝口さん、正実さんはそれぞれにたった一人の闘いを進めていたのだが、お互いを応援し続けた。このことは大きかったと思う。溝口さんも自分で自分の進むべき道を考える人で、正実さんをいろいろな場面で支えていた。正実さんの孤独感は溝口さんの存在でずいぶんと和らげられていたと思う。

その溝口さんが熊本地裁で完全敗訴した時、帰りの乗用車には五人しか乗っていなかった。溝口さん、正実さん、私ともう二人の支援者。沈みきった溝口さんを励ます言葉がなかなかみつからなかった。水俣に入り水俣駅を通り過ぎた頃、正実さんが意を決したように、静かに語りだした。「溝口さん、何があっても最後まで応援するけん。控訴して頑張りましょう。」かすかにうなずいた溝口さんの沈痛な顔に少し笑みが浮かんだ。この小さな笑みが五年後の大勝利を生むこととなったのだ。

私はたまたま二人のものすごい闘いをお手伝いすることができた。一九九五年当時事務局を務めていた別の団体の役員からは文句を言われたこともある。なぜ会員でもない人を応援するのかと。私はその団体の事務局を引き受けてはいたが、給料をもらって勤めているわけではなかったし、何の後ろめたさも感じていなかった。同じ水俣病被害者でありながらいろいろな考え方をする人がいるのだなあと思ったぐらいだ。誰を応援するかは自分で決める。結果として、二人の闘いは水俣病闘争史に残るものになった。その一部始終を目撃しそこに参加できたことはほんとうに嬉しかった。四〇年の水俣暮らしにすばらしいピリオドをいただけたと感謝している。

（ガイアみなまた／編者）

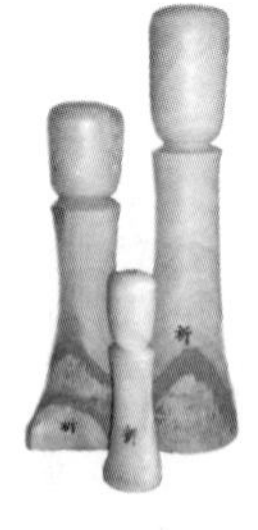

長が部下の人を二人ぐらい連れてきて、成績証明書の無断使用について経過説明をしたんです。こちらは高倉さんと一緒に「聞くだけ聞いてみようか」と聞いたわけです。

ところが、「成績証明書の件は決して無断使用じゃないんだ」という一点張りで、一時間ぐらいだっただろうと思うんですけど、説明が終ろうとしたときに私がブラブラ問題の件を切り出したんです。

「あなたたちは、いつも自分たちが犯した罪を人になすり付ける。昨日も、絶対に（私を）ごまかすことはできないんだと言ったでしょう。何で水俣病被害者を馬鹿にするような、見下すような言葉を公文書の中に書いたのかと、昨日も指摘したでしょ」と言ったら、水本課長が「その件に関しては直ちに県庁内で協議して、公文書の中で使用することはあってはならないと決めましたので、今後は二度とそういうことはないようにいたします」といきなり言い出したんです。私が、「どういうことですか」と聞いたら、「緒方さんが言われた、公文書の中にブラブラと書き込むことはやはり不適切な表現だという認識をいたしましたので、今後はないように職員が一丸となって被害者の立場に立って行政を進めてまいります」と言い切ったんです。しかし、誰が書いたのか、誰が言ったのかという問題が残ったんです。

そこで、「私は（ブラブラと）言ってないわけだから、それを書いたと県は自ら認めなきゃこの問題は終わらん」と言ったわけです。けれども、聞いていた記者さんたちは何のことかわからないから、首をかしげるわけですよ。しかし、水本課長の「あってはならない」とか「二度と……もうないように」といった発言を聞いていれば、何か第二の事件が起きているというように察知したんでしょうね。

まあ、成績証明書のことも再度注文をつけて、知事に私の訴え、「熊本県が無断で使用したことをまず認めることが解決の第一歩なんだということを届けてほしい」と言ったら、「届ける」と。それでやりとりは終わったもんですから、その場から県の職員が帰ろうとするわけです。そしたら記者さんたちが県の職員と私たち双方に、「終わりのほうでやりとりをされた、あれはいったいどういうことなんですか」と聞いてきたので、私はその事情を説明したんです。

「私が言っていないのに、熊本県は疫学調査書の中に職業の意味でブラブラと書いた。そのことは一年前に知っていたけれども、まさか県が無職の意味で書くはずはないと思って悩みながらも時が過ぎて、たまたま昨日口頭審理があって、その人の疫学調査書の中にも書いてあるのを発見したから問いただしたんです。そしたら職業の意味で書いていると言ったから、私の疫学調査書にも書いてあったのを指摘して、あなたたちが勝手に書き換えているんだと言ったんですよ。成績証明書のことばかりじゃなくて、そういうことを平気で行なっている行政は一体何なんだと言いたかったんですよ」と言ったら、あくる日、かなり多くの新聞の朝刊が大きく取りあげたんです。

そこからどんどん大きくなっていって、私が思っていた以上にことの重大さが浮き彫りになっていったんです。私だけじゃなくて、その報道を見た患者団体、ほとんどの被害者の人たちが腹を立てたんです。「まこと酷(むご)かなー。水俣の被害者をこぎゃん形で、何十年も馬鹿にしとったんじゃな」と、バスの中で口々に話をされる場面もあったそうです。そういうことで、患者団体の人たちも正式に熊本県に抗議文を提出したんです。

私は一人で闘う中で、大組織の行政相手に限界を感じていた時期も当然あったです。そんな時は、マスコミの力を借りましたね。

熊本県が改ざんを認める

平成一二（二〇〇〇）年六月の後半ぐらいに問題が発覚して、不適切な表現であり、行政が使う文言ではないということで、その後は改める方向で進んでいったんです。でも、疫学調査書にどういういきさつで書いたのか、私が本当に発言したから書いたのか、それとも改ざんして書いたのか、私はそこが重要だと思って、熊本県に毎日電話したり、手紙を書いたりしながら、そこを明確にしなければこの問題は終らない、許さないというふうに求めたんです。ところが返ってくるのはいつも「熊本県は改ざんをしていない」という一点張りでした。

実は、私は証拠を持っていたんです。疫学調査は職員が調査に来たんですけれども、その前に、調査の用紙が送られてきて、そこに必要事項を書き込んで、当日職員に確認してもらうだけの作業だったんです。

私は、熊本県に裏切られた一九九五（平成七）年の解決策のことが頭に焼きついていたから、この先何があるか分からないと、当時すべての資料をコピーしてから渡すようにしていて、その時私が書いて渡した調査用紙のコピーを保管しておったんです。だけん最初から私は分かっていたんですけれども、そのコピーを証拠として突き出すよりも、自らあやまってほしいという思いがあったもんですから、出さずにおったんです。それが、どうしてもあやまらない。それでは私が悪いようになってしまうと思って、動き始めたんです。

「こういう証拠がきちんとあるんですよ。それにもかかわらず、熊本県はさらに私を見下しとったんですよ」と熊本日日新聞水俣支局へ行ってコピーの実物を見せたんです。そしたら記者さんがびっくりして、「やっぱりこういうことだったんですね」と、翌日の熊日の朝刊に大きく「熊本県が疫学調査書を改ざん」と書いたんです。そしたら、その日に当時の熊本県の安田宏正生活部長が、その後副知事になるんですけど、電話してきて「今日謝罪に行きたい」と言われたんです。そのときに、「もうちょっと早く来てほしかったですね。なぜ新聞に載ってから来るんですか。じゃ証拠を出さなければ、来なかったんですか」と言ったら、「お会いして、直ちにあやまりたいんです」と言うから、「よか、来んでよか」と言ったら、「どうか、来させて（行かせて）ほしい」と言うから、私も解決をするのが大切と思っとったから、拒否してばっかりおっては先に進まない、話を聞こうと思って、受け入れたんです。

そのときは、正人叔父と高倉史朗さんと三人で、相思社の集会所で対応したんです。もう何度も何度も頭を下げて、取材陣にも分かるように頭を下げてあやまるので、かわいそうなぐらいでした。しかし、私が一番重要視していた話になると、「事務手続きの不手際で」というふうにまとめていくもんだから「そうじゃないだろう」と、被害者を見下す気持ちの表れだろうと言ったんです。結局その日は、説明に納得いかず謝罪を受け入れなかったんです。そこで、「もうこれは、熊本県の最高責任者の潮谷知事がこの問題をどう受け止めるのか、そこを聞いてみないと私は納得できない」と注文をつけたんです。

そしたら、「当然、知事も緒方さんにお会いしてあやまらなければならない。その日程の調整をしております。その前にどうしても部長である私が謝罪をしておかなければということで来たんです」ということだったです。

潮谷知事が直接謝罪

そういういきさつがあって、二〇〇〇（平成一二）年八月一六日、ちょうどお盆だったんですけれども、知事が「正式に謝罪に来たい」ということで私の所へ来られたんです。その前に、電話で謝罪をされました。

というのは、他の患者団体の人たちが抗議文を提出しておったために、予定されとった被害者との面会の場でもその問題にも当然ふれるということで、「緒方さんにあやまる前に患者団体の人たちにあやまることは、私の気持ちの上で納得できないところがあります。まず当事者に謝罪した上で関係者の人たちにあやまるべきだと思い、電話になってしまったけれども、ごめんなさい。あやまらせてくださ い」と謝罪をされました。

水俣病資料館の横にある熊本県環境センターの応接室で潮谷知事の謝罪を受けたんですけど、私は、「なぜこういうことが起こってしまったのかの原因究明と、こういうことが他に起きているのか、ブラに関するいろんな水俣病被害者に対する（疫学調査書の）差別的な中身の実態調査をしてほしい。この二点を要請した上で謝罪を受ける努力をします。すべてが終わったときに許すことになります」と言いました。

被害者の人権を踏みにじる疫学調査書

結局、「ブラブラ」と無職の意味で書かれ始めたのは認定制度が始まった頃からで、日常的に使われていて、それよりさかのぼると、チッソ付属病院の中でも、聞き取りの中で職業が「ブラブラ」と書かれていたのが発見されたんです。なぜ「ブラブラ」となったかというのは、「定職はないけれども、水汲みぐらいはできるだろう、農作業はできるだろう、魚を捕りに行ってその捕ってきた小魚で（料理を）こしらえたりはできるだろうということを表す意味でブラブラと書くようになった」との説明でした。

私は、「『畑仕事はできるが、定職はない』となぜ具体的に書かなかったのか。このように書くのは、やっぱり見下しからきているんだ。まずは、それを認識しておかないとこの問題は教訓にならない」と言ったんです。

私が熊本県に要求した実態調査、原因究明の結果、「頭がいかれてる」「気が狂っていた」「しびれたりするのは焼酎の飲みすぎじゃないのか」と書かれておったり、歩こうとしてつまずいて転ぶ人のことを「つまずき病」（「よいよい病」なども）と、あるインターネットのデータにもその関係（水俣病の類義語）の中に入力されていたりとか、いろんな隠れた実態が続々と出てきたんです。

県は正直に出したわけです。私がそのときに思ったのは、あー、こういうことが起こっていたんだな。

だから、水俣病は解決できなかったんだ。私が九五年の政治解決で切り捨てられたのもこういう理由だったんだな、今やっと分かった。水俣病が公式確認から五〇年になろうとしているにもかかわらず解決できないのは、（熊本県に）救済しよう、被害者を助けようという気持ちが欠けていたからだし、県に見下しの気持があったからなんだ。それを取り除かないと、決して水俣病は解決しないんだと、感じたです。

熊本県はあやまる姿勢もあった

一方的に失うだけじゃなくて、同時に何かを得ていくわけで、それは確かだったですね。行政はあやまったが、もし我々が逆なことをしていたら、行政のようにある意味堂々と過ちを認めてあやまることができるだろうかと私自身考えたし、被害者の人たちも考えたということを聞いたんです。「今までごまかし、ごまかししていた組織が、熊本県が、堂々とあやまってくるとはすばらしいな」ということを地元水俣では口々に言ったもんね。

お互いが、何かを得ていくちゅうもんがあった。九月頃に実態調査の中間発表を行なったんですが、記者さんが県職員の人たちの話として聞いたところによれば、「もう、ここまできたら洗いざらいすべて出しつくすしかない。もう隠し通したってどうにもならない。今まで起きたことをすべて出しつくす。そして、一からスタートするしかこの問題の解決はない」と、腹をくくっていたんだそうです。

人任せにしてはならない

約一年たってから、二度めのすべての調査の結果を文書で私に示し、同時に公表したんです。これまで、被害者を支援する人たちや被害者を診断するお医者さんたちは、何度か「ブラブラ」と書かれた疫学調査書を目にしていたり、行政不服の中で争うときに資料を見たときでも、「特に、腹が立ったりはしなかった」というんです。やはり、それ以上には相手の立場になれないんだということにつながると思うんです。その人のことをただ心配しとっても、その人の気持ちになることは不可能なんです。

ですから、逆に、被害者自身が自分の訴えをどこまでしてきたかということにもつながるわけです。専門的なことはできないわけですから、専門家に頼むというのは当たり前のことですけれども、多くの人たちは自分の水俣病の訴えを人任せにしてきたんじゃなかろうかと、私は思ったですね。被害者の人たち誰もが、「ブラブラ」と書いてあるのに気づいて、きちんと指摘することができなかったということです。私が言ってから初めて、「ブラブラ」というところに目を向けて腹を立てた被害者の人が多くおられたんです。

早い時期に問題を指摘して腹を立てとれば、四十数年間続いた話にはならなかったはずだった。ある意味では被害者一人ひとりにも突きつけられた問題なのだと、私は思いました（巻末資料3参照）。

(3)「人格」記載問題

県「視野狭窄の原因は人格」と弁明

「人格」記載問題というのは、「ブラブラ」記載問題と一緒ですね。それは認定申請に関わるもので、熊本県が作成した資料の中で起こしてしまった重大事件だと、私は思っているんです。行政不服の逆転裁決につながった、第二次の行政不服の審査請求の中で明らかになったんです。

どういうことかというと、行政不服審査請求まで行ったわけですから双方に言い分が当然あるわけです。私が、「熊本県が私の水俣病を認めないのはおかしい」という主張であるのに対して、熊本県は「認定制度に従って的確に、適正に間違いなく手続きを進めて、あらゆる資料を元に判断し、認定審査会を経て熊本県知事に答申して、熊本県知事は申請を棄却した。(違法及び)不当はなく、棄却処分は相当である」という主張です。

一九九五(平成七)年ぐらいまでは眼科の検診で視野狭窄を調べるときに、ゴールドマン検査法とアイカップ検査法という二つの方法を取っています。それは、視野の範囲がどれくらい見えるか、幅、角度を調べるといった検査をする側と、答える側。答える側というのは申請者で、どれくらい見えるかを、答えたのが結果になる方法だそうです。

「ここからここまで見えます」というのが診断基準になっていて、「見えない」と言えばその部分は「見えない」、「見える」と言えば「見える」という(被験者の答えをそのまま記す)方式です。政府解決策があった一九九五年までは用いていたそうで、異常が見つかったら「視野狭窄あり」と判断して、それが認定判断条件の一つとして活かされているわけです。

私の場合は、二つの検査方法で「視野狭窄あり」「異常あり」と認められていて、審査会資料に症状として記載されていたわけです。しかし、九五年以降は、この二つの検査方法で異常が見つかった人には瞳孔視野測定法というもう一つの検査方法を用いるようになった。それはどういうことかというと、瞳孔を開いて、それを機械で反応させて、機械が私の目が見える範囲を読み取ってその結果を機械が出すといった方法で、私が答えることができない、いわゆる嘘発見器みたいな機械かなと、当時私は思ったんです。その結果、正常範囲内だったという測定が出たそうで、視野狭窄はないということで水俣病の判断条件、二つ以上の症状の「組み合わせ」が認められないので認定はできないというつながり方をしたんです。

そこで私は、行政不服（第二次）の口頭審理の中で反論したんです。「二つの検査方法で認められたのに、三つめの瞳孔視野測定法（瞳孔視野計）というのはそれほど信頼性がある機械なのか。私が答えたことは嘘なのか」と質問をしたんです。そしたら、その場では即答ができずに「後日、お知らせします、答えます」と言ったんです。

二〇〇六（平成一八）年一月二六日に質問をして、六月頃、文書でその答えが私に届いたんですが、あの時の質問への答えが不服審査会への文書として書かれていたんです。

それを見ていたら、「信頼性があるのか、異常が見つかっているのに。そこらあたり（瞳孔視野測定法）は納得できない」という私の質問に対して、熊本県は「そもそも、視野の検査の結果に対して、あなたの環境や人格に問題があるんだ」と反論してきたんです。

「ブラブラ」問題の教訓が活かされず

それは文書で二〇〇字、三〇〇字ぐらいになっていたでしょうか。

熊本県は私に、補償金がほしいので水俣病として認定されたいんだ、そのために判断条件をクリアするように嘘を言っている可能性がある、というふうに反論してきたんです。「人格」という書き方はそういうことですよ。

医学的に説明をしてほしいと言っているのに、なぜ私の性格、人格を持ち出すんだろうか。医学的に答えることができないのは、「あー、そうか。これは医学的にきちんと答えられないんだ。私をどうにかしてでも水俣病患者として認めたくない、その表れなんだ。これはまた見下している」と思ったんです。

じゃあ、五年前の「ブラブラ」問題の教訓はどこにあるのか。あのとき私たち被害者も熊本県行政も苦しんで、お互いに誓い合ったじゃないか、それを忘れているとの思いが頭をよぎって悲しかったんです。だけん、抗議しようかと思ったけれども、私の中では抗議することができないぐらいショックだったんです。

よくよく考えてみたら、ブラブラ問題の時はマスコミの人たちがあまりにも大きく取り上げたため、私たちはきちんと落ち着いて、その問題に取り組むことができていなかったんじゃなかろうかと思いましたね。

人権意識に欠けた結果がもたらした問題

ですから、今回まずはマスコミには報告しないで、なぜこんなことが起きたんだろうということを直接熊本県に言ってみよう、相談してみようちゅう気持ちでした。

私は水俣病対策課にまず尋ねてみようと、「お尋ね書」という形で谷﨑課長に手紙を出したんです。私が出した「お尋ね書」はちょっと長い文章ですけれども、質問を五項目書いて出したんです。「環境とはどういう意味を表わしているんですか」「人格はどういうことを表わしてしているんですか」「今までにこんなことを他の人にも、申請者に使ったことがあるんですか」「私が人格や環境の言葉で傷付いたことをどのように思いますか」「これから先も、人格という言葉をこういう反論書の中で使うんですか」という内容でした。

ところがですね、「指摘されて、私たちも大ショックを受けました」という手紙が返ってきたんです。そして谷﨑課長から電話があって、「被害者の立場に立って私たちは真剣に考えていなかった、あやまりたい」と言ったのですが、「もうよか。あやまってもらわなくていい。あやまって許したら、それで終わりになってしまう。そういう問題じゃなくて、なぜ起きたかということを考えなければ。私はある覚悟を決めたから」と答えたとです。

覚悟というのは、もう口に出して言ったら終りだというふうに思っていたから、ぎりぎりのところまで口に出そうとしなかったんです。今だから言えるんですが、正人叔父の（認定申請を取り下げた）気持ちがこの時初めてわかったんです。こういう（認定）制度とか、熊本県行政を相手にして自分の人生を潰されてしまうちゅうか、私が期待していた部分はもう期待できなくなったです。

私は、行政と一緒に自分の水俣病を解決してみせると思っていたのに、日に日に熊本県に痛めつけられるばっかりで、申請を取り下げようかなと思ってましたね。

不服審査も、認定申請も取り下げようと真剣に考えた。ぎりぎりの限界まで耐えたけど、ただ逃げるわけにもいかんから、この問題にきちんと決着をつけてから先を選ぼうと思って、「あやまらんでよかよか、よかよか。とにかく、あなたたちの言い分をもう一回聞きましょう」と言ったんです。それを聞いた上で判断しようと思ったんです。そのときに私が要求したのは、「熊本県が書いたことで、熊本県が悪うございましたと言うけれども、そこにペンで書いた人がいるはずだ。その人にも責任があると思う。すべてがその人に責任があるとは思わないけれども、その人が『こういう文言を書いたら緒方さんは悲しむかもしれん、ショックを受けるかもしれんから、課長どうなんでしょうか』と一言言ってくれたらそこで防げたはずだ。それを、与えられた仕事だからと思って平気で何でもかんでも資料にしてしまう。だからその職員にも多少は責任があるはずだから、その職員を連れて来い。一緒に考えましょう」と言って、その職員を連れて来ることを条件にしたんです。

人を見下す熊本県の態度

水俣市の公民館で、私と高倉さんと正人叔父と、支援してくれる人たちと一緒に、まあ、謝罪というより県の話を聞くことを前提で受け入れたんです。

事前に谷﨑課長から電話があって、「私は、覚悟を決めています」と言ったんです。それがどんな覚悟かなと思ったけれども、私にも覚悟があるんです。だから、これはお互いに覚悟があって、その日を迎えることになったんだな。私の覚悟、谷﨑課長の覚悟というのは軽いもんじゃないわけで、もしかしたら私と一緒の覚悟だろうなと思った。

説明に来て、話の途中で谷﨑課長が「私は辞める覚悟で来ました」と、私が許さなかったら自ら責任を取って辞める覚悟だということを言ったけん、その言葉で逆に救われた思いがあったです。水俣病の闘いを始めて一〇年近くなる中で、いろんな場面で「ごめんなさい、ごめんなさい」は何度も聞いたけれども、県行政の人がそこまで言ったのは、具体的な言葉を聞いたのは初めてだったんです。谷﨑課長のその言葉を聞いたとき、ぎりぎりのところで糸が切れなかったと思ったんです。

私は、もうここまで追及したから十分だと、相手に考えさせることをすでにやったんだからこの先何があっても大丈夫だと、それ以上相手を追及するつもりが薄れてきたんです。「私も完璧な人間だとは言えないから、あなたたちに要求はしないけれども二度も三度もこういうことを繰り返さないように、一生懸命に努力してくれ」と言って、問題の解決に進んだんです。

私は、やっぱり行政に対してまだ期待をつなぐのも必要だろうと、その後もずうっと熊本県と私の水俣病をさらに考えていくことを新たに決意したんです。

「環境と人格に問題があるんだ」と書いたそもそもの理由について熊本県が言ったのは、「緒方さんだけに向けた文言ではなかったんです。言い訳じゃなくて、正直に言ってそうなんです。実は、緒方さんみたいに質問してきたときには文言が決まっとって、その質問に当てはまる場合に質問された人に同じ文で答える仕組みになってた、そこが問題だったんです。それと、関西訴訟の高裁での（行政側の）準備書面の中で実際使われておりました。それを適用したんです」というふうに説明したんです。

その説明を聞いた私は、腹が立ってしまって、「あなたたちは、関西訴訟の最高裁の判決が出たときに何と言いましたか。真摯に受け止めて反省すべきところは反省をするという言葉を確か言ったはずで、それなのに自分たちの意見が判決で受け入れられていないのにもかかわらず、そのときに使った自分たちの主張を判決が出た後も私に使っているじゃないか、本当に真摯に受け止めているんですか。熊本県は負けているのだから潔く認めなさい。（判決を）認めていない証拠として、いまだに自分たちの主張を使っている。（あなたたちは）この部分は間違っていなかったと言うか。そうじゃないでしょう」と言ったのを記憶しとります。

行政不服の中で、繰り返し水俣病の矛盾を追及し続けたことが逆転裁決に大きく影響したんだろうと思うんです。県行政はかなり長い文面で反論して、ある意味私たちの主張は信用ならんという考え方ですもんね。だけん結局土壇場にきてから熊本県は、私が問題にした「人格」の主張は取り消すという文書を不服審査会に再提出しました。

本当にずさんな認定業務の中で、緒方正実を棄却してきた可能性が十分あるんだ、もう一回審査をやり直す必要があるんだというふうに不服審査会の委員の人たちの気持ちを揺るがしたと思うんです。そこには、「人格」問題がものすごく大きな出来事としてあったんです（巻末資料4参照）。

(4) 三つの問題の解決が逆転を勝ち取った

重大問題を取り除いて認定を勝ち取る

県には対応をまとめるとかその文書を担当する人はいるわけですから、それをまとめる前にたたき台とする主張がいくつかあったと思うんです。それを対策課で協議して、きちんとまとめていくときに担当者の問題があるわけですよ。あくまでも組織の責任にするんじゃなくて、組織には一人ひとりの人間がいて、その一人ひとりの人間で組織が作られているわけで、それを担っているんだということを一人ひとりに認識させる意味で、他人事ではない水俣病として、自分たちのやり方一つで水俣病解決も早期にありうるんだと認識することがなければ、水俣病解決の糸口はつかめないんだ、ということも言ったんです。

書いた人を連れてきて何になるんだ、人格問題でそんなことを大きく取り上げてどうなるんだ、それが認定にどうつながるんだ、という人もいたかもしれんけれども、「ブラブラ」問題とか、「成績証明書」問題とか、「人格」問題というのはものすごく大きな解決への障害だったし、認定を妨げていたのは事実だった。成績証明書の使用も廃止へとほぼ解決したし、「ブラブラ」問題も今までのすべての差別用語につながる資料を洗いざらしに出しつくして、一からのスタートを宣言させた。「人格」問題も、熊本県が関西訴訟の準備書面で使った反論書をいまだに使っていた、それを改めさせた。

目に付いて障害になっていたそういう重大問題を取り除いてしまったから、二〇〇六年に、ある意味で奇跡に近い行政不服の逆転裁決を勝ち取り、逆転認定まで勝ち取ったと私は思っています。

大組織の中の一人ひとりに訴える

とにかく私は、「なぜ私が棄却されたんだろう。それには必ず原因理由があるはずだ」と、いつも原因を探してたんです。そうすると、原因が見つかるわけで、その原因を解決することで一歩ずつ先に進んでいったわけです。闘いの中で「成績証明書」、「ブラブラ」、「人格」という問題点を見つけ出して、それをきちんと解決しなくてはならない、そういう根っこの部分を変えていかないといけないんです。そのために私の闘いが始まったのかな。

ですから、法律を楯に私を跳ね返そう、跳ね返そうとするのでは、行政は何も変わらないし前進しないです。厚い壁を作った状態でいつもストップしとる。私には、いくら大きな組織でも、一人の人間の力が及ばないことはあり得ない、確実に原因究明をして解決するために一歩ずつ行政に近づいていったら、いつの日かぜったい扉をこじ開けることができるぞ、という気持ちが常にあったですね。

大きな家を一挙に一人の人間が壊そうと思ったって壊すことはできないわけです。しかし、一〇年かかって基礎の部分を少しずつ壊していけば、基礎が壊れれば上のほうに手をつけんでも勝手に壊れていくことにヒントを得たんです。あ、そうか、大組織といっても一人ひとりを変えていけば大きな部分を変えられるだろうと思ったんです。で、一人ひとり、組織の中にいる担当課の課長や職員に私は訴えよったんです。そうすると、その職員は課長に報告する、課長は部長に報告しに行く、私が直接知事に言うときもあったけれども、これは知事に直接言うよりも部下の人たちに言ったほうがいいという場面では、実際変わったかどうかわかりませんけれども、繰り返し繰り返し一人ひとりに言ってきた。

するとと行政からも人間らしい言葉が返ってくるようになったんです。やっぱり近道をしてはならないと思っとります。遠回りというか、急がば回れということわざがあるように確実にそこにたどり着くには一つひとつの不条理をきちんと問いただして解決していって初めて、大きなところの解決がなされていくというのが実感です。

III 水俣病とつきあって生きる

10 建具仕事と自覚症状

仕事上での苦労

今日は感覚が鈍っているとか、今日は大丈夫だというように自分が自分でわかってる日は、まあいいんです。ただそんなに意識してない時に限って、いろいろな事が起きてしまう。結果的に不注意につながっていくんです。

たとえば鉋（かんな）なんかですね、切れなくなった時は砥石（といし）でゴシ、ゴシ、ゴシと刃を研いでいくんです。鉋の刃を前にやったり、後ろにやったりしながら百数十回繰り返すんです。スパーと研ぐには狙いを定めて、手元がふらつかないように、しっかり、なるだけ先を持って研ぐわけです。その時に砥石すれすれ、もう一ミリ、二ミリぐらいのところまで手の小指を付けるんですよ。そうすると自然と砥石と指がくっ付くわけです。くっ付いたら、近すぎたな、もっと離しとこう、このぐらいかなとするのが職人の常識です。しかし感覚が鈍っとる時は、くっ付いてもわからないわけです。しばらくは自分の指もいっしょに研いどっとです。指まで研いでもわからないちゅうことは、切れても痛くないということです。

研げたかなーと思って見ると、その時初めて自分の手が傷ついているのがわかる。擦（す）り傷程度で、薄っすらと血が出るくらいですけど、品物に血がくっ付いてしまったら価値がなくなってしまうんです。

ですから、くっ付かないようにリバテープ（絆創膏）を巻いてするんですけども邪魔になって、テープを巻いたことで本来の自分の手さばきが衰えてしまうわけです。すると仕事が上手くはかどらなくなる。ですから、やっぱり感覚障害がいろんなことに影響を及ぼしていくちゅうことです。最近は、最初からビニールテープを手に巻いとってから研ぐとです。

それと木の棘（とげ）です。合板を材料に使うとあらゆるところに棘がいっぱいあるとです。木の目を見ればわかるんですが、目に逆らってしまえば棘が刺さってしまう。いくら針のような棘が出ていてもその方向に向かってやったらどぎゃんも（何とも）なかです。ただやっぱり人間がすることですから、たまに間違うわけです。木の目に逆らって手がすべって棘が刺さった時には、ほとんどの人たちは痛いと気づいてかならず抜こうとしますよね。私は棘が刺さってもわからない時が今までに何度もあって、自分の手をながめて初めて刺さっているのに気づくとです。

痛くも痒くもなんともなくて、痛みが出てきて見たらもう黒々になっていて、いつ刺さったじゃろうかちゅう思いです。刺さった時は痛みを感じないのでそのままにしてしまい、痛みがわかるようになった時は感覚障害が正常に近よった（近づいた）から気づくわけです。こういうことが頻繁にあるわけです。

建具職人の仕事とは

たとえばですね、会議室のテーブルなんかは工場で規格寸法で生産してる既製品ですもんね。しかし、車イスでは通りにくいからこのデザインで、この寸法で作ってほしいっちいう時が私たちの出番なんです。家具のオーダーメイドだけん、それは木製に限っとですよ。

今までで一番、珍しいものを作ったのは、御輿（みこし）です。「売られているものは派手派手しいというか、完成してしまっとるから自分たちのものじゃないみたいで、こっからここまで作ってください。飾り付けとかは私たちでするから」という注文に応えられるんです。

総菜屋さんからは、「少しボリュームがあって、形が変わったおにぎりの型枠を作ってもらえんか」って注文があったとです。市販のプラスチックのものは型が決まっとるけん。だけん、彫刻刀で檜（ひのき）を二枚彫って中心に蝶番（ちょうつがい）をつけて、ごはんを半分ずつ入れてギュッちしてポッち開ける、そういうのも作ったことがあります。

それとね、仏壇。仏壇は二〇年間で一〇台位作りました。仏壇屋さんに売っているのはありふれたやつで、それこそ我が家にしかない仏壇を作って欲しいっち注文ですね。

木製の建具が仕事の中心ですけど、その中に障子（しょうじ）や襖（ふすま）の仕事もあっとです。勤めていた店では木製建具とアルミサッシをしてたんです。サッシは親方の部門で、木製建具は私で、集金まで任されていたんです。ですから独立する時は悩みましたね。お得意さんに話をすっとですね、「緒方さんが独立すれば緒方さんに頼むけんな」ち言うお得意さんもいるわけです。これはお客さんが決めることだけん、親方に頼んで下さいっちいうわけにもいかんとです。やっぱりついてきてくれた人がいて、師匠に恩を仇で返したごた（ような）感じやなと思うて悩んだこともあっとです。

がむしゃらに働いて働いて、働き通して一五年になった頃からですね、息子が一緒に手伝うようになったもんだけん、何かこう気が楽になったんです。それまでは人を雇っていましたが、なかなか頼めない部分があったもんだけんです。そこを息子が私の片腕になってやってくれるっち、だけん、その面でちょっと楽になったとです。

現在の自覚症状

今振り返ってみれば、水銀の影響を受けとったんだなっちいうことがたくさんあった。ただその時には、水銀と症状を結びつけて考えたことはなかったとです。というのはですね、感覚障害があるとかないとかよく言われたですけども、異常があるちいうのは一体どぎゃんして判断すっとやろかなっち、私はいつも思っとった。人が言わなければ感覚障害が自分の中で起こっているかどうかもわからない状態だったです。生まれた時からずっとそういう体で生活していると、こういう体が普通なのかと思うわけですよ。私だけが特別な体とか、痺れたって感覚障害が起きてるっちいう考えすら浮かばない。なぜか左手ばっかり痺れとったりしたのは、あれは水銀による感覚障害だったのだって、振り返った時にはわかるんです。

それと、頭痛やめまいなんかで、しょっちゅう病院で治療を受けとったです。でもそれは誰にでも起こりうることでしょ、私一人が特別ではないちふうに考えれば考えられるわけです。

今日もそぎゃんですけども、年中鼻の薬とか持ち歩いていて、風邪をひいていなくてもずっと飲んでないとだめです。いつも風邪をひいているような感じです。ひどくなった時は、やる気をなくしてしまうような状態になります。

肩こりもすごくて、ちょっと無理したら整骨院通いはもう常でしたから、神経的なものに障害が来てるんだなちいうことは、これも振り返ってから思ったです。どこに行くにも低周波の治療器、按摩器を持ち歩いているんです。もう一五年ぐらい使っとるです。家にいる時は一日三回椅子に座って按摩器でほぐす。

鼻と肩とでどっちがどうかって言えば、具体的な痛さ、辛(つら)さから考えたら、まあどっちも一緒で、同時に起こった時は鼻のほうかな。

足が引きつったりする、からすまがり（こむらがえり）の薬は飲み始めてから十数年になっとです。今朝もありましたけど一週間に二、三回、もう耐え切れないような激しい痛みを伴うことがあるんです。ほとんどが明け方で、足のつと（付け根）から足首のところまで石みたいにカチンカチンになって、棒みたいに引きつってしまうとですよ。「からすまがりをしてみせましょうか」と言ってやればできるぐらいです。たとえば箪笥の上にある品物を指を差し出して取ろうと、少しでも無理に背伸びをしようならば、もう足がギュッと突っ張ってしまう。若い時から自分の中で覚えている、体が知っているから、そういう姿勢をとらないようにしてるとです。

方向感覚が定まらない

スポーツはうまくないんです。中学校時代は同級生と一緒に普通にやっていたと思うんですけども、運動神経は鈍いほうでした。一番に覚えているのは、キャッチボールをしたくなかったことです。本当に苦痛で、なるだけ避けていましたね。キャッチボールをせなならん（せねばならない）時は、逃げだしたいぐらいだったです。なぜかというと、ボールを相手の正面に投げるんですけど、まっすぐいかないで横っちょに飛んでいったり上の方にスポンと飛んだりするから、もう笑ってしまうとです。「どこに投げよっとやー」と言われると、私は笑って「どんまい、どんまい。冗談、冗談」ってごまかしよった。でもすぐに「疲れたけん、休もうよ」と言いながら、なるだけ再開しないようにしていたです。私はまっすぐ投げているのに、方向感覚が悪いというのかわかりませんけども、定まらないんです。その後、もう悲しくなってですね、「なんでやろか、なんでやろうか」ちゅう思いになっていったことを思いだします。

私が二〇歳になった頃、交通事故の怪我のために湯之児（ゆのこ）リハビリ病院に入院していた時、いろいろな催しの中にキャッチボールがあって、ソフトボールぐらいの大きなボールを一〇メートルぐらい離れて患者さんたちと投げっこをしたんです。私も相手の人も体が不自由ですから、互いに自分の手の届く範囲内に投げないとキャッチできないわけですよ。私が投げると、やっぱりとんでもないところに飛んでしまって、その人は嫌がらせをされていると思って、「取れないのはわかっているくせに、なんで、ここにちゃんと投げてくれんとね」と言うんです。その人の手元に届くようにまっすぐ投げているのにとんでもないところに飛んでいって、その時にハッと、中学の頃の出来事を思いだして、とっさに「足を怪我しているもんだけん、狙いが定まりませーん。やめましょう」ち言ったとです。方向感覚をちょっと失っているのかなあと思っていたんですけどもね、その時はまったく水銀がどうのこうのっていうことは、頭になかったです。

11 猫実験を思い出す

毛髪水銀値の話

毛髪水銀値の検査をしたという話を正人叔父から聞いたのは、一九八五（昭和六〇）年でした。検査をしたのは一九六〇（昭和三五）年の三月から五月頃という発表になってます。その時私は、二歳と三カ月くらいですから記憶にないわけです。その後、どういういきさつだったか親に聞いたです。「正実が二歳くらいだったかなあ、髪の毛を検査をさせてくれちゅうて熊本県の職員が家に来て、生活している人の名前をまず聞いて封筒に書いて、髪の毛を数本ずつハサミで切って、名前と本人を一致させながら封筒に入れて帰った」という話でした。調査結果を見ると、家族で一一名調べてますね。

その時、熊本県が検査結果を私たちに知らせたか知らせなかったかは別問題にしてですね、実際、家族が数値を知ったのは二六年め、一九八五（昭和六〇）年の八月九日だったです。正人叔父が熊本県と交渉して手に入れたんですけど、この時に私の毛髪水銀値二二六ｐｐｍを知らされたわけではなかった。その時正人叔父は親族一一名の毛髪水銀値をわかっていたけど、一人ひとりに、もちろん私にも数値は告げなかったんです。ただ「正実、お前が一番わが家の中では水銀の被害を受けとる（水銀値が高い）からね」、ちゅうことを言われました。

ただ数字のことを言われたって、改めて、あー、私はこんなに被害を受けているのかと思うような状況でもなかったし、何を言われても水俣病の被害を消すことはでけんし、増えることもない。あえて言う必要ないと正人叔父は感じたのか、それとも言えばショックを受けるからちゅうて言わなかったのかわからんとですが……。

私自身がこの数値を知ったのは、一九九六（平成八）年の春でした。どうして知ったかというと、一回も認定申請とか水俣病の救済を訴えたことがなかった私が、正人叔父に「今度、政治解決策に申請をしてみる」ち言うて、「別に認定申請しようと思わんばってんが、みんなが解決して終わるんだったら俺ももうこれで一応区切りをつけけんばと思ったけん、解決策に申請してみる。兄貴も一緒にするちゅうたけん」と相談したんです。その時、「これ持っていけ。これを熊本県に見せろ」と言って初めて見せられたのが、毛髪水銀の資料だったんです。

その時私は、見てもびっくりもなんもしなかったとです。数字の重さちゅうのも知らなかったし、ｐｐｍが何なのかも知らんやった。バイク事故で痛かめにあっている事実があるもんだけん、何があっても、もう別に驚かなかったですよ。

ただ、一つ疑問に思ったのは父親が七六ｐｐｍ、母親が七一ｐｐｍ。母親は水俣病と認定されてる。父親は認定申請する段階で急死しているから、まあ、わからんとしても、妹は三三ｐｐｍで胎児性患者。私の二二六ｐｐｍはものすごい数字だなあ、ちゅうのはちょっと感じたですね。二二六ｐｐｍとはどういうことを物語っとっとかなちゅうのは、ずーっと私の中にあったです。

政府解決策の中で、これを申請書に添付して提出したです。そして、申請が切られた（「非該当」とされた）時に水銀値の重さに気づかされていったんです。「二二六ｐｐｍの数値が検出されているあんたが解決策の対象にならんというのはおかしい」とまわりの人たちから言われた時も、ああ、そういうもんかなあちゅうくらいでした。ある時「二二六ｐｐｍちゅうのはどういう数字ですか」って聞いた時に、「世界保健機構ＷＨＯの基準は五〇ｐｐｍで、毛髪の水銀値が五〇ｐｐｍを超せば水俣病を発症する可能性は大きい」ちゅう話を聞く中で、数値の重さを知っていくわけです。私を切った行政はやっぱりおかしいんだとの訴えに繋がっていく、その元の数値なんです。

一番気になる症状

私が一番悩み続けている症状は、小さい時から今日までそうなんですけど、一つあるんです。これはもう絶対、水銀の影響にまちがいないなあと中学の頃から、何となく感じていたんです。その症状は痛くも痒くもなかってです。しかし、私にとっては一番苦しい致命的な症状だと思うとです。なかなか素直に言う勇気がないもんですから遠回しに遠回しに言うんですけども、五〇歳になろうとしてる今（二〇〇七年）でも脇毛がはえてこないんです。

眉毛もですね、毎日毎日自分で書いとるんですよ。三六五日、十代の子供ん頃から毎日毎日。書く必要はないんですけども、みっともないと言われたことがあったけん。あるものがなければやっぱりみっともないんだなと思って、人にサービスするわけじゃないけども眉墨で毎日書いているんです。

このことを熊本県に言ったことがあっとですよ。だけど水俣病にそういう症状の報告がないち軽くかわされたです。しかし、私の中ではそういう症状が確実に起きとっとですよ。

三〇歳までいろいろな検査を水俣市立病院でしたっです。いろいろ検査していく中で残されたのは甲状腺の疑いで、「検査をしても甲状腺もまったく異常がない、すべて異常がありません。あと考えられるのは、やはり水銀による中毒を起こしたためにその時に機能が停止しているんでしょうね」と。じゃ、なぜ髪の毛やすね毛が普通に伸びてきたかちいうのは、やっぱり私の体の機能の壊れ方が微妙に違っとるんでしょうね。医者から「ここの部分は出てきても、この部分は出ない。しかし、そん原因がわかれば治療の仕方もある」と言われましたけど、「原因が見つからんちいうことはやはり機能が壊れてしまってる、もう不可能じゃ」と三〇歳の時言われたとです。

猫実験があっでしょう。汚染された魚を猫に与え続けて一番早いもので一週間め、一番遅いものでも二〇日めには体毛が抜け落ちたっち水俣病の本に書いてあっですもんね。そのことを当時熊本県水俣病対策課の林田課長に言ったことがあっとです。「私が体毛のことで悩んでいるのは水銀のせいだ、根拠があっとですよ。猫実験でこういう結果が出てるじゃないですか。人間にも可能性は十分あるでしょう」と言うたっです。そしたらハッちしたっです。「それを見せて欲しい」「もう見とっとでしょうもん」ち言ったら、そこの部分ははっきりと見とらんやったみたいで、「そこはきちんと確認します」ちいうことで帰ったとです。

熊本県は、それは（水俣病認定基準の）判断条件に入ってないと言う。しかし、そんなもんで私はごまかされたくはなかったですけんね。感覚障害だけが水俣病特有の症状みたいになっていて、なんかおかしな話だと思っていました。水銀の曝露を受けた者が、そん人しか感じない苦しみを確実に受けているんだちゅうことを、県は見ようとしないわけです。しかし、その人の中ではごまかしきれないわけですよ。

行政は私を納得させようと、「いくら毛髪水銀値が二二六ｐｐｍでも個人差があるんですよ。緒方さんは水銀に耐えられる力があったんでしょうね。だから症状が出てないんでしょうね。必ずしも毛髪水銀値が高かったから水俣病ちいうわけではないんですよ。水銀値が低かっても水俣病に認定されとる人もいるわけですから」ち、言ってきたことがあっとです。個人差があるからと言っておいて、私の症状にはこういうものがあると言っても、「そりゃ水俣病の中で報告されていない」と、さらっとかわされる。

個人差があるち言うならばですよ、症状にも個人差があるわけですけんね。私が水銀の曝露を受けたっちいうのは間違いない事実で、こういう症状があるんだちいうことも自然に考える必要があるのに、さらっと流してごまかそうとする。

ちょっと変なことを言いますが……、私は認定されないで、このまんまそういう矛盾した部分の訴えを本当はしたかったんです。認定することで口封じちゅうか、まあ、してやられたちいうような思いも少しはあるとです。言いたいことはたくさん残っとっとですけども、認定されてからちいうのはやっぱりこう力が抜けてしまった。ただ、終わりにしようちことはなかっですけど。

水銀と体毛の関係を研究してくれ

私の水俣病を判断する時には、いろんな部分もひっくるめて判断したっかな（判断したのかな）と疑問に思うんです。それを水俣病の判断条件にしようとかじゃなくて、いろんな症状の訴えをひっくるめて自分が検体になるちゅうのはあるかなち思うとったとです。

で、「頼むから水銀と体毛の研究をしてくれ」と、熊本県の谷崎課長に言ったことがあっとです。「水俣病研究センターに問い合わせをしたが、体毛と水銀との関係を研究する職員がいない」と報告に来たとですよ。

私は言ったです。「そら、あなたたちの結論でしょうもん。調べる必要があるとです。だけん、お願いしますち言うとっとです。いないと言うのは、そりゃ私に対する失礼ですよ。被害者が、自分の体を提供しますから研究して下さいって、あなたたちに言うとるのにもったいない話じゃなかですか。研究者がいないから研究しないち言うのは、あんたたちは水俣病をどこまで研究ちいうか解決しようち思っとっとですか。莫大な予算を使って一体何のために、何の目的で国があいうの（国立水俣病研究センター）を建てるのか説明してみなっせ。わかったことを何回も何回も繰り返す研究はせんでよかっですよ。わかってないことを『こら（これは）水俣病と関係すっとじゃなかろか』ちいうふうに研究していくのが本当の研究でしょう。研究してその結果、水銀との関係はなかったちなれば少なくとも私は安心すっとですよ。水俣病と、水銀とこん（この）病気は関係なかったんじゃちいうことになればいい話じゃなかですか。もし関係があったちいうことであれば、さらに水俣病を知ることになるから、どちらにしてもいい話じゃなかっですか」。けど、あれから何もなかとです。

12 家族の苦労、家族の思い

家族の苦労、家族の思い

なんと言っても私一人の葛藤、闘いじゃなくて、やっぱり家族がものすごく心配し影響を受け続けたんです。

水俣病で私のことがまず新聞に報道された時に、嫁さんが「あんたのご主人は仕事もできるのに、なんで認定申請をしなはっとですか。悪気はないんですよ。ほんとにあなたのご主人は水俣病ですか。だって普通にしゃべらすがなあ」ち言われたとです。言われたほうは大変ですよ。まあ、見た目がいかにも水俣病ちゅうふうに判断されなければ水俣病じゃないと、勘違いしている人が多いんです。

そのころいつも家族には、水俣病で苦しんでいることが表に出ているかいないかで、あの人は水俣病だ、いやそうじゃないというもんじゃない。外見から見てもわかるはずがない。その苦しみは家族もわからん、その人しかわからんよて、言っていたです。だからまあ、いろいろ言われるだろうけども、そんなもので俺は「ああ、そうですか。じゃあ、もう言いません」ちゅうもんでもないし、言われることは辛（つら）かろばってんが、何を言われても、家族に何が降りかかっても、すべて俺が責任を取るっちゅう覚悟を持っとっとだけん、踏ん張ってくれって、何度も何度も言ったとです。

「責任ち、どげんして取っとね」って家族に言われたときに、返す言葉に困ったこともあったですけどね。それまで私は、責任の取り方ちゅうのを具体的に考えずにおって、「責任を取る」って言ったのを結構反省した時があったです。じゃあ、どぎゃんして責任を取っとか。やはり責任の取り方ちゅうのは、相手に仕返しをするというもんじゃなくて、家族の苦しみを解く努力を死にものぐるいですること。いろんなことを言う人がいた時は堂々と出向いて、その人の水俣病に対する誤解を解く。それが責任の取り方だって考えて、実際に話しに行ったこともあったです。

「私を見て水俣病ち思っとる人は誰一人いない。しかし、私は水俣病の被害があるんですよ。苦しい、いろんな症状で苦しいんですよ。しかし、それがなぜ、あなたたちに伝わらんとでしょうかね。水俣病がきちんと正しく世の中に伝わっていないから、そういう勘違いも起きてくるんでしょう。勘違いさせたのは、私じゃないんですよ。世の中なんですよ。行政なんですよ。行政があまりにも水俣病をきちんと本気でこれまで受け止めなかったから、あなたたちの中でも誤解が生まれてきたりして、そういうふうな話をせなならん場面が生まれてきたわけですよ」って、行ったさきざきで話したとです。
やはり、自分に降りかかってくる辛さをきちんと受け止め、自分を見つめ直すことができて初めて、人や家族を守ることができる、それがほんとうの闘いではないかと考えてます。

水俣病を背負ってきた人生

私は水俣病に自分からなったわけじゃない。しかし、水俣病になった私が、行政から「あんたは違う」ち言われた時は、前にもふれましたけど本当は嬉しいはずなんだけども、素直に「あっそうですか」ち引き受けられない強い思いがそれまで生きてきた中で作られとったです。というのは、私は生まれた時から水銀に汚染されたけども、今までずっと生き続けて来て、ある意味水俣病にどっぷりつかって、水俣病をずうっと背負って生きてきた事実があるもんだから、行政がほんとうのことを知らなすぎるとしか考えられないんです。私の毛髪水銀値は調べればすぐわかるのに事実を平気でごまかす、一人の人間の一生を左右する重大な問題をこんなにも簡単にかたづけようとする、その行政の態度が許せなかったんです。

私が水俣病かどうかだけの問題じゃないんです。私が黙ってしまったならば水俣病患者の人たちはさらに苦しまされるハメになると感じたもんだから、私は言わなきゃならん、自分のためにも言わなきゃならん。本当は言わない方が幸せな暮らしができるかなと思ったときもあったんですけども、被害にあった人を行政が平気で切り捨てていくのを見たときに黙っておれんごつ（黙っていられないように）なったもんだから。私は行政の中にいる一人でも多くの人たちが、水俣病はこういうものなんだ、ということを理解してくれることを願って、闘っているんです。

やっぱり、自分が発言したり行動したことで生まれてきた誤解や問題に対してきちんと説明していく、そして誤解してる人にきちんと理解してもらうのが責任の取り方だと思っとるわけです。

九五年の解決策で切られた直後は、本当に悲観したことばっかし自分の中で考えてしまっていて、もう自分の命なんか惜しくもなかった。絶対にこの無念を晴らそうちゅう、とにかく悔しさをどういう形でぶつけるかちゅうことだけしか思っていなかったですもんね。だけん、これまでお話ししたように、法律の下で訴えようとは思わなかった。

ただ後で考えたときに、私はなして（なぜ）熊本県に怒りを向けてチッソに向かわなかったのかなと思ったです。仕返す相手をチッソに向けて車で飛び込んでやろうかなと思って、ある日チッソ正面の入り口の前に止まったけども、家族はいったいどぎゃんなっていくかとか、自分の人生をめちゃくちゃにしてしまっていいものかとか、いろんなことが頭をよぎってしまって、考えてしまうわけですよ。やっぱし、水俣病の被害にあったからといってどんな訴えをしてもいいとは限らないから、やはり世の中が認める形の訴えをしなければいけないというふうに自然に思ってきたんです。で、認定申請のほうに向かっていったんです。

家族にとっての水俣病

家族が私の訴えをきちんと見ていてくれたんだなあっち感じたのは、関西訴訟の最高裁判決（二〇〇四）、損害賠償請求で勝った直後のことです。家族で夕食をとっている時に、たまたまテレビのニュースで水俣病のことが流れて、「判決を受けても国は認定基準を改めない」とか「補償を受けても水俣病は終わらない」という報道がされた時に、妻と娘が言ったんです。

「お父さん、ダメよ。絶対、そぎゃん曖昧な解決したらダメよ」。決して損害賠償が曖昧っちわけじゃなかですけど、私のその時の闘いの意味をそれなりにわかっとってくれたもんだから〝曖昧〟ち言葉を使ったんです。「そんなもんじゃなかでしょ。お金の解決ではないでしょう、お父さんが言っているのは。そういう救済、損害賠償請求で救済されて、納得できるもんじゃなかでしょ」ち言ってくれたときは、私はものすごく嬉しかった。「お父さんが言っている解決とは、行政がやっていることの間違いを問いただすちいう、そういう闘いやろ」ち、はっきり言ってくれたっです。

それまで妻と娘はですね、「もうやめてよ。やめてよ」ち、いろんな問題があるたんびにブレーキをかけていたんですけど、本音を言ってくれたような気がして、私はなんか照れくさかったごたる感じがしました。私が言っていることはわかっとったんだなあ、これまで辛いことがあったけん、しょうがなくて「やめてくれよ」ち言いよったんだなと、そう感じられた出来事だったです。

関西の人たちが起こしてくれた闘いの中で生まれた私の家族の出来事、私は関西訴訟原告の人たちにありがたいという気持ちがあっとです。

それぞれがそれぞれの闘いの中で、水俣病の解決に一つひとつ向かってるんだなあと強く感じましたね。そして確実に、自分の解決っていうか、訴えをしていく手ごたえも感じられ、闘い続けられて来たんです。

13 芦北町女島での原体験

妹のこと

話せば長くなってしまいますが、妹のことがずーっと頭の中を離れないんです。子供の頃のことは少しふれましたけど、妹が胎児性患者として生まれてきたことが自分のことのように重くのしかかっとったから、結局、私の水俣病の闘いにつながっていったんだろうと思うんです。もし、妹が元気な姿で生まれてきて現在幸せな生活をしているのであれば、こんな激しい闘いは続かなかったかな。やっぱり、自分の水俣病プラス妹のことがあったから、このまま許しちゃならんと私をさらに強くしたと思っています。妹に会うたびに「困ったことがあったら、何でも言ってこいよ」と言うんだけど、それが幸せにつながるのかどうか、自分の気持ちが晴れるだけのことじゃないか、ちゅうにも思ったりするんですよ。妹は気が強いもんだから、「何も不自由なことはない」といつも言うけども、そういう気丈な姿を目にすると、さらにかわいそうになるというか……、そこは兄妹(きょうだい)だけしかわからんとですけどね。

ひとみは、今では何かあると私に電話してくるんです。すぐ隣に兄貴が住んでいるとに、釘一つ壁に打ち付けるのも私に、「いつでもよかけん」ちて。

そういう妹の姿をずーっと見ていると、自分は水俣病の被害にあっても普通に歩けるし、普通に仕事もできるし、普通にしゃべることもできて、妹に対してすまないなーちゅう気持ちが強くあるわけです。今、自分がこうやって生きていられるのは誰のおかげなのか、そこを感じながら生きていくちゅうか、そこが人間として大切じゃないかと思い続けようとしています。

祖父福松の思いを受けて

私の名前は、祖父の福松じいちゃんが付けてくれたんです。一九五九（昭和三四）年の一一月二七日に急性劇症型で亡くなりました。当時の湯浦町（現・芦北町）では患者第一号と言われていました。悲惨な死に方をした、その福松じいちゃんが「正実」という名前を付けてくれたんです。

福松じいちゃんにとって私は孫ですから、当然愛着があって、「将来正しく人間として実ってほしいと願いを込めて、正しく実る子〝正実〟と付けたんだよ」と小学生の頃に母親から聞かされました。

名前は人の人生を左右するというふうに聞いたことがあるとですけども、その通りだなと思うんです。福松じいちゃんがそういう願いを込めて私に託したのであれば、やはりじいちゃんの思いを裏切ることはできない。今現在正しく実っているかどうかは別として、気持ちは十分持ち続けてこれまで来たんです。

著者の祖父、緒方福松。

水俣病の被害にあった者が救済策から漏れていく、その矛盾を知ったときにそれをごまかす自分が許せないと強く思ったです。それが正しく実ることにつながっていくんです。で、何が正しくて何が間違いなのかを曖昧にせずに表現するのも、正実の名前につながっていくんだろうと思ったのは、確かやけん。

九月に発症して、急性劇症型で三カ月後にチッソから命を奪われたけれども、当然一言も不満などの声を上げられずに亡くなっていったわけです。福松じいちゃんが言いたかったことを、私に託したのかなーと。ですから、私にはじいちゃんの思いが宿っているんだろうなと一方で思っているんです。

じいちゃんはあの世で、正実は路頭に迷わされて、俺が生きとればどぎゃんかして助けてやっとになあ、と多分思っとっと（思っている）だろうと。福松じいちゃんにあの世で安心して暮らしてもらうよう、やはり、水俣病をきちんと解決しなければと思うとです。

正人叔父の存在の大きさ

緒方正人は私の四歳年上で、叔父にあたる人です。正人叔父は認定制度の矛盾を感じて自ら認定申請を取り下げることで、違った形で水俣病と向かい合っているわけなんです。

その叔父の存在が正直言って私にとって大きいわけです。正人叔父は行政の仕組みの中の認定申請を取り下げる、一方で私は一九九五年の解決策で切り捨てられたことで、新たな申請をしていく。正人叔父と私の間柄を知っている人たちは、当然矛盾を感じただろうと思うんです。そのことがすごく私にのしかかってきたですが、私が認定申請をしたのには私なりの考えがあったとです。

たとえば、いろんな集まりで紹介される時に「緒方正人さんの甥にあたる緒方正実さんです」と言われるわけです。そういう時に、いつも正人叔父の存在がくっついていることに、何か違和感を感じた時があったんです。正人叔父からいろんなことで支えられてきたのは事実だし、正人叔父の生き方を参考にしつつ生きてきたけれども、私は一人の人間として、私にはこういう生き方があるんだ、それを形にして示さなければならないと思ったんです。ですから、行政を見切って認定申請を取り下げた正人叔父がいる一方で、私は行政を相手に闘うと決めたんです。

私が申請をしていく経過とその思いについては、これまでたびたびお話していますが、行政に対して何らかの期待を正直もっていたし、闘いもそれまでしていなかったわけですから、闘いもしないうちに相手を見切ることは私にはできない。とことん闘ってその結果、行政には望みがないと感じたときには認定を取り下げるかもしれん。だけど、最初から相手を見切ることは自分の生き方としてはしたくないと考えとったです。

私は正人叔父の生き方にすごく影響されたけれども、認定申請を通して自分の水俣病を証明できるはずだ、認定申請を始めたということはある意味で熊本県に対して私の問題を解決させたい、言いかえればとことん私の問題にかかわらせたい、逃がしてしまうようなことはしない、そういう目標があったんです。

私が認定申請をしたあと、正人叔父が「認定申請は取り下げろ」と言ったことがあって、それは私が苦しんでいる姿を見たときに、叔父としてこれ以上苦しむ姿を見たくない、という思いから言ったんだろうと思います。しかし、私は目的をもって申請していたので、「取り下げない」と言ったとです。

認定申請をして一回めが棄却されて、二回めも棄却されて一回めの行政不服審査請求が却下されたときに、行政訴訟に進むかどうかを正人叔父に相談したら、「お前は何でも言えるから、まだ自分の訴えを続ければいい」と言ってくれたので、ああ、私の生き方を叔父は理解してくれたと正直思いました。で、「自分の水俣病は自分の力で解決するのがお前に一番ふさわしいから、自分で言い続けることがいいと、俺は思う」と言ってくれたときには、私が今闘っている認定申請と行政不服審査請求を理解してくれたと思ったです。「自分には自分の生き方がある、正実は正実の生き方をすればいい」と言葉にしてくれたときもあったし、それは、支えてやるよ、というメッセージだったんです。「自分のまねをしなくてよい」ということも言ってくれました。

行政と闘う一方で、家族の中での葛藤も日々繰り広げていたから、そこで自分が強くたくましく育てられたことで、熊本県に対して対等に闘える姿勢が作られていったんだろうと思うとです。一人ひとりの存在が私にとって大きかったし、その一人として正人叔父の存在が私にとってものすごく大きくて貴かったです。

14 水俣病と出会ったことは

水俣病との向き合い方

やはり、一九九五（平成七）年の政府解決策でいきなり転機が訪れたんじゃないわけです。ずーっと怒りが蓄積されて、とうとう自分の中で抑えきれなくなったきっかけちゅうのが政府解決策だったとです。その前がなければ、もしかしたら、〝よかった、よかった、俺、水俣病として認められなかったけん、レッテルが貼られなくてすんだけんよかったー〟ちゅうふうに逆に思っとったかもしれん。でも、いくらごまかされても、ごまかしがいくらあっても、自分の怒りや悔しさをごまかしてまで受け入れることはでけんかったとです。

解決策が行われた頃の私の水俣病の捉え方ちゅうのは、なるだけならば人に気づかれず、そっと水俣病を引きずっていければなあという、都合のいい話だったとです。

いつもいつもそぎゃん思っとったわけではなくて、時たまにです。みんなでわいわいわいわい水俣病のことを言っている時に、その中に入って不満を言ったことがあるとですよ。みんな一緒の仲間なら言えたです。一人でも二人でも水俣病に対して直接に関わりがなかったり、この人に私の事情を知られたらマイナスになる、大変になるちゅうことを思う時には、私は隠してた。都合のいい時には水俣病のことを言って、都合の悪い時には水俣病のことをごまかしていたんです。

ただ、一生そういうことができるかといえば、やっぱりできないちゅうことを一九九五（平成七）年の解決策によって知ったんです。まず正面からきちんと事実と向かい合うのがことの始まりやなーちゅうのを、教えられた。隠し通してきたことで、私の水俣病の解決が遅れてしまった、ちゅうように私は思ったんです。

みんな、早い時期に自分の水俣病を告白して、告発して闘って来たから、不充分であっても解決策で一応の区切りを終えられた。けれども、認定申請や裁判など私はみんながやってることをやっていないで、いきなりそこの中に入って行ったとです。今考えれば、どげん気持ちでそうしたかです。水俣病のことは言いたくないけど一応の区切りをつけたいから「さ、ここで終わろう」といきなり入ったって、やっぱり仲間に入れてもらえんちゅうのは思っていました。

水俣病の一応の、一通りちゅうかな、苦しみをまだ私は引き受けていなかったんだなあ、きちんと正面から向かい合って、引き受けるところはきちんと引き受けてからじゃないと、みんなが苦しんだように……闘いという苦しみですけど……一回は私も苦しんでからじゃないと許してはもらえないのかなあと思ったんです。だからその後、闘いの形として認定申請から始め直したんです。

水俣病による幸不幸

水俣病と出会ったことで私の人生は果たして悲劇だったのか、どうか。必ずしも悲惨な人生じゃなかったんじゃなかろうか。もし水俣病と出会っていなければ、私はいったいどんな人生をたどったのだろうか、堂々と人の前で自分の人生を語れる、そういう人生をたどっていただろうかと、思う時があるとです。

水俣病は悲惨な出来事だったからいいことは一つもない、だから苦しくて、苦しくて辛い人生だった、というふうに考えてしまえば、それこそもう辛い人生に変わってしまうだろうと思うんです。でも少し考え方を変えるというか、正直な気持ちになって水俣病を見つめたならば、必ずしも辛い悲惨な出来事ばかりじゃないわけで、水俣病によっていろんな人と出会って、その人たちとのふれあいの中で楽しい出来事もあるわけだし、いろんなことも教えられた。もちろん失ったこともあるけれども、得たこともあるから、その得たこと、学んだことを常に私は思い浮かべるようにしているんです。水俣病から学んだことで自分の人生に自信を持てるようになったのかなと思う。

水俣病事件の中で出会った「すばらしさ」

水俣病事件そのものは絶対に許すことができないけれど、生き方の姿勢としたのは、子供の頃も大人になってからも「人間は素直で正直に生きなければならない」ということです。自分の生き方と水俣病事件の一つひとつの出来事とを重ねあわせて考えてみれば、水俣病と出会ったからこそ、すばらしい出来事に出会えたことも中にはあるわけで、だけん水俣病のすべてを悲観的に自分の中に持ち込んでしまうことはいけないんじゃないのかなと思うとです。

私は、水保病の苦しい出来事の中に隠されていた、幸せにつながる出来事を見つけ出すことができたもんだから、水俣病の被害を受けたことを悔やんでばかりはしていないんです。一度しか与えられない人生のある部分は、自分の手で作り上げていくことができる。苦しい出来事から自分の人生を幸せにもっていくためには、ものすごいエネルギーを使いますよ。やっぱり、そこで闘いが繰り広げられ、それこそがすばらしい人生だけん。結果じゃないんです。悲しいことの中に楽しいということを発見できたならば、その人はものすごくすばらしいものを見るような気がするんです。

闘いで得たもの

私は一〇年間の闘いの中で、すばらしい人たちと出会うことができた。この一〇年間を闘っていく中で、水俣病の認定・補償を一つの形として得たわけですけど、それ以上に、おそらく人が味わうことができないすばらしいものと出会っている。私が水俣病の訴えをしていなかったならば、支援してくれた人たちとは絶対に会うことはできなかったし、単に出会ったばかりじゃなくて、それからいろんなことが生まれ、今の私の生活にもつながっている部分がたくさんあるとです。

認定審査会の「認定が相当」ちゅう通知が来たとき、あの瞬間は真っ白で、言葉には表わすことができないような喜びだったですね。やっぱり水俣病がいろんなことを教えてくれたというか、教えられたんです。

テレビで報道されてから

テレビに出たり、報道されたりして感じたことはいろいろあっとです。たとえば、「大変やな」っち言ってくれる人はですよ、励ましの意味もあれば、逆に「あんたは、自分をもうちょっと大事に」っていう意味もあるけん、それぞれに意味があるんですね。でも、面と向かって言われる分はまだいいんですけど、言葉にしない人たちがいるんです。その人たちは、よっぽど私のことをねたみ、批判しているんだなあって、想像してしまう。やっぱりつらいですね。

だけん、川本輝夫さんと初めて熊本県に交渉に行った時だったんですけど、帰ってきて明くる日、「緒方さん、今日、テレビに映っとったばい。いくらもろてきた。どうせお金をもらうために行っとるでしょうもん」と言った仕事関係の人がいるんです。私は、何ば言っても今すぐわかる人じゃないから、言わない方がいいと思って言わなかったんです。最近はだんだんわかってくれてるみたいで、「あんたが言い続けていることで何かが変わろうとしている」と、この前言ってくれて、ものすごく嬉しかったですね。

認定された後、まあほとんどの人たちは、理解してくれているんだなあって思うんですけど、一人だけ「もう緒方さん、あんたはテレビに出なはらん方がよかよ。もう、それがよかばい」と。「なんでかな」って言ったら、「仕事ば、あんた大事にせんな。せっかく緒方建具店を築き上げた。テレビに出れば、頼む者の居(お)らんごてなる（いなくなる）ばい」っち。本音でしょうね。この人は私が何を言いたかったのか、理解はできとらんなあと思った。けど、はっきり言うてくれたけんです。私は悔しかったばってんが、誤解を解くことができるわけですから、黙っている人よりもまあいいのかなあって思ってたです。

私はこの人に、「お金のために仕事もするし、お金ちゅうのは大事だ。しかしお金に換えられない事が私の中で起きてしまったもんだから、この十数年間、仕事も犠牲にしながらやってきたんです。仕事が大事か、自分が失ったものを取り返すことが大事か、ち考えたならば、取り返すこと、世の中のおかしさに黙っときさらん（黙っていることができない）ことが、仕事よりも大切だと感じたから、決して仕事を犠牲にしようとは思わんけども、だからといって、自分の言いたいことを制限することはしたくないんですよ」と言ったとです。

その人はですね、「世間は、そうは見らんもんな。やっぱり、水俣病のあんたの訴えを見とれば、あそこに頼んだら何があるかわからない。それよりも無難なところに頼んだ方がいいっち思う人もいるかもしれんもんな。だから、人目に取り沙汰されるようなことは、しちゃならん」と。まあ、嘘とか間違いとかの問題じゃなくて、こういう反応をする人がいたちゅうのが現実なんだ。いくら水俣病に認定されんのはおかしい、おかしい、ち言っていく中でも、やはり私が認定されないのは、「法律の判断の中で示されていることだから、あんたが言っていることが間違いなんだ」ち言われたこともあるんですけど、そういうもんだなあと思ったです。

やっぱり一人が言っていることと行政や世の中の判断とのどっちが正しいかといえば、それは多くの人たちの判断、世の中が判断することが正しいっちいうふうに手を挙げる人がほとんどで、一人の意見に耳を傾けるのは少数だなと思ったです。

仕事への影響

決して強がりじゃなくてですね、仕事にはいい影響はあったけれども、悪い影響はありませんでした。悪い影響が見えなかっただけかも知れんけど、私の目の前にはっきり見えたものはいい影響ばっかりでしたね。

新聞やテレビに報道された翌日なんかは、必ず注文の電話が掛かってきました。行政不服で裁決を迎えた時なんかも初めてのお客さん四人から電話で仕事の注文がありました。「緒方建具屋さんですか、ちょっと見てもらいたいものがあるんですけども、どこどこの、誰々ですが」ってあって、伺ったところがですね、「よかったですね、よかったですね」って言ってくれる。私が言っていることを認めてくれたから、そう言ってくれるんですね。初めてのお客さんに対してものすごく感謝する気持ちが生まれてきたってですよ。そしてさらに、仕事に繋がっていったんだなあと思ったです。当たり前の話ですけども嬉しかったですね。

初めての人から、仕事の注文と一緒に「自分も申請してみたい。どぎゃんふうに熊本県に言うのかわからん」っていう相談もありました。

認定後半年間で、テレビや新聞を見ての注文は十数件ありました。十数件ちゅうのは、建具屋、町工場にとってものすごく大っきい。町工場は信用で繋がっていく仕事で、飛び込みちいうのはほとんどないんです。まず、人の紹介から来るんです。定価がないもんですから、頼む方も警戒するんでしょうね。

まず紹介してもらった人に注文しようと考えている建具店の「人間は、性格はどぎゃんですか」って聞くとこから始まっていく。「あそこはよかばい」と聞くと、「誰々さんに紹介をもらったもんですから。うちの建具を見てもらえませんか」となって、そこからお得意さんが始まっていくとです。

要するに、病院のかかりつけと一緒なんです。そうめったに、かかりつけを変えるっちゅうことはないでしょう。だから、よっぽどのことがないと動かないわけですよね。この半年間でお得意さんが十数件、今後も頼まれるかどうかわかりませんけど、きっかけができたちゅうのは、二〇年間の中で初めてです。

ただ、私のいきさつを知っている水俣市民の人たちすべてが、私に同意するのかと言えば、もちろんそうじゃない。だけん、やはり降りかかって来るものは、今後もたぶんあるだろうと思うとですよ。それがどういう形で降りかかってくるかちゅうのが不安と言えば不安なんですけども、ただ何事もやはり賛成する人もいれば、反対する人もいるわけだから、自分に自信を持って生きていけばいいと私は思うとっとです。

自分の問題を自分が納得できないから、納得できる結果を出そうと思っての始まりだったんですけど、結局、今の段階で言えば、自分の問題ですまなくなってしまった。いろんなところに影響を与えてしまった。家族も巻き添えにしてしまったし、いろんな人たちも巻き添えにしてしまった。それを悪いとかいいとかとは言わないけど、そのことを自分の中できちんと受け入れていかなきゃならんと思うとです。そのことがこれからの課題だと思っています。

自分の問題はすんだから普通の生活に戻ろうちゅうことは、もう許されないんだな、ということかもしれない。水俣病に正面からきちんと向かっていくことは、最低限やっていかなければならない。だから「あなたの発言は、あなた個人の発言ではないんです。公の人の発言として、みんな受けとめているんですよ」ち言われたときには、一人の人間としてきちんと見て欲しいっち思ったけど、いつの間にか一人の人間でなくなってしまった。

もちろん、自分がすべて納得できる結末ちゅうのはないとしてもですね、今からの方が正直、大変なのかなあ。自分の今後の人生をどうやって生きていくのか。ちょっと言いにくいですけど、みんな、ずうっと、いつも何をするにも見られているちゅうか、やっぱりこれからが大変なのかな。

Ⅳ 海のこと、人々のこと

15 海のこと

海は闘いのヒントを与えてくれた

海に出ることが私の唯一の趣味というか、もともと海で育っとるから、仕事上いろんな問題で行きづまった時は、自分の気持ちをほぐすために海を眺めに行ったり、時には魚(いお)を釣りに行ったりとかするんです。十数年前かな、たまたま知り合いの人が譲ってくれたもんだから小さい舟を購入しました。自分で舟を持つというのが夢だったんです。水俣病の問題で行きづまった時には海に出て、不知火海から水俣の陸地を眺めることで、何か別の発見ができるんじゃないかな、闘いのヒントがそこで生まれるんじゃないかなと思ったりしたもんです。近くの月浦(つきのうら)港に浮かべて、仕事が休みの時、月に二回程度かな、釣りに行ったりしてます。今は、あまり時間もないもんだから、仕事が終わった夕方にタチ(太刀魚)を釣りに行ったりするぐらいです。

まあ、舟に乗って海に出ると、何もかもというわけじゃないけれども、スタートの位置に立てるような気持ちになるとです。

舟を持つちゅうことは車と違って管理がたいへんなんです。車ならば車庫に入れてシャッターを下ろせばおしまいだけれども、舟の場合は今波が穏やかだったとしても、一時間後、明日はどうなるかわからないから、きちんとロープでつないでおかないといけない。まあ、舟を持ってすべてが自分のプラスになるわけではないんですけど、何か舟が友だちというか、たとえば自分にとって嫌な出来事や辛いことがあった時は舟に乗れば少しは解消されると思うようになったから、その分がプラスになったかなと思うとです。

舟には息子の名前をとって「KOUSEI丸」と付けたんです。水俣あたりではふつう、女の子の名前を舟に付けよっとです。けど別に男の名前でもいいんじゃないかちゅうふうに思って、名付けたんです。

なぜ、舟に「丸」という字が最後に付くかというと、本当かどうかわからないけれど、舟は港から出っ放しじゃないということ、出っ放しだと遭難したということになるでしょう。必ず帰って来るように、その航跡は円を描くわけで、それで丸と付けるようになったとです。今では「号」と付ける人もいるみたいですが。

舟に乗ってほっとする瞬間

海は毎日変化しているわけで、波が高く時化(しけ)ている日もあれば、波ひとつない、穏やかで海の底まで澄みきっているような日もあるとです。毎日毎日が人間の気持ちのように変化しているわけです。

穏やかな状況を凪(なぎ)と言うけれど、そんな海は自分の心まで落ち着かせていくようで、自分の荒れている状況をほぐしてくれる。逆に、わりかし落ち着いて穏やかな気持ちを持てた日に、海に出たが荒れていた場合は足を踏ん張って波にのまれないように自分で舵を調整しなければならん。そうした時はやっぱり気持ちが引き締まって、「これでいいのか、これでいいのか。ゆっくりしていいのか、もう少し強く訴えなくていいのか」ちゅう思いにさせられるとです。そこでいろんな生きるヒント、闘いのヒントを得られるわけで、私の水俣病は海と一緒に闘ってきたのかなと思ったりしとっとです。

とにかく子供の頃から海を見て育っとって、友人みたいな感じちゅう思いがものすごくあっとです。女島から離れて水俣へ来て建具職人についてから海と離れてしまったけれども、私にとって海は切っても切れない間柄だったんだと、最近特に思っとるんです。今自分がやっていることは果たしてこれでいいんだろうかと、陸の上で考えてもなかなか答えを出すことができなくても、海の上にいたり海に向かって考えたときにはスムーズに答えが出る、そういうことが何度もあったとです。

よく「緒方さんは、月に一回か二回かしか乗らんとに（乗らないのに）何で舟を買うた。もったいなか」「月に一回、二回ならば金出して舟をチャーターして魚釣りに行きなったほうがいい（行かれたほうがいい）、港の使用料とかも払うのがもったいなか」って言う人がいます。でも、自分の分身として舟があって、その舟に乗って行くからこそ自分の気持ちが保てるわけです。別の舟で海に出ても、多少は気持ちが落ち着くけど。人は何を基準に「もったいない、もったいない」と言うのかな。で、私が「ほとんど車に乗らない人が高級外車を購入しても車庫に入れっぱなしで、それこそがもったいなかと思う。しかしその人にとっては車を眺めて語りかけることで車が返事してくれとる、それで落ち着いて明日から仕事をがんばろうという気持ちになっとやろな。そういうことやな（ですよね）」って言ったら、「うまく表現してくれたもんだ、そのとおりですよ」と言ってくれたです。

舟に乗る時間がない時は、きちんとロープがつながっとるだろうかち思って三日に一回は必ず海に行き、舟を見るだけでなんか安心する。そして、ほんの五分ぐらいだけど眺めとって、それは瞬間的やけどもね、いろんな悩み事とかも忘れて、その間は自分がこれからの進んでいく方向を教えてくれるような気がするんです。人にとって何が必要かとなったときに、私には舟が必要だと思いますね。

私は、海の見えない場所に行ったらものすごく息苦しいです。決して大げさじゃないけれど、もう海なくしては生きていけんち言うのかな。この間家内と話をした時も「古い家でもいいから、目の前に海があるところにいつか住みたいね」と言ったとです。やっぱり「生まれた場所に帰りたい」ちゅうような気持ちになっとっと（なっている）かな。ふるさとへ帰って一生を終わりたいちゅう気持ちが、少しわかってきたとです。

16　川本輝夫さんのこと

川本さんとの出会い

川本輝夫さんと初めて出会ったのは私が一六歳の頃かな。前にも話しましたが、私はその頃女島の実家にいて、正人叔父と兄貴と三人で漁を始めたんです。

ある日、海が時化で漁を休んでいたときに、川本さんが家にひょっこり来られたんです。その頃テレビで川本さんの顔を見とったから一発で川本輝夫さんだとわかったですよ。誰に会いに来たかというと、正人叔父に会いに来たんです。すでに川本さんは正人叔父と水俣病認定申請患者協議会で一緒に運動をされていたからです。川本さんを見たのはその時が初めてで、一九七四（昭和四九）年ぐらいだったかな。

一九七九（昭和五四）年に私が結婚することになって、正人叔父と兄貴と三人で水俣に住まいを見つけに行き、月浦にある坂本輝喜（てるき）さんの持ち家を貸してもらうことになったんです。正人叔父から「挨拶回りに川本輝夫さんのところも行っとけよ」と言われて、その時ああ、川本輝夫さんの家は近くなんだなと思って、「緒方正人の甥の緒方です。近くに引っ越して来ましたのでよろしくお願いします」って挨拶に行ったとです。実際にはその日が、川本さんとの初めての出会いかな。

それから、近所にいることでちょくちょく見かけ、それまでテレビで見ていた川本輝夫さんはちょっとでも変なことをしたら怒られるかなというイメージがあったし、多分厳しい人なんだと思っていましたね。でも、そんなことは全然なくて、「今日は天気がよかな（いいな）」ちゅうようなことを、会えば必ず声をかけてくれる素朴で普通のおじさんだったんでびっくりしたとです。意外といえば意外でしたが、しかしそれが私の川本さんへの第一印象だったです。特に親しいということもなくて近所づきあいちゅうかたちで、出月（でつき）に二年くらいいました。子供が生まれて二歳になった頃、相思社のすぐ近くの陣原団地に一九八一（昭和五六）年に引越しして一九八九（平成元）年までいました。

そこも近所だったので、川本さんが水俣市議会議員に立候補された時なんかは正人叔父から誘いを受けて、選挙事務所に足を運んだりしたこともあったです。でも、私から水俣病の話をすることは一切なかったし、相談したりとかもしなかった。ただ川本さんから「緒方さんは義人さんの息子やったよな。そうすっと、ひとみちゃんは胎児性患者だろう。お母さんはスズ子さんやろう」と話されて、何かそれから先を聞かれるのが怖いというか、自分の水俣病被害のことを聞かれないようにしようと思って、その話になれば私から違う話に変えてしまっとったです。川本さんに私の水俣病を隠しとったちゅうことがあったのかな。まあ、そんなつきあいで、自然と言えば自然だったんですかね。

一九八九年に私が独立して、建具屋を自分でするために場所を探すことになって、たまたま川本さんの家から一〇〇メートルぐらいかな、そこに空き地があったのを見つけて、もう真っ先にここがいいと思って、工場を建ててそこに住まいも一緒に構えることになって。考えてみれば出月周辺から離れることができんとですね。

でまた川本さんのところへ、「近くに住むようになりましたので、よろしくお願いいたします」って挨拶に行ったら、ちょうど風呂に入っとらって風呂場から「ほうほう、わかっとっと。よろしく頼むばい」ちゅう返事をしてくれて、それがここに住んで最初に川本さんと交わした言葉だったんです。川本さんの近くに住んだということで一日一回、二日に一回と顔を合わせるようになって、本当にふつうのおじさんやとさらに思ったとです。

川本さんが市議会選挙に立候補された時は、水俣病問題を真剣に考えてくれる人を応援したいという気持ちが正直あったとですね。それでも自分のことは何も言わんと、何も相談せず、(水俣病認定)申請をしてないことも言わずにずっと一二年間ぐらい川本さんと近所づきあいをしてました。

川本さんに相談

亡くなる三カ月前(一九九八年一一月)に私は初めて、私の方から水俣病のことを、政治解決の対象にならなかったことを打ち明けたんです。すでに一回めの認定申請をしていたこと、そしてそれが棄却されたことも言ったとです。

なぜ川本さんに言ったかというと、自分の水俣病を隠していたためにまねいた状況、それがさらに自分を苦しめるようになったことをきちんと受け止めたもんだから、一九九五年の政治解決で却下という結果を自分の口から打ち明けなきゃならないと思ったんです。川本さんは水俣病の被害者を救う人でもあるから、もしかしたら私のことも救ってくれるかもしれないと思ったからでもあって、川本さんにはきちんと話をしておきたかったんです。そこで「あらたまって話があっとたいな(あるんですが)」と川本さんに電話をしたら、「なんごつ(どんな用)かな」ちゅうから、「ちょっとよかですか」と言ったら、「今娘たちが来とるけん(来ているから)、明日」。

電話したのが土曜日の晩やったけん。日曜日の朝早く私の家へ「おっとかな(いますか)」と言って来られて、「すみませんな、朝早くから」と私が言ったら、川本さんは「なんごつかな」と言われたんです。私は、「いつか川本さんに話さなきゃならんと思っとったけれども、なかなか勇気がなかったもんだけん今日になってしまったばってんが、川本さんに相談をかねてぜひ聞いてもらいたいことがあったとたいな」と言ったら、私の相談は水俣病のことと気づかれて、「そらー、あんたが水俣病の被害者ちゅうことは私も知っとるばい。で、何かな」ちゅうて、「この前の政府解決策で切られたったたいな」ち言うたら、「何ちかな（何ということか）、あんたが切られたちゅうのかな」と。「今、認定申請をしとっと」と言ったら、「何ではよ（早く）言わんとかな」と言われたばってんが、「人に何も話しきらずに、自分で黙って閉じ込めていたもんだけんがこんな目にあってしまった」ちゅうたら、「よかよか、心配いらん」と、そしてその場で「やろう」と玄関に腰掛けて言われたんです。

「何をやろかな、裁判をやるばい」と言われ、「こぎゃんことあるか。解決策ちゅうのはな、結局あんたたちのことを解決するためにあったもんじゃろが。それが解決できなきゃ解決策ではない。こぎゃんことがあるか。こんなでたらめなことがあるか。裁判やっど（やるぞ）、ぜったーいあんたの補償金をもろっくる（取って来る）」と。私は「川本さん、待ってくれんな。いきなり裁判といわれても何もわからんけんな。今（公健法の）認定申請をして中身をじっくり観察しとっと。これまで被害者がしてきたことを自分の目で確かめて、自分の肌で感じて、そしてやる時はやるちゅう覚悟はできとるけん、それから裁判ちゅう形をとってはどぎゃんだろうかな」と。そしたら「そらあ、もうあんたが思うごっ（思いどおり）たい。あんたが決めるもんでよか、それでとにかく思うとるごつやらんな」。

で、「高倉史朗さんが何でん（何事でも）手続きのことはくわしいけん。高倉さんに相談しながらいけばよか。高倉さんは何でも知っとるけん」と言いなった。

一五分か二〇分ぐらいかな、とにかく「よしよし、大丈夫やって」という感じで、そして「はっきり水俣病の被害を受けているあんたがこのまま終わることはなかちゅうことは、私が一番知っとっと(知っているの)で、とにかくやろう」と。で、「川本さん、お願いしますね」と、その日はそれで別れたんです。

初めての県庁交渉(一九九八年十一月)

それからほんの一週間もたたんうちにまた家に来られて、「熊本県庁に行くけん、あんたも行くばい」と言われたので、「何しに行くとかな」と言ったら、「うん、魚住汎輝副知事が会うちゅうから申し入れに行くと」。「何の申し入れかな」と聞いたら、「『水俣病現代の会』を立ち上げとるけん、そのことで申し入れに行くから、とにかくあんたも行こうか」ち、それだけで私は何をすればいいのかもわからんまま行くことになったとです。そして「あんたが運転してくれっか」ということになって、川本輝夫さんと奥さんのミヤ子さん、荒木洋子さんを車に乗せて四人で行ったんです。県庁へ行ったのは初めてやったで、県庁の建物を見た時にはわー、よくこんなところに来たなあと思って、正直いって後ずさりしとった記憶があります。

物々しい雰囲気の中で三人と私が応接室に入ると、水俣病対策課の水本課長と職員、そして魚住副知事が前に座っていて、川本さんが慣れた口調で話し始めたです。私は何が始まっとるのかなちゅう感じで、黙って聞いていた。ああ、こういうふうに自分たちのことを県に申し上げるとな、そしたら県のほうは「うんわかった、わかった。しっかり聞いときます」と何か偉そうに答えとって、ちょっとこちらを見下げとる感じやなと、今でも頭に残っているばってん（残っているけど）。

　そして、これで終わりかな、私は何しに来たのかなと思っていたら、川本輝夫さんが「次はあんたの番たい。あんたが言おうと思っていることを言わんな」と言われた。川本さんが私の事情を話してくれるのかなと思っとったら、自分のことは自分で言わんなと私をはやし立てるというか元気づけるような口調で言わっとった（言っとられた）な。それに私は乗せられた感じで「私は緒方正実です」ち最初に言うたわけです。前に座っとった課長が「え、なんじゃろか」というような感じで、副知事も「ちょっと待ってください」ちゅうて、要するに次のスケジュールが入っているから、私の訴えの時間はないと。で、人の話を聞かんでよかか（いいのか）と思って課長に向かって「私の話を聞かんな（聞きなさい）」ちゅうたら、「はい、わかりました。ここの場所がこの後使えるかどうか確認してきますから」と席を立って、「しばらくなら大丈夫ですから」と言われた。

「私は、水俣病の被害を受けていながら政治解決で熊本県が切り捨てたんだ。なぜ私を切り捨てたのか。それは、熊本県が間違いの下（もと）でやったからです。私のことを知っているのか」と怒って質問したら、「知っています」と。「それでも平気でいられるのか」と言うと、「それはお答えできない」と話がかみ合わなくて、十分な話し合いができないままだったんです。自分の思いどおりにいかんし、きちんと聞いてもくれんし、はらわたは煮えくりかえっとった。でもとにかくこの場では印象を焼き付けたけんな、次があるけんよかよかちゅう思いと川本さんもいたことだし、これでよしとして私もそこで終わったんです。

そしたら川本さんが、「ところで緒方さん、今日は飯を食って帰ろう」と、どこに行かっとかなと思ったらずーっと「こっち、こっち、こっち」と誘って、県庁の中ばうろうろして、地下の食堂で、「緒方さん、県庁に来ればラーメンを食って帰らんば、ここはうまかばい」と。私は、川本さんがけんかしにきた相手のところで飯を食ってから帰ることに、ちょっと不満があったばってんな。だけど、ラーメンはけっこうおいしかったな(笑い)。腹いっぱいになって不満も少しおさまり、県庁を後にしたとです。

帰りの車の中で川本さんがこの何十年もこうやって闘ってこられたんばいな、自分流の訴えちゅうことをしてこられとったばいなあと、けんか相手のところで飯を食うことも含めて川本さんの姿を見て思ったとです。

車に乗り込む前、県庁の駐車場で私に言ったことを今でもはっきり覚えています。それは「緒方さん、今からばい。あんたが納得するまでどこまでもついて行くけんな」。「心配いらんけんな」と川本ミヤ子さんも言わっと。当時、私のことをほとんどの人たちが知らん振りしていたから、一番心強いちゅうか、川本さんが見捨てんでくれたちゅうことで、その言葉にかなり救われたとです。

川本さんの最後の闘いの日が、私の最初の闘いの日

誰も私のことを心配してくれんかったら、やる気もなくなっていたかもしれんし、多分今はなかっただろうと思っとります。だけん川本さんには感謝しているちゅうか、これからどういうふうに付き合っ

て私の水俣病のことを一緒に考えてもらおうかと思ってましたね。

一一月（一九九八年）の下旬に熊本県との交渉があって、年が明けて一月に「川本さんが入院した。胆石があって、それを取るために数週間」と聞いたもんだけん、数週間したら退院して来られるだろうと思って見舞いに行ったら、かなりきつそうにされとったけん、「早よ元気になって、退院して帰ってこんな（帰ってらっしゃい）」と声をかけて病室を後にしたんです。数日して「川本さんは肝臓がん」だったことをある人から聞いたとです。私はびっくりして、もし肝臓がんということを知って病院へ行っとったならばもう少し言葉の掛けようもあったのに、軽々しい言葉を発したような気がして、後悔しましたね。病院へ行った時に「緒方さんが来てくれらったばい」とミヤ子さんが輝夫さんに声をかけても「うんうんうん」と言うだけで、目を開ききれん状態だったけん、あの時は相当にきつかったとばいな（苦しかったのだろうな）と後から思ったです。

一九九九（平成一一）年二月一八日に亡くなられたんだけれども、三カ月近くといった短い時間だったけど、川本さんと一緒に闘ったということ。正直、もし川本さんがいたならば私の問題をどうにかしてくれる、一番頼っていた川本さんが私の前から去って行ってしまったちゅう、失礼な話だけれども自分のことを先にという考えもあった気がします。川本さんの死は、悲しかったです。

でもよーく考えてみれば、川本さんの死に直面したことで、今の私を考えられるようになったんです。それはやっぱり、後は自分の力でやってみれ、ということとです。絶対にどげんかできるとだけん（どうにかできるのだから）、やってみれ、と川本さんは言い残してくれている。この三カ月間、私に元気を与え続けてくれた、それだけでもものすごいものがあったとです。それゆえ私は、確実に覚悟ができたちゅうか、自分自身で熊本県と闘うことにしたとです。川本さんが私の前から去ったというのにはそれだけ意味深いものがあって、私の水俣病問題に答えてくれたんじゃなかろうかと思っとります。

川本さんのながい水俣病の闘いの中で、川本さんの最後の行政との闘いの日が私の最初の闘いの日になったとです。そこを私はずっと考え続け、それは偶然じゃない、川本さんが後はあんたに任せるから、たとえ自分一人の問題だったとしてもこれは水俣病の問題だからきちんと解決してくれよねちゅうふうに言い残したような気がしたとです。自分のことを考えるのも大切だけれども、水俣病全体の問題の一つだけんが、あんたはこれを解決する義務があるんだから頼むよ、解決してくれよちゅうように託されたんだろうと思っているんです。

川本さんと誓い合った

二〇〇七（平成一九）年に私は患者認定を熊本県から受けて、「こうやって解決したばい」と川本さんの仏壇の前で報告したとです。「全部の（水俣病）問題は解決しとらんばってんが、不可能に近かったことをやり遂げたばい」ちゅうことも報告して、「認定」されたことを心の中で語りかけたんです。そしたら、緒方君、やればできるがね。この調子でまだまだ問題解決に当たってくれよちゅう声が聞こえてきよったです。だけん、認定後も「成績証明書のこともおろそかにせずにきちんと考えてくださいよ」と熊本県に言い続けたし、「ランク付け」のこともやはり水俣病の解決の一つにあたると思って、名称変更について「ランク付け委員会」にも訴えているわけです。

後から考えてみると、川本さんはもしかしたら私の方から「いつ言うのか、いつ言うのか」と待ってくれていたのかな、私の考えに気づいとったのかなと思ったけれども、そこのところはさだかじゃないです。

私は川本さんがいつも見ていてくれるからいろんな問題にも真剣に答えていかなきゃならんなと思っとります。

17 闘う人々への思い

国家と闘っていくことの辛さ

いま認定申請している人については、自分の体験と重ねてしまうわけです。国家と闘っていくことの大変さ、辛さを身に染みて感じているから、大変な日々を送らなきゃならんということで、辛いだろうなということが一番先に頭をよぎるとです。だけん、「最後までがんばって」という思いが先にたってしまう。やっぱり、水俣病の問題は一人ひとりが解決しなければならないことが必ずある、その人じゃなければ解決できないことがある、そのためにも一人ひとりが自分の水俣病を真剣に本気で受け止めて、解決に少しでも近づけてほしい。闘いという言葉を並べてしまえば辛い、辛いとなってしまうから、

「水俣病の解決をするんだ」というふうに思ってほしいなと思いますね。

私は自分の水俣病をこうやって解決したんだ、といくつか伝えているので、私の闘いの中身で取り入れることがあるならばどんどん取り入れて、それをヒントにしてほしいと思っているわけです。私の体験だけでなく、いろんなことを取り入れて「あくまでも水俣病を解決するんだ」という気持ちで闘ってほしいと思っとうとです。

先日（二〇〇七年）、二人の人が相談に来て、「今まで認定申請を一度もしたことがない。今、病院に通う毎日だ。医者の判断を聞いてみてもやっぱり自分は水俣病の影響を受けていることは間違いないと判断したもんだから、認定申請をしたい。認定申請をするにはどういうことをすればいいのか」と言ったので、「自分の水俣病をどうしたいんですか、きちんと水俣病かどうかを判断したいんですか。そうならば公健法の水俣病認定申請をしたらいい。もう一つは、医療費の支給を受けるぐらいでいいという目的であれば、保健手帳の申請をすればいい。その代わり水俣病かどうかという結論は出ませんよ」と言ったんです。

しかし、まずどういうふうに水俣病を自分の中で決着させるのか決めなきゃならんのですが、白紙状態でもありそれが難しいわけです。逆に「緒方さんは認定されたけれども、なぜ認定を求めて長い間言い続けてきたんですか」と聞くわけです。

「自分の水俣病が、やはり私の人生を左右するものであったと重く受け止めたことで、曖昧に終わらせることは自分の人生そのものを曖昧に終わらせると思ったもんだから、自分が水俣病かどうかはっきりと白黒をつけたい。そこで水俣病の認定をめぐって長い間訴えてきたんですよ。あなたたちも自分の水俣病をどのくらい重く受け止めているのか、まずそこから自分できちんと示さなきゃならない」と言ったんです。

私がこれまで出会った九割の人たちは「医療費の手帳だけでいい」と言うんです。そういう人たちには「そういう遠慮した形で水俣病を引き受けていいんですか。本当に自分が水俣病の被害を受けていながら、自分を安売りしていいんですか。迷っている今、自分できちんと考えなきゃ後でさらに迷ってしまいますよ。せっかく迷ったんだから、この機会に迷うだけ迷って、悩むだけ悩んで、最後は自分で決めなきゃならん」と言うんです。やっぱり自分にとってこういう解決がふさわしいということをきちんと考えたうえで、水俣病を見詰めていかなきゃ後で後悔することになりますよね。

以前の私と考え方が一緒で、水俣病であることを知られたくない、水俣病をまともに引き受けるのはいやだ、でも何らかの決着をしたいという、不安定な気持ちの人たちが大半を占めていますね。私は、そこの部分を簡単に（手帳申請に）サインしてはいけないと思っているもんだから、最後はやはり「自分で自分の人生を決めなきゃならない。人から言われて申請するもんでもないし、ただ人の話を聞いておく必要はありますよ」と言ったんです。水俣病のことで迷い苦しんでいる人たちが相当いるんだなと実感します。

水俣病は自分自身の問題

たとえば裁判で勝ったとしても、本当に水俣病の解決がなされたのか心配になりますよね。確かに裁判で一定の勝利を得られれば補償が受けられるし、周りからすれば解決したように見えるけれども、そのことが本人にとって本当の解決になったのかはわからないわけです。逆に苦しみが残る場合だってあるとです。

自分たちは今何をやっているのかきちんとわかっていなければ、本当の解決には行き着かないと思うんです。かりに裁判に負けたとしても、自分が納得できる結末を迎えることだってあるわけだから、そこに行き着くまでの過程の中でどういうふうに自分が水俣病を訴えることができたのか、結果を迎える前に水俣病との闘いがなされたのか、負けたって勝ったってその結果は自分で獲得したものなんです。

重要なのは、自分自身の闘いちゅう自覚をどこまで持てるかだと思います。裁判をしたために辛い人生を引き受けてしまったということではいけないし、裁判をしたら自分の人生にプラスになったというふうにならなければいけないと、考えているとですけど、むづかしいですね。

団体として自分の水俣病と闘っていく場合と、一人の中で自分の水俣病と闘っていく場合とでは当然形が違ってくることもあるわけです。

一人で闘っている場合は確かに苦しみが残ってもやり遂げたときは、その苦しみまで飛ばすようなものと出会えるんじゃなかろうかと思うとです。私の出会いはそれに近いものだった。そこにすべてがあるわけじゃないけど、団体の場合、喜びも苦しみも分け合うことができる。一人でできないことも組織ならできる。だから、どちらが自分にふさわしいのかちゅうことを一人ひとりがきちんと考えることが大切じゃないかと思うんです。

正直いって私は、裁判は怖かったです。裁判を何十年も闘ってきた人たちの姿を見ていたからで、裁判によって新たに家族にいろんな苦しみが生まれてくるのを見て知っていたし、それを自分にあてはめたときのことを考えればやはり怖いわけです。納得できないし不満も十分にあるけんども、だからといって裁判に入っていくことができないというか、まだ自分の中で踏み切れないものがあるんです。もう一つは、ぼんやりだけれども私の水俣病解決を考えたときに、裁判じゃなくて別の方法がいいんじゃないかなと思ったからです。私の問題は法律では解決できない水俣病の一つの出来事だと思っとったんです。法律のことはわからないけんども、政治解決で解決できなかった問題が果たして司法で解決できるのかなと思っていたわけです。

結局は、自分で自分の人生をどうするかを自身で知っておかなきゃ、必ず何のための闘いだったのかなということになるんじゃないかと思うとります。

関西訴訟団への敬意と被害者互助会の訴訟

川上敏行さん（関西訴訟原告団長）たちは自分たちが納得できるまで水俣病と闘い続けておられますよね。立派だなと思っとります。もちろんいろんな闘いがありますけども、水俣病と闘い続けていくというその姿ですよね。高齢になった川上さんが裁判で水俣病を問い続ける姿はなかなかまねできるもんではないと思っとります。川上さんたち関西訴訟団の存在がどれだけ水俣病の運動に影響してきたか。個人個人の訴えがそこにあるから、関西訴訟の最高裁判決が多くの申請者に希望を与えているちゅうことに気づいてほしいなと思うんです。

水俣病被害者互助会の裁判が始まりました（二〇〇七年一〇月提訴）。私も水俣病の解決を願っている一人ですから、水俣病の被害にあった人たちが苦しんでいる姿を見ていると黙っとられんです。だけん水俣病の被害にあったすべての人たちの問題を解決するために、自分に何かできることがあるんじゃないか、自分は何をしなければならんのか、そういう気持ちで常にいるとです。

私にも迷いに迷って、公式確認から五〇年めにしてやっと認定を勝ち取った現実があるわけです。私としてはそれ以降も「水俣病は終わっていない、終わっていない」と叫んだんです。被害を受けた人たち一人ひとりが自身の中に水俣病があるとです。関西訴訟の最高裁の判決（二〇〇四年一〇月）が出たことで多くの人たちが「よし、やるぞ」と立ち上がったのだと思います。

私と一緒に被害者互助会会長の佐藤英樹さんも政治解決で切られたわけですから、「何で、私が切られなきゃならんのか」と、腹が立ったと思いますよ。私は佐藤さんの奥さんの姿を見て救われたんです。奥さんが一緒になって訴える姿を見た瞬間に、本当の姿だと思わされたとです。

私の場合は、私が苦しんでいくことを心配するあまりに妻は引きとめよう、引きとめようとしたわけです。というのは、今とは状況が全然違っていて、一人か二人が叫んでいる状況では、返ってくるものも一人二人に返ってくるもんだから、怖いものがあったわけです。ですから、それを妻が心配して、

「これ以上、叫ばないでほしい」ちゅうことを常に言っとったし、それが苦しみに変わってしまった。しかし今は、以前に比べて緩やかになったです。というのは、多くの人たちがいてくれるからで、そしてそれを多くの人たちが受け止めてくれているからです。

それにしても、夫婦で一緒に声をあげる人はなかなかいないわけです。険しい状況の中でも、佐藤英樹さんの奥さんも声をあげるといった姿を見たとき、これは本気の闘いだなと思ったとです。

溝口秋生さんと励ましあった

一九九五年以降、いったん水俣病は終ったとされつつあったんです。そういう中で私は、決して水俣病は終わっていない、と声をあげ始めたんです。で、「何が終ってないの」と言う人がいて、「私の問題は終っていない。少なくとも私の問題は終っていない」と繰り返し、繰り返し言い続けたんです。

二〇〇一年でしたかね、溝口秋生さんの行政不服審査請求の裁決が出たのは。（熊本県が）溝口さんのお母さんのチエさんを二一年間放置し、さらには「資料がない、死者に対する認定はできない」という理由で棄却して、行政不服でも棄却裁決だったわけですね。それで溝口さんは裁判を始めた。その時に、「私一人ではなかった」と、ものすごく勇気を与えられたんです。

私は溝口さんと励ましあったことがあって、溝口さんが「緒方さん、あんたが闘っている姿があるから私も闘えるんだ」と言ったので、「溝口さんが裁判を通して闘っている姿があるから私も闘えるんだ」と答えたんです。

裁判報道では原告の名前を公表しないことが続いていたわけですけど、私も最初は自分の名前を公表できなかったわけですから、溝口さんの気持ちはわかります。しかし、どこの誰が熊本県と闘っているのかがはっきりしないままでは闘いにならないと私は自分の経験を通して思っていたとです。自分の名前を公表していく、その過程で、溝口さんにも早く公表してもらいたいと思っていたら、溝口さんがいろんな状況を乗り越えて名前を公表したので、覚悟ができたんだなあと心強く思ったんです。

闘いをするときは本気かどうかが一番重要なことです。溝口さんの事実をごまかさせない姿は、私が県を相手に闘っていた時と同じように感じるんです。世の中から批判されることはしていないわけで、何も恐れなくていい。溝口さんが正々堂々と人間として闘えば必ずそこに素晴らしい結果が出ると信じているから、くじけずに世の中を相手に闘い続けてほしいと思います。（溝口行政訴訟は二〇一三年四月、最高裁で患者勝訴が確定し、故チエさんの認定につながった。判決では国の「一九七七水俣病判断条件」の狭さが断じられた。）

18 こけしに託したこと

壁にぶち当たっていたとき

なぜ、実生（みしょう）の森（水俣湾埋立地にある、種から育てた樹林）の祈りのこけしを彫り始めたかちゅうところから話しましょう。

今から五年前（二〇〇三年）だったかな、自分の水俣病の認定問題で壁にぶち当たっていたというか、行き詰まっていたんです。どこかで水俣病に対する考え方を転換させなきゃならないと思ったときに、ちょうど、地域交流を目的にした「異業種職人クラブ」ちゅうのがあったんです。左官屋さんとか板金屋さん、みかんを作っている人たちなど地域の人たち一〇人で作られていて、その人たちと町興しとか村興しじゃないけれども、もうちょっと元気を与えるために「私たちでやることが何かあらせんどか（ありはしないか）」と。で、「どういうことができるか、いろんなところを歩いてみよう」ということになって、人吉市にあるクラフトパークへ見学に行ったとです。

クラフトパークに木工教室があって、自分が建具屋をやっているもんだからそこへ真っ先に向かったんです。そこでは、木工旋盤を使って木を削り、ウインナ（ソーセージ）みたいな形に削ってキーホルダーにしていて、体験した人が持ち帰ることができるんです。これは面白いなと思って、私もして、で、自分で作ったキーホルダーを家に持ち帰って、それを指で持って顔に近づけたときに、これは何か訴えているぞというふうな気持ちが確かにしたとです。

木工旋盤で作るこけし

それから数日して木工旋盤を買い求めて、ウインナの形をしたまったく一緒のキーホルダーを作ってみたんです。四角い木を両方から挟んでぐるぐると回転させて、それをノミでずーっと削っていって自分の好きな形にもっていく。それを丸くウインナの形にしてストラップを付けて楽しむという感じですね。だけども手元がふらついたために刻みちゅうか、変なところに傷が入ってしまったから、これはしまったな、捨てるしかない、それでまた新しく作り直そうかなと思った。けれども、いやもったいないと思って、その刻んだところに段々にノミを入れていったら、ちょうどくびれて、だるまみたいになったんです。その形を見たときに、えー、これはこけしじゃないかちと感じたんです。偶然にそういう形になったとです。

こけしを作る著者。

次の日に今度はこけしを作ってみようと思って、仕掛かったとです。で、こけしができ上がって、頭の上にストラップを付けてぶら下げ、目の前で見たときに、何か私に話しかけているような気がしたし、私もこけしに話しかけるというような雰囲気だったのを覚えとります。

で、こけしに「このまんま、私の水俣病の解決はないんだろうか」と心の中でつぶやいたら、こけしが「そんなことないよ」ちゅうふうに返してくれたとです。それは自分の中で感じたことなんだけども、このこけしをなんとか水俣病の解決につなげることができないかなち思ったんです。そこらあたりにある木の枝ではなくて、もうちょっと意味のある木で作れば、さらに何かを教えてくれるん

じゃないかなちゅう気持ちになったとです。で、待てよ、水俣湾の埋立地に立っている木の枝で作れば、また新たな意味が生まれてくるかもしれないと思ったんです。

だけどいきなりそう思ったわけじゃなくて、私がこけしを作るちゅうことを浮浪雲(はぐれぐも)工房の金刺(かなざし)潤平さんが知ってて、「水俣市の体験学習で訪れた人たちに木工の体験をするから、木工旋盤を使って、それも実生の森の木でしてくれないか」と話があったんです。五〇～六〇人の一人ひとりに実生の森の木の枝の好きな部分を選んでもらって、それを私が鋸(のこ)で切って、その木の枝でこけしを作り始めたんです。作っている最中に、この中にはもしかしたら水銀がいっぱい入っているかもしれない、そうすると、水俣病で亡くなった人たちの魂も入っとらせんどかな(入っているんじゃないかな)と頭の中をよぎるわけですよ。

祈りのこけしが生まれた実生の森。

で、このこけしによって私の水俣病が変わっていくかもしれないと思って、木工教室が終わった後で、市の関係者に「これからもこの木をもらいに来ていいですか」と言ったら、「どうぞ、自由に取ってください」と言われたもんだから、時間をみてはその木の枝をもらいに行って、仕事の合間にこけしを作り続けよったんです。

環境大臣にこけしを手渡す

水俣病問題で知り合った人たちが訪れたときに、こけしを見せたらものすごい反応があって、「これはどこの木で作っているんですか」と聞かれたから、「水俣湾埋立地の大地の上に立っている、実生の森の木の枝から作ったんですよ」と言ったら、「わあー、(このこけしには) 水銀が入っているかもしれませんね」とか、「これは鳥の魂が入っているかもしれない」「(魂が) 凝縮されているかもしれませんね」「もしかしたら、人間の魂 (が入っている) かもしれませんね」と、やっぱり私が感じていたことを言われたんです。そこから、私も段々と重さを感じていくわけです。

これをどうにか水俣病の解決につなぐことができないかと考えていた、ちょうどその頃ですね。当時の小池百合子環境大臣が二〇〇六年五月一日の水俣病犠牲者慰霊式に出席するということを聞いていたもんだから、それにあわせてこけしを大臣に手渡したいと彫り始めたんです。

大きなこけしを作りたかったんだけど、実生の森にはそんな大きな枝はないわけで、どうしようかなと思っていたときに、私が資材置き場にしているところ、相思社の下に、枝の直径が一〇センチぐらいのかなり大きな木が立っていて、あ、この木なら意味がある、そこへほとんど毎日行くから私の気持ちもおそらくこの木に伝わっているはずだからと思って、この木で作ることにしたとです。

二〇〇六 (平成一八) 年の一月に切って、およそ五カ月かかって、高さが二五センチか三〇センチぐらいの大型のこけしを作ったんです。作る途中で自分の四八年間の水俣病に侵された人生を振り返ることもあったり、認定問題での怒りをぶつけたりしながら作っていくわけです。もちろん、こけしを作ることで気持ちがほぐれたりするときもあったんです。何か、やっぱり自分の求めていたものに出会ったように感じながら、どういう形で大臣に渡そうかと思っていた。実際は、大臣に渡すのは不可能かもしれないと思ったりしたけど、とにかくきれいに仕上げることを考えたんです。

結局は、「大臣にこけしを渡したいんだ」と私が言っているのをRKK熊本放送の牧口敏孝記者が制作し、放送してくれたんです。それを見ていた水俣市役所の職員の人たちが「実現させてあげたい」ちゅうことで環境省に申し出て、実現したんです。

私がなぜ小池大臣にこけしを渡したかというのは、国は「水俣病の全面解決を一日も早く」と何回も何回もことあるごとに言ってきたわけだけど、東京に帰ってしまえば水俣病のことは薄れてしまう、その繰り返しじゃないかと思ったからです。何か形にしたものを大臣の手元に置いてもらえば、それを見るたびに水俣病問題が気になるだろうと思い、「水俣病から逃げないでほしい。水俣病を忘れないでほしい」と告げて渡したんです。

その頃は実生の森の枝で一五〇体以上のこけしを作って、全国の人たちに渡していたんですが、それは私には、このことで何かが動きだしたという実感があったですもんね。

環境省で小池大臣との交渉に同席したことがあるんです。関西訴訟の最高裁判決が出た後のことで、あのときに見た顔とこけしを受け取ったときの顔がまったく別人の顔だったんです。口で訴えるときは、相手もそれなりの答えを準備して自分たちの立場を、被害者よりも一つ上の段階にいると勘違いしている人たちだから、言葉遣いも見下すようになってしまうわけです。しかし、こけしを受け取ってほしいと言ったときに、何か予想もしなかったものを突きつけられて、素直な気持ちになってしまったんだろうと正直思ったとです。やはり大臣もその場面では普通の人間に帰っているだろうと思ったんです。

法律、法律でいけば答えはいつも決まっているわけです。だけん、水俣病の問題の中で、人間としてどうするのかという考え方に少し転換しなければならないと思っとった時の発想だったんです。

私のこけしと県知事の絵本

その三カ月ぐらい前に、潮谷義子県知事に手紙を添えてこけしを郵送したんです。知事から、お礼というのは変だけれども、知事が書いた絵本（『こころのメモリー』）を届けてくれたとです。知事は何のために絵本を書いたのか、それはやはり絵本を通じて伝えたいものがあったからだと思うんです。で、その絵本を私に贈ってくれて、何かを伝えたかったと、そう考えてみれば、お互いが一緒のことをしているなと思ったんです。

今振り返れば県が自分たちの問題で私を苦しめたちゅうことに、その頃知事は気づいていたのではないのかなと思うんです。そして私の問題は、法律では解決できない水俣病問題の一つの象徴だと気づいてもいたんじゃないかと、今は思っているんです。

こけしと共に水俣病の矛盾点を訴えていくことで、認定に向けて確実に動きだしたような気がします。それと、こけしを通じて訴えるようになったことで、自分自身がかなり落ち着いてきたというか、何か自分の中で冷静さを保つことで相手にきちんと話せるというか、伝えることができたみたいです。こけしにものすごい力が備わったんだなというふうに思ったとです。

そういうことで、今現在（二〇〇八年）はこけしを六〇〇以上彫って、去年からは水俣病資料館と水俣病センター相思社で販売してもらっているんです。このこけしによって水俣病がどれくらい解決に向けて進むかどうかわからないけれど、これでもか、これでもかちゅうように精いっぱい力をふりしぼって、たどり着いた訴えの形がこけしだったちゅうことなんかな。運動と言っていいのかわからないけれども、私の水俣病を解決するための一つの運動の形ですね。

こけしには、生き物の魂が宿っている

顔を描かないのはですね、生き物には顔があるわけだけれども、必ずしも水俣病の被害にあって亡くなった生命というのは人間ばっかりじゃなくて、鳥や、魚だって、猫だっているわけですから。これは水俣病で苦しんで亡くなったあらゆる生命が生まれ変わったこけしだと思うんです。

こけしを受け取った人が、人間の魂が宿ったと感じたのであれば人間としてその後も付きあってほしいし、魚に見えれば魚として付きあってほしいし、共に祈ってほしいのです。

私は死ぬまでの間に自分の水俣病は解決しなければならない、だけど、完全な解決などあり得ないんだから、少なくとも自分が水俣病の患者であったちゅうことはきちんと証明してからじゃないと死ぬことができない、それぐらい重大な問題として受け止めとったんです。誰がなんと言おうとも私は自分の

人生に対して嘘はついていない、熊本県の判断が矛盾しているんだ、このままで人生を終わることはできないと思ってましたね。

そして、私の人生をなぜあなたたちが左右するのか、私の人生は私が作り上げるもんだ、あなたたちは私をいくらごまかそうとしてもごまかせるもんじゃないという、強い憤りが私の中にあったんです。

今、水俣病患者として認定されたことで一番大きな節目を迎えているわけです。で、こけしによって一応の節目を迎えられたかなと思っているから、訴える次の形を直ぐに作る必要はないわけですよ。もしこけしの訴えが実らなかった場合は、さらに熊本県、国家、そして人間を動かすものは必ず他にもあるはずだと私はいつも思っています。

私が「患者ですよ、被害者ですよ」と言ったって、ほとんど見向きもしなかった人たちが、こけしを手に持って「これは、水俣病で亡くなった生命の魂が宿ったこけしなんです」と言ったら聞き入ってくれる。次に私の水俣病を訴えれば耳を傾けてくれる、何か教えられた感じがしたとです。こけしを渡したり贈った人からは返事が返ってきたり、電話がかかってきたりするわけです。「バッグにいつも付けています」ちゅうはがきが来たりすると確実にその人の中に水俣病が伝わったという気持ちになります。それまで見つからなかった入り口がやっと見つかったような気がして、その人たちがこけしを見るたびに水俣病のことを思い浮かべてくれるから、その場限りの水俣病じゃないと思う。やっぱり伝え方ちゅうのも大事で、伝える方も考えなきゃならないですね。

自分の水俣病の認定問題が一応の節目を迎えたことで、次はこけしを通じて、水俣病の全面解決に向けて、訴えることができないかと考えているわけです。だけん、営々と死ぬまでこけしを作り続けて、水俣病の本当の解決に向けてこけしと共に訴えていこうかと今は思っとります。

19　今とこれから

特措法について

二〇〇九年七月に特措法（水俣病被害者の救済及び水俣病問題の解決に関する特別措置法）が成立して、多くの人が申請しています。この制度については、一言で言えば、また国や県は取り返しのつかないことをおっ始めたのか、と思っています。というのは、本当の被害者救済ではなくて、よく言われてますけども、紛争を鎮める口封じなんです。

一時金の二一〇万円と医療手帳を支給して、被害者にこれ以上口答えできない状況をつくっていく。一九九五年の解決策のときも多分そういう意味が含まれていただろうと思いますけども、また一緒のことをすることを私は一番恐れているんです。

で、すべての人が納得して終わることは不可能だと思うから、納得できない人たちが今後どういうふうに水俣病と闘いを始めるかというのが、私の中では気になっているとです。政治解決というのは、（一九九五年も、今回の特措法解決も）病気にたとえたら痛み止め、熱さましを投与するだけで、根本的な治療を行わない。だけんあげくのはてにまた再発してしまうわけです。

五年後か、一〇年後かわからないけれども、また水俣病問題が再浮上してどういう問題に変化するかはわからないけれども、このまんま終わるとは思えません。そのときにまた熱さましの薬を使うのか、ということですよ。だけん、きちんと実態調査をして、水俣病というのはどういうことかを確立しないまま終われるはずはないとです。そこに、多くの人たちに気づいてくれと思っているんです。

ほとんどの人たちは国の考え方に巻き込まれてしまって、どうしたら一時金の二一〇万円がもらえるかということに焦点を絞っているわけですよ。中には、いままで一度も申請をしたことがなかった人で、前回の九五年の政治解決のときにも申請しなかったけれども「不景気で仕事がなくなって病院にかかるのも大変だから保健手帳、医療手帳ぐらいはもろとかんば（もらっておかねば）と思って、今回申請しました」という言い方は、私にとって残念な表現のしかたなんです。仕事が忙しいので時間がかかる公健法の認定申請はしないのかと思ったし、そこらあたりを国、熊本県も見抜いているんだろうと思います。ですから、わずかな一時金で片づけようとしているわけです。

被害にあっている人は当然一時金を受ける権利はあるわけです。どうしたらもらえるかと工夫したり、悩んだりしている人は私が知っているかぎりでも数十人はいます。しかし、これで本当に水俣病の解決ができるのかな、これからの人生の中で本当によかったと思うのかな、もしかして二一〇万円と引き換えに自分の人生に不満を残してしまうことにもなるんじゃないかなと思うわけです。決して私は被害者を責めようとは思いませんし、責める相手は国、熊本県です。そういう状況を作ったのはチッソであるし、行政であるわけですから。

やっぱし自分の人生にとって水俣病は重大事件だと気づいてほしいし、そうすれば本当の闘いがその人の中で生まれてくるはずなんです。だって、手や足をやられただけのことじゃないですよ。自分の人生が水俣病でどれほど左右されたのか知ってほしいし、「水俣病、水俣病」と言われて辛い思いもたくさんしてきた人たちだから、それをひっくるめての水俣病事件だったと考えてほしいんです。

死亡未認定患者のこと

認定された直後の私は、まわりの人たちからそっとしてもらってしばらくいろんな思いにふけりながら自分の人生を振り返ろうと思っていたわけです。だけど、今の状況を見ていると黙っておられんという気持ちが、私の中で強く生まれたんです。矛盾をいっぱい見てきて、気づいておきながら知らんふりするのは罪をつくることになる。言いかえれば、水俣病のいろんな不条理を、矛盾を残したまんま、ごまかしの解決をして次の世代に水俣病を引き渡すことはできない、と結論づけたんです。

亡くなった人たちの問題も山積み状態です。公的診断がない人たちは闇の中に葬られようとしているから、そこが許せなくて、「(公的診断がないまま亡くなった人たちを)きちんと解決しなければ、あなたたちが言う水俣病の終わりにはならない」と国に訴えています、一つの提起ですけれども。

水俣病と正面から向かい合って、その時々に感じた水俣病のいろんなおかしさに対してはこれからもきちんと表現していこうと思っています。

多くの人たちが「水俣病はどうなるのか」「水俣病は終るんだろうか」と不安げに言いますが、私は「水俣病とどう向かい合うかで、水俣病はどうなっていくか明らかになっていく」と思うんです。水俣病は現在進行形で進んでいるから、過去のことでもなければ、終ったわけでもない。だから水俣病はこういうものだという形もできていません。ですから、これから私たちの手で水俣病を作りかえることもできるだろうと思う。水俣病というのはまだまだ不幸だけれども、それぞれに与えられた課題に対して一人ひとりが向かい合っていけば、もしかしたら水俣病が不幸で終わらないかもしれないと一方で考えているんです。

胎児性患者の「ほっとはうす」

胎児性患者のほとんどの人たちは、私（一九五七年生まれ）と一緒の年代の人たちですかね。私の妹も胎児性の患者で他人事ではないわけです。今までは自分の水俣病と闘い続けてきたから、真剣にゆっくり考える時間がなかったってです。しかし、二〇〇七年の三月一五日に私の水俣病は、認定によって一応の方向を見出しました。そうすると、これからの私の水俣病は、今までの水俣病とは当然違ってくるわけで、認定を受けたことで新たな水俣病患者として生き続けなきゃならんわけです。そうするとどうしても胎児性水俣病患者さんのことが頭をよぎってくるんです。

一つには、同世代ということで、私も胎児性患者の疑いが十分あるんですよ。それは、母親のお腹の中で被害を受けたからです。しかし、胎児性の疑いのある私は自分は胎児性患者だとは言いません。なぜかというと、症状の重さだろうと思うんです。症状の重い人と軽い人とを区別することで、胎児性患者と言ったり、言わなかったりする。もしかしたら自分は重度の障害を持って暮らしていたかもしれないと思えば、胎児性患者と言われている重度の障害を持った患者さんたち、特に妹のことを思うと、私の分まで引き受けてくれたと思っているんです。で、そのぶん症状が軽くすんだのだからといって、のほほんと生きていくことはできないし、それは許されない気がするんです。

やっぱり、人間として生まれてきた以上は平等でなければならない。これは、基本ですよね。人間として、あの人は幸せに生きているのに、あの人は苦しみの人生を（生きている）というようなことがあってはならない。じゃ、どうしたらいいのかと、認定後に考えたんです。胎児性と言われている患者さんたちに対して何かできることがあるんじゃないか、ただ見ているばっかりじゃなくて力を注ぐことができるんじゃないかと思ったんです。水俣病の被害にあった患者同士をさらに近づけるというか、患者さんたちと深くつきあっていくことが、私に求められとっとじゃなかろうか（求められているのではないか）と思っていた認定後の五月に、胎児性患者さんたちが通う「ほっとはうす」（社会福祉法人さかえの杜）から、「協力してほしい」と声をかけられたんです。

施設長の加藤タケ子さんと理事長（当時）の杉本栄子さんに呼ばれて、お二人から「ほっとはうすの役員になってほしい」「胎児性患者さんと力を共にしてほしい」と言われたんです。当然、私は、協力しようとは思っていたんですけど、役員を受け入れることがすんなりできなかったんです。役員というのは患者さんの上に立ってしまうのかなと思ってしまったからです。

そこで迷って、返事をちょっと渋ったんです。ところが、話をよく聞いてみたら「患者さんの立場が、役員の一人として必要なんだ。実際に茂道（もどう）の滝下昌文さんがそのポストに患者として居たが、やめることになった」。それで、「患者として緒方さんがふさわしいと判断したから、今回のお願いになった」と言われたもんだから、「そういうことであれば、喜んで引き受けさせてもらいます」と評議員を引き受けました。ほっとはうすの人たちとの交流は頻繁で、それまではいろんな思いだけだったんですが、形としてできそうな感じがしてきたんです。

まだ日も浅いから当然なんでしょうけど、ただ思いだけが先走っていて、何をすれば協力になるのか、そこがはっきり見つけだせていないですね。

建築中の「ほっとはうす　みんなの家」（二〇〇八年四月落成）の室内建具を建具職人として製作中なんです。建物の正面玄関の自動ドアがアルミサッシでできていて、その中にもう一つ自動ドアがあって、どうしても木製がいいちゅうもんだったけん、自動ドアを木製で作り始めたんです。

それと、設計士から強い要望があって、作業室の入り口にある建具の中にこけしを一つ埋め込んだんです。なぜ、埋め込むことになったのかというと、私がこけしを作り続けているもんだから、そのこけしを新しいほっとはうすの、何ですかね、守り神みたいな感じにしたいということです。「なかなか難しいことだけど、やってみようか」ちゅうことで、最初は「すべての建具に入れてほしい」ということだったんですが、「あまりにも多くて、仕上がりがどうですかね。入れるなら一カ所だけに入れて、後は壁に棚をかけて、その上に飾るほうがいいんじゃないんですか」と、結局は一カ所だけ入れたんです。

建具をえぐって、その中にこけしを立てて入れて、納める。「祈りの入り口」と名づけるみたいです。考えてみれば、胎児性患者さんに対しての協力は、現にそうやって始まっているのかなと思っているんです。

自分が作った建具がほっとはうすの建具として、毎日開けたり閉めたりしてもらうことで、生き続けるわけですよ。だから、いつも私がほっとはうすの中に宿っているちゅうことになるのかなと思っているんです。ほっとはうすの人たちも私が作った建具というふうに感じてくれて、そこからまた何かが始まっていくのかな、今はそこまで見えないけれども、おそらくでっかいものが始まる気がして、期待と不安があります。

もちろん、いろんな思いを込めて作るわけです。ある新婚さんから建具の依頼があった時には〝幸せになって下さい。辛いことも夫婦で一緒に乗り越えれば、その先には幸せがあるから〟と思いながら作るんです。年配の人たちから仕事の依頼があったときには、〝元気で長生きして下さいよ〟という思いをこめて作る。当然、ほっとはうすの建具を作るときも、〝一緒の仲間だからがんばって生きていこうね〟ちゅう思いの中で、作り続けているんです。

水俣病資料館の語り部

私は今、五〇年のこれまでの人生を振り返っている最中なんです。この一〇年間の闘いで、自分でも思いもつかない訴えの表現もあったわけで、そのことでいろんな人たちを苦しめたりもしたわけです。

家族を苦しめたり、当然といえば当然なんですけども行政を責めたりとか、支援をしてくれた人たちにも違った意味で心配をかけたりしたわけです。

「認定」という、自分の水俣病問題解決の一つを手にしたわけですけれども、これでよかったんだろうかと、今深く考え続けているんです。それを秤に掛けたときに、失ったほうが重ければこれは何にもならんわけで、勝ち取った認定のほうが絶対に重くなければならんわけです。だけん認定されたからと言って一概に喜べないというのがあって、そこを常に考えていかなければならないと思っているんです。

水俣病のいろんな矛盾と闘ってきたことは事実だから、これからも水俣病の矛盾とぶつかったときは、正面から向かい合って闘っていくことに間違いない。一人の力じゃない、多くの人たちの力で自分が生きていることを、この一〇年間で思い知ったわけです。その闘い方を考え続けていくということですよね。

これから水俣病事件の事実を多くの人たちに伝えていきたいと考えていますけど、これなら私もできるかなと思っています。水俣病資料館の語り部となって、できる範囲内で自分の知っている水俣病の事実を伝えていこうと思ってます。（二〇一六年現在、月に五回の語り部講話を行なっている。）世界に類例を見ない水俣病という事件は、いったい人間に、人類に何を訴えようとしたのかということを、みんなに考えてほしいと思っているんです。だから、私は事実の中にある真実の思いの部分を伝えることで、その先のことは聞いている人たちが判断してくれるだろうと思うんです。そのことを可能な限りやっていこうと思ってます。

おわりに・水俣条約採択への願い

この発言は二〇一三（平成二五）年一〇月九日、水俣市で開催された水銀規制をめぐる水俣条約国際会議開会式冒頭で行われた被害者代表としての挨拶である。

皆様こんにちは。今日ここにお集まりの世界の皆様、ようこそ水俣に来ていただき心から歓迎申し上げます。

人類が初めて経験した水俣病。私は、その水俣病を引き受けた被害者の一人であります。そして現在、水俣市立水俣病資料館の語り部をしています、緒方正実と申します。

水俣と世界を変える一歩として

今日、皆様の前に立たせていただいたのには私なりの理由があります。もちろん皆様も理由があってこの水俣に来ていただいていると思います。人が何かを考えたり、行動したりするとき必ず理由があると思います。まずはそのことを自身の中で確認しておくことが大切なことではないかと思います。

水俣病患者として、また一人の人間として世界の皆様の前に立ち、私がまず申し上げたいことは、メチル水銀の被害に遭い半世紀以上にわたり苦しんだ多くの被害者の実情を伝え、さらには地域社会を壊した原因となった水銀に関する使用の規制を世界の皆様と共にお約束することについて、私は今日の日を心から待ち望んでいました。

水銀使用の規制を皆様と一緒に約束する水俣条約は、世界はもちろんこれからの水俣を大きく変えていく一歩として受け止めています。そして、公害水俣病を経験した水俣という地名が条約名になることは歴史的な出来事であり、水銀の被害に遭い急性劇症型水俣病で命を亡くした人たちや、現在も苦しみの人生を強いられている人たちすべての苦しみが無駄にされない瞬間と受け止めています。

取り戻しつつあるもの、取り戻せないもの

今日初めて水俣を訪れた人たちにとって、半世紀以上にわたって水銀の被害と共に歩んできた水俣を実際見ていただきどのように感じられましたでしょうか？　もしかしたら、今の水俣の様子を見る限りでは何事もなかったかのように見える人もいらっしゃるかもしれません。しかし、決してそうではございません。一旦、水銀の被害に遭い壊された地域社会を取り戻すために、想像を絶する年月と市民の努力、さらには多額のお金が必要でした。さらには、そこには人と人が生きる上での差別や偏見などとの闘いが展開されました。

そして、私たちは苦しみと向かい合いながら市民が一体となってようやく本来の水俣を取り戻しつつ

あります。水俣病という世界に類を見ない公害を経験し、いくつもの苦難を乗り越えながら向かい合っている強くたくましい水俣の町を見ていただき、そして肌で感じていただきたいと思います。

しかし、どうしても取り戻すことができないものが一つだけあります。それは水銀の被害に遭い一旦失った人間や魚、鳥などすべての生命だけは取り戻すことは不可能でした。さらには、この世に生まれてくるはずだった多くの子供たち。私たちと同じように見るはずだった世界を一度も見ることなく、母親のおなかの中で亡くなって行った水俣の子供たちが多くいます。私たちが経験したこの事実を、水俣病患者として、水俣市民としてさらには日本国民として今日ここにお集まりの世界の皆様に知ってほしいのです。

国の政策失敗から学ぶ

日本という私たちの国は、太平洋戦争を経験した国です。三一〇万人に及ぶ尊い命とさらには財産を失いました。そして戦後復興をめざす中、一九五六年「もはや戦後ではない」と経済白書が宣言した時代、日本という私たちの国は残念ながら公害水俣病という重大な過ちを起こしてしまいました。水俣病は戦後復興をめざす中、国の政策のもとで起きた失敗です。

今日は皆様にぜひ聞いていただきたいことがあります。水俣条約を採択するにあたり、人類に及ぼした公害水俣病から人として貴重なものを得てほしいと思います。決して水俣病は失うものばかりでなく水俣病から学ぶことは多くあると思います。

私自身が水俣病から学んだ教訓は「人間は正直に生きる」ということです。このことを大切にしながら現在、私の水俣病と向き合っています。これから皆様にお話しするのは実話です。公害、水俣病とはどのような影響を私たちにもたらしたのか、そしてこれまで私がたどってきた水俣病の足跡を振り返りながら、私たちすべての人間にとって生きて行く上で本当の幸せとはどういうことなのかを、どうか皆様にも一緒に考えていただきたいと思います。

私の水俣病

芦北町の網元の家

私は、水俣病公式確認の翌一九五七年、同じ熊本県内の葦北郡芦北町女島という小さな漁村に生を受けました。ここ水俣市からおよそ北方向へ直線距離で一五キロほど離れたところにあります。目の前は青々とした不知火海の海、そして後ろには緑がたくさんの国有林に恵まれ、何事も起こらなければ自然に恵まれた環境の中で、子供の私はすくすく育つはずでした。

先祖代々漁業一家だった祖父、福松を先頭に、家族や地域の人たちと、すぐ目の前の不知火海にカタクチイワシの魚を求めて毎日、漁に出ていました。漁業一家を支える中心になっていたのが「網元」と呼ばれていた祖父、福松です。祖父を支える多くの人たちのことを「網子」と呼んでいました。働き者だった祖父福松は毎日三時間寝ればいいと言っていたくらい、網子さんや家族の生活を守るため村一番の働き者だったそうです。

しかし一九五九年、緒方家に思いもよらない悲劇がおそいかかってきました。私が生まれて一年八カ月ほどたった一九五九年九月、当時私を抱いて寝てくれていた祖父福松が突然原因不明の病気を発病したそうです。手足のケイレン、歩行困難、よだれの垂れ流し、そのほかにも様々な症状が現れて、結果的に三カ月間、病と闘い続けました。病気の原因がわからないまま力尽きて、発症から三カ月後の一九五九年一一月二七日、祖父福松はもがき、苦しみ、あの世へ旅立ちました。原因不明で苦しんで命を奪われた祖父はその後の解剖の結果、脳から七八ｐｐｍの水銀が検出され、髪の毛からは四三六ｐｐｍの毛髪水銀値が検出されました。その後、急性劇症型水俣病と判明し、町で最初のメチル水銀の犠牲になりました。

祖父の死と妹の誕生、父の死

祖父が発症した一九五九年九月、祖父と生まれ変わるようにして二歳違いの私の妹、ひとみがこの世に生を受けました。妹ひとみは、これからの自分の人生を夢見て生まれてくるはずでした。しかし、家族の誰もが予想しなかったことが起きてしまいました。ひとみは体に重度の障害を背負ってこの世に生まれてきました。当初は小児麻痺と診断されていましたが、その日からおおよそ一〇年後の一九七一年、胎児性水俣病だったことが判明しました。

祖父福松が原因不明で亡くなったその直後の一九六〇年三月、熊本県行政が私を含む家族の毛髪水銀含有量の検査を行っています。当時二歳になったばかりの私の髪の毛から二二六ｐｐｍの水銀が検出されました。生まれたばかりの生後六カ月の妹ひとみの髪の毛から三三・五ｐｐｍ検出されました。四歳だった兄は二二四・三ｐｐｍ、六歳だった父の弟の緒方正人叔父さんからは一八二ｐｐｍ。このように私たち緒方家はチッソ水俣工場が排水と共に水俣湾にたれ流したメチル水銀によって大きく未来を左右されてしまいました。

もし、日本政府が直ちに排水を止めていてくれたら私は水俣病にならなくて済んだと思えば悔しくて、悔しくて、悔しくて、悔しくてたまりません。

本家を継いだ父親の兄弟は一五人います。そのうち結果的に日本の法律、公害健康被害補償法で水俣病の認定を受けた父の兄弟は八人います。その中で、父は七八ｐｐｍの毛髪水銀値が検出され水銀中毒と思われる症状を訴えながら一九七一年、認定申請の準備中に三八歳で亡くなりました。この事実を、子供として父の水俣病の解決を願い、何度も何度も国に伝え続けていますが、いまだに父の水俣病被害は解決していません。

緒方家の親族全体では二〇名ほどが水俣病患者として認定を受けています。そのほかの親族もほとんどが水俣病の被害に遭い政府解決策の救済を受けています。水俣病患者として認定を受けた人は現在二二七五名です。その中で私の家族は典型的な水俣病の被害一族として知られています。このようなことから、私たち緒方家は水俣病発生により大きく未来を左右されてしまいました。同時に私自身の人生も変えられてしまいました。

差別の矢が被害者に向く

現在では、水俣病は伝染しない、遺伝もしないと確認されていますが、発生当時は発病した人やその家族に対して差別や偏見がありました。重大な過ちを起こした原因者がいるにもかかわらず、被害に遭った私たちに対して差別の矢は向けられていました。「伝染病だ」「汚い」「患者が出た家には行くな」「被害者が出た家族から嫁はもらうな」などと噂されたそうです。さらには父義人が祖父福松の後を継ぎ、周りの人と同じ不知火海で捕った魚を町の市場に水揚げしても買ってくれなかったことがあったそうです。水俣病という病気の苦しみに加えて、事実と違った噂による、いわゆる風評被害によって私の家族や多くの被害者が苦しめられた歴史が事実として残されています。突き刺さった差別の矢がなかなか抜けず現在も苦しみの中にいる人たちがたくさんいます。水銀の被害に遭った私は、子供の頃そういう状況を目で見て耳で聞いて、水俣病は私にとって不幸な出来事だと子供心に思いました。

私を含むすべての人が、この世に生を受けてから幸せになりたいという願いの中で、毎日いろんな努力をしながら生き続けていることでしょう。私も子供の頃、人として幸せになりたいという願いの中で、水俣病から逃げ続けました。水俣病と周囲に知れたら不幸になると、当時思い込んでいました。今思うと、私が生まれ育った緒方家は町で最初に被害を背負い命まで奪われ、さらには水俣病の原因が確定するまでの初期の水俣病の様々な出来事や風評被害をまともに受けた一族だからだと思います。

被害を受けたその時、その後、同じ条件のもとですべての人が暮らしているわけではありません。

様々な形でその人の健康被害に加え偏見、差別の苦しみが長い年月にわたり続きました。そういう意味では水俣病に対する被害の実態、さらには水俣病に対する思いは幾通りもあり、量り知れません。

「水俣病から逃げた」私

私は、水俣病のレッテルを貼られないために必死で水俣病から逃げ続けました。そのためには嘘もつきました。

一方では、一九七〇年、本家で一緒に暮らしていた父の弟であり、四歳年上の叔父、緒方正人は緒方家の悲惨な状況に自ら立ち上がり、水俣病の患者運動の先頭に立ち、闘い続けました。しかし、水俣病を取り巻く世の中の仕組みに矛盾を感じ、一九八一年、自ら認定申請を取り下げました。

そのときの私の生き方を考えてみると、祖父福松は自分の命を犠牲にしながらも私たち家族を守り続けました。妹ひとみは生まれる前から正面から水俣病を引き受けたにもかかわらず、私は逃げ続ける私自身に絶望することになりました。そういう私の水俣病との格闘が三八年間続きました。

やがて、私は自分が求めていた本当の幸せとは、隠し続けることでもなく水俣病から逃げ続けることでもないことに気づきました。そういう思いの中、水俣病から逃げず、正面から向かい合う決意をしました。一九九六年、当時の最終水俣病救済策の政治解決に、正直、誰にも気づかれないよう、びくびくしながら、人目を気にしながら申請をし、私の水俣病に一応の区切りを付けようと努力しました。

しかし、みごと行政に裏切られ、結果は救済の対象どころか、まったく関係のない位置づけ（非該当）となりました。子供の頃からメチル水銀中毒と思われる様々な症状を抱えながら生きている私になぜ、このようなことが起きてしまったのか。二歳の時の二二六ｐｐｍの毛髪水銀の数値は何なのかと矛盾を強く感じました。行政と世の中への絶望感の中、受け入れられない結果となったその原因をまず探し始めました。

やがて私は、二つの原因を突き止めました。一つめは人類が初めて経験した水俣病に対する国や世の中の甘さが原因でした。そして、もう一つの原因は私の、本当の幸せを求める中、水俣病に対する間違った向き合い方の三八年間の生き方でした。

原因を知った私は自身の水俣病解決に向けて必死で進み始めました。解決のために選んだ方法は、国の法律、公害健康被害補償法に基づく認定申請でした。一九九七年、申請を決意した私は再び闘いを始めました。

武器を持たない闘い

私の闘いは相手を傷つける武器を持った闘いではなく、ただただ問題の解決が目的でした。私自身が三八年間被害をごまかし、隠し続けたことで苦しみの人生に後戻りしたことを自身の中で決してごまかすことなく、水俣病の被害に遭ったその事実と緒方正実という一人の人間の存在を証明するため行政へ訴え続けました。一〇年間、私はひたすら国、熊本県行政に助けを求める意味で公害健康被害補償法に基づく認定申請を四回繰り返しました。当時、私を救ってくれなかった行政を恨む一方、行政に救ってもらいたいという思いと、同時にこれまで私自身が正直に生きなかったことに対して詫びる目的でもありました。

一〇年間の年月は要しましたが二〇〇七年、二二六六番目の水俣病患者認定を受けました。当時、認定を受けた私に市民や多くの人が奇跡に近い認定を勝ち取りましたねと口々に言われ励まされました。しかし私の中ではもう一つのことを考えていました。私が水銀の被害に遭った事実を自身の都合で隠した人生を、行政や世の中の人たちが許してくれるのに一〇年間かかったと思っています。そういう意味では、行政と私の努力によって私の救済問題が解決したと思っています。正直に生きることがどれだけ人間にとって大切なことか身に染みて思い知らされました。

同時に、水俣病発生当時、最小限度に食い止めることが出来たにもかかわらず、初期の段階で排水を止めようとしなかったチッソ工場、対策を怠った日本行政の中にいた人々に聞いてみたいことがあります。もし目の前で苦しんでいる人が私でなく、自分の子供や家族だったらどうしましたか？　人類が初めて経験した水俣病に対して、すべての人たちが正直に向かい合おうとしなかったことが、水俣病の最初の失敗だと思います。私たちの失敗を失敗に終わらせるのではなく、世界の皆様どうか教訓として役立ててほしいのです。

失ったもの、得たもの

私は水俣病の被害者の一人として、そして人が生きる権利の中でただただ、一生懸命生き続けてまいりました。これまでの五五年間の人生を振り返ってみると水俣病によって失ったことは数多くあります。

しかし、水俣病を経験した私は現在、健康被害と引き換えに人間として貴重な生き方を数多く学びました。現在、私は水俣病資料館語り部の一人として世界の皆様に水俣病を伝えるもう一つの形を続けています。

以前は海だった水俣湾が現在は埋め立てられています。埋立地ができた頃、水俣病によって長い年月の中で市民が対立した歴史を修復する目的で、もやい直しが始まりました。その中で、一九九七年から、埋め立てられた大地の上に市民がボランティアで木の実をまき、芽を出させ大きくたくましく育てた森があります。その森が実生(みしょう)の森と名付けられています。この森の下には、水銀に汚染された大量の魚たちが眠っています。魚たちの思いや、市民の思いを吸収しながら大きく育ちました。現在では市民の絆の形がこのような実生の森になりました。私はその木の枝で祈りのこけしを作り続けています。現在では世界の人たちへ約三千体を届けています。二度と水俣病と同じような苦しみが世界で起きないことを必死で考えていく中で実生の森の祈りのこけしが生まれ、同時に私自身が実生の森に救われた思いです。

水俣病の被害者としてこの世に生まれて様々な出来事と出会い、そして闘い、被害に遭ってから五〇年めの二〇〇七年に患者認定を受けました。同時に原因企業のチッソ株式会社から謝罪を受けました。さらに、私を五〇年間見捨て、放置した熊本県知事からも謝罪を受けました。

許すのか、許さないのか

私は、ある意味突きつけられた思いの中にいます。許すのか、それとも一生許さないのか、今度は私が謝罪に対して答えなければならないと思っています。あれから六年目を迎えた現在、原因企業のチッソや行政の努力に加え、私自身の必死の努力でチッソや国、熊本県行政を許すことができるようなそんな思いの中にいます。

ただ、多くの被害者に私の気持ちへの同意を求めようとは決して思っていません。重度の障害を背負い苦しみの人生を生き続けている被害者の中には、一生かけても許すことができない人も当然いるでしょう。そして、水俣では今でも被害の救済を訴え裁判が続けられています。そんな闘いの真っただ中の被害者の人たちには許すという言葉は当然理解できないと思います。

しかし、私は水俣病から自身が学んだ教訓として「人間は正直に生きることが大切である」、このことを学ばせていただきました。そういう中、私自身が自分の人生に二度とあやまちをおこさないためにも一人の水俣病被害者の思いの真実を皆様に伝えなければならないと思っています。同時に、決して許すことのできない出来事であったとしても、相手の努力に加えて自分自身の努力によって相手を許すことが出来る場合があるということを私は世界中の人たちに伝えたいのです。決して、私は出来事自体をごまかそうとは一切思っていません。

終わりに

人間の心が問われている

今後、水俣条約が採択されて水銀の規制がこれから始まる中で私から皆様へのお願いです。水俣条約は私たち被害者にとっても世界中のすべての人たちにとっても幸せにつながる一歩だと思います。次の時代に生きる人たちのために、今を生きる私たちが再び水銀の被害が起きないようその土台作りをしておかなければならないと思います。

最後に皆様に伝えたいことがあります。私たちの国は太平洋戦争を経験しているにもかかわらず、豊かな暮らしを求め、取り返しのつかない公害水俣病や福島第一原子力発電所の事故を起こしてしまいました。これらのことを考えたとき、水俣条約の採択に問われているのは水銀の削減という現象的なことだけにとどまらないと私は思います。

正直に間違いを認めることができない人間の心。傷つき殺されていく人々を家族だと思わない人間の心。そして声を上げることさえできず倒れて行った人々、この世に生まれるはずだった多くの子供たち、魚、鳥など奪われた数多くの命をなかったことにし、忘れてしまおうとする人間の心が、問われているのではないのでしょうか。

その反省から、水俣条約を通じて、水銀だけにとどまらず、豊かさの裏側にあるすべてに対してこのような過ちを二度と繰り返さないことを私たち自身が皆様にお約束したいと思います。

多くの人たちとともに

これまで水俣病の解決に多くの人たちの力がありました。胎児性水俣病を立証された今は亡き医師の原田正純先生や、多くの研究者、そして私たち被害者を長年にわたり家族のように支えていただいた支援者の人たち、私たちはこのような人たちに守られながら幸せに生きていることを決して忘れはしません。

水俣病は取り返しのつかない被害をもたらしましたが、その反面、強くたくましい人たちを多く育てました。私は悲惨な水俣病と出会い人生を大きく変えられてしまいましたが原因者の努力や行政の努力、世の中の努力に加えて私自身の努力やこれまで支えてくれた多くの人たちによって、現在私は、幸せを感じながら生き続けています。

私から皆様へのメッセージです。

苦しいでき事や悲しいでき事の中には
幸せにつながっているでき事がたくさん含まれている。
このことに気づくか気づかないかで、その人生は大きく変っていく。
気づくにはひとつだけ条件がある。

それはでき事と正面から向かい合うことである。

私たちの経験と苦しみが水俣条約によって、世界の皆様の幸せにつながることを信じています。そして、一人の人間として世界中の人たちに水俣病の教訓を伝えて行くことをお約束します。これで私から皆様へのメッセージを終わりたいと思います。世界の皆様と出会えたことに心から感謝いたします。

ありがとうございました。

二〇一三年一〇月九日

資料

1、第一回認定申請書（平成九年一月六日）
2、成績証明書問題
①潮谷知事宛抗議文（平成一二年七月三日）
②水本水俣病対策課長・抗議文への回答（平成一二年七月一三日）
3、「ブラブラ」表記問題
①潮谷知事宛の手紙（平成一二年八月一六日）
②水俣病対策課「水俣病認定申請に係る疫学調査書の調査結果等について」（平成一二年九月一九日）
③水俣病対策課「疫学調査書の記載に係る調査結果」（平成一三年六月六日）
4、「人格」記載問題
①県知事から不服審査会への「報告書」抜粋（平成一八年六月七日）
②県知事から不服審査会への不適切表現の修正（平成一八年一〇月四日）
5、不服審査会の第二次裁決書（平成一八年一一月二二日）
6、緒方正実認定申請・不服審査請求経緯表
7、天皇・皇后水俣病資料館訪問に際しての講話（平成二五年一〇月二七日）
8、患者数と訴訟
①係争中の水俣病訴訟（二〇一六年四月一日現在）
②水俣病患者数（二〇一五年一二月現在）
9、用語説明

〈資料1〉　第一回認定申請書

※添付書類（この申請書には，次の書類を添えてください）
1．申請者の住民票又は戸籍の抄本の写し
2．認定の申請に係る疾病についての医師の診断書

公害健康被害の補償等に関する法律
認　定　申　請　書

ふりがな	おがた まさみ	男・女（男に丸）	生年月日	明治 大正 昭和（昭和に丸） 32年12月28日（39才）
氏　名	緒方正実			
住　所	熊本県水俣市月浦169-14	認定の申請に係る疾病の名称	水俣病	
通勤・通学先等の名称及び所在地	自営業（木工所） 水俣市月浦169-14			
Ⓐ 健康状態の概要	目まい 頭痛（頭のうしろのほうが痛い） カラスまがりが毎日のようにおこる 足のツトや手足の指先 仕事中にペンをにぎっていると指先がつる 身体がいつもだるい 手足の先の感じが違う しびれがある 10才の時[頃]から、まゆ毛がぬけはじめた 現在は、ほとんどなくなった			
当該疾病について受けている療養の概要				
Ⓑ 指定地域に係る水質の汚濁の影響により発病することとなったいきさつ	昭和32年芦北郡芦北町女島で生れた。祖父母の代から漁師で網元の祖父（緒方福松）・祖母の（緒方コメ）母の（緒方スズ子）は、認定 二才年下の妹（緒方ひとみ）は胎児性の水俣病に認定している 2才年上の兄は医療手帳の対象になっている。このような家族と昭和32年から昭和54年ごろまで同じものを食べて毎日をくらしていた 昭和34年ごろ家族を熊本県公害部が調査した毛髪水銀含有量は、家族の中でも私が一番高く226.0PPmもあった 小さころから足がおそく ころびやすく水俣病にまちがいないと家族からと医者からもいわれていた それだけに水俣病と認定されるのが親も私もこわくて あえて申請は見合せて来た しかし手足のしびれなどは子供の時からも現在も続き不安な毎日で将来への不安から申請を決意した。			
添付書類	（熊本県公害部調べ 毛髪の水銀含有量結果表）			

公害健康被害の補償等に関する法律第4条第2項の認定を受けたく，必要書類を添えて申請します。

平成9年1月6日　　※電話番号（市外局番 0966）63－6171

申請者　住所　熊本県水俣市月浦169-14

氏名　緒方正実　（印）

熊本県知事　福島譲二　様

受理番号　11682

Ⓐ　**健康状態の概要**

目まい　頭痛（頭のうしろのほうが痛い）

カラスまがりが毎日のようにおこる　足のツトや手足の指先

仕事中にペンをにぎっていると指先がつる

身体がいつもだるい

手足の先の感じが違う　しびれがある

10歳の時位から、まゆ毛がぬけはじめた　現在は、ほとんどなくなった

Ⓑ　**指定地域に係る水質の汚濁の影響により発病することとなったいきさつ**

昭和32年葦北郡芦北町女島で生まれた。祖父母の代から漁師で網元の祖父（緒方福松）祖母の（緒方コメ）母の（緒方スズ子）は、認定　２才年下の妹（緒方ひとみ）は胎児性の水俣病に認定している　２才年上の兄は医療手帳の対象になっている。このような家族と昭和32年から昭和54年ごろまで同じものを食べて毎日をくらしていた　昭和34年ごろ家族を熊本県公害部が調査した毛髪水銀含有量は、家族の中でも私が一番高く226.0ppmもあった　小さいころから足がもろく　ころびやすく水俣病にまちがいない　と家族からも医者からもいわれていた　それだけに水俣病と認定されるのが親も私もこわくてあえて申請は見合せて来た　しかし手足のしびれなどは子供の時からも現在も続き不安な毎日で将来への不安から申請を決意した。

〈資料2〉　成績証明書問題——①潮谷知事宛抗議文

抗議文

熊本県知事　潮谷義子殿

私は、平成11年3月31日、三度目の水俣病認定申請を、行いました。この申請に対して平成11年9月24日熊本県知事名で、棄却の通知がありました。平成11年11月15日棄却に対して、不服で熊本県知事に対して異議申立を行いました。

平成12年3月28日申立が脚下され私は不服で、さらに行政不服審査請求の手続を行いました。

平成12年6月8日付で公害健康被害補償不服審査会より弁明書の副本の送付があり関係書類の確認をしました。ところが、私の同意を必要とする成績証明書の書類が、私の同意を得ないまま第198回熊本県認定審査会で不法に使用されて、いる事に気付きました。たとえ事前に同意を求められたとしても断る決意を強く持っていました。なぜなら、一度目の時、同意を求められ一旦同意しま

抗議文

熊本県知事　潮谷義子殿

私は、平成11年3月31日、三度目の水俣病認定申請を、行いました。この申請に対して平成11年9月24日熊本県知事名で、棄却の通知がありました。平成11年11月15日棄却に対して、不服で熊本県知事に対して異議申立を行いました。

平成12年3月28日申立が脚下され私は不服で、さらに行政不服審査請求の手続を行いました。

平成12年6月8日付で公害健康被害補償不服審査会より弁明書の副本の送付があり関係書類の確認をしました。ところが、私の同意を必要とする成績証明書の書類が、私の同意を得ないまま第198回熊本県認定審査会で不法に使用されて、いる事に気付きました。たとえ事前に同意を求められたとしても断る決意を強く持っていました。なぜなら、一度目の時、同意を求めら

した。しかしその後成績証明書を資料として私を審
査する事に対して疑問を持ち、水俣病対策課の担当
者に使用中止を伝えました。ところが一旦同意して
いながら、同意取消を行ったら審査会で私に何か
うしろめたい所があるのではと思われますよ。などと、
言われさらに、説得され、取消を中止しました。
しかし成績証明書を資料と使う、くわしい説明がなく
さらに結果の説明も十分なく、資料として使用する事と
合せて、不信感を持っていました。
このような事から一度目や、二度目は、同意しましたが、
平成11年3月31日の三度目の水俣病認定申請の
時点では、私の気持の中にはまったく同意する
考えはなかったのです。
不法に使用されて私は、著しくプライバシーを
侵害され残念でなりません。この事実に対し
て原因を明らかにして、さらにプライバシーを著
しく侵害された私に対して、熊本県知事より
謝罪を求めます。

れ一旦同意しました。しかしその後成績証明書を資料として私を審査する事に対して疑問を持ち、水俣病対策課の担当者に使用中止を伝えました。ところが一旦同意していながら、同意取消を行ったら審査会で私に何かうしろめたい所があるのではと思われますよ。などと、言われさらに、説得され、取消を中止しました。しかし成績証明書を資料と使う、くわしい説明がなくさらに、結果の説明も十分なく、資料として使用する事と合せて、不信感を持っていました。

このような事から一度目や、二度目は、同意しましたが、平成11年3月31日の三度目の水俣病認定申請の時点では、私の気持の中にはまったく同意する考えはなかったのです。

不法に使用されて私は、著しくプライバシーを侵害され残念でなりません。この事実に対して原因を明らかにして、さらにプライバシーを著しく侵害された私に対して、熊本県知事より謝罪を求めます。

合わせて 平成11年9月24日の 認定審査会の
決定取消しを、求めます。

熊本県 水俣市月浦
緒方正実

平成12年7月3日

合わせて平成11年9月24日の認定審査会の決定取消しを求めます。

熊本県水俣市月浦
緒方正実

平成12年7月3日

〈資料２〉　成績証明書問題――②水本水俣病対策課長・抗議文への回答

このたび平成12年7月3日付けでお手紙をいただきましたが、知事からの指示により担当しております水俣病対策課で回答させていただきます。

水俣病の認定申請に関しての事務処理につきましては、公害健康被害の補償等に関する法律等に基づき迅速かつ公正な取り扱いに努めており、緒方様の場合も同様に進めて参っております。

お尋ねの第一点の成績証明書の使用に関してですが、まず、使用の目的につきましては、小児水俣病の認定審査において、知的機能障害、運動障害の発生時期等を医学的に判断する際の資料とするためであります。

次に、同意を得ないままに使用されたということにつきましては、成績証明書の取得にあたっては、申請者の方の同意を得て、学校から取り寄せております。その際の同意につきましては、あくまでも審査資料としての成績証明書を、申請者御本人に代わって学校から交付を受けるための同意であります。

審査会資料としては成績証明書の内容が変わることはありませんので、次回の申請以降は、同じ成績証明書を使用する取り扱いとしております。

なお、第２回目の申請に係る審査会資料として成績証明書を使用することについて同意書をいただいた件につきましては、初回申請時に使って欲しくない旨の連絡があったこと等を配慮し、使用に関しての同意をいただいたものであります。

使用の目的、同意等に関しましては、このような経緯等ですが、いずれにしましても、十分な説明がなされていなかったことに関しましては深くお詫び申し上げます。

また、第１回目の同意をいただいた後に同意を取り消したい旨の連絡をいただいた際の、担当者の発言に関しましては事実は確認できませんでしたが、説明不足の点があったとしましたら、今後、そのようなことがないよう努めたいと考えております。

第二点の成績証明書を使用されることによってプライバシーを侵害されたということですが、成績証明書につきましては、あくまでも水俣病の審査の資料とすることを目的として取得したものであり、使用についても、その目的内だけの使用に限定しております。

また、成績証明書に限らず、他の個人情報も含め適正な取り扱いを行っており、さらに県の職員はもちろん審査会の委員につきましても、法律で守秘義務が課されておりますので、決して外部に出ることはありません。第３回目の申請に関しましても、審査会資料として使用したものであり、プライバシーの侵害とはならないと考えております。

第三点の認定審査会の決定を取り消して欲しいとのことですが、これまで申し上げましたとおり、認定審査会の決定そのものは、検診結果その他の資料等の医学的判断による、適正な手続に基づいて行われたものでありますから、取り消すことはできないものです。

お尋ねについての回答は、以上でございますが、今回いただきました貴重な御意見等につきましては、今後の事務執行の参考にさせていただきたいと考えております。

平成12年7月13日
緒方正実様

水俣病対策課長　水本　二

〈資料3〉「ブラブラ」表記問題——①潮谷知事宛の手紙

熊本県知事　潮谷義子殿

今回、熊本県行政が、私と他の水俣病申請者に対して、親族の職業を無職と答えたにも関わらず、ブラブラと記載していた問題で潮谷知事が、私に対して過ちを認め謝罪して下さった事は当然な事とはいえ、まずは潮谷知事の決断と実行を高く評価しています。

同時に、私自身潮谷知事に救われたという事が、正直な現在の気持です。

今回の問題で、私自身教えられた事がありました。それはもし過ちを起こしてしまった時、まずその過ちを認め謝罪する事から始めなければ問題の解決につながらないし、又同じ事を二度とくり返えさないためにもなにより大事な事だと思います。

この問題を振り返えって見ると、最大の原因は、水俣病の被害者に対して行政に差別的な考えが少しなりともあり、さらに水俣病事件という世界にも類を見ない重大な事件だけに、大きな

熊本県知事　潮谷義子殿

今回、熊本県行政が、私と他の水俣病申請者に対して、親族の職業を無職と答えたにも関わらず、ブラブラと記載していた問題で潮谷知事が、私に対して過ちを認め謝罪して下さった事は当然な事とはいえ、まずは潮谷知事の決断と実行を高く評価しています。

同時に、私自身潮谷知事に救われたという事が、正直な現在の気持ちです。

今回の問題で、私自身教えられた事がありました。それはもし過ちを起こしてしまった時、まずその過ちを認め謝罪する事から始めなければ問題の解決につながらないし、又同じ事を二度とくり返さないためにもなにより大事な事だと思います。

この問題を振り返って見ると、最大の原因は、水俣病の被害者に対して行政に差別的な考えが

問題だけに目を向けて来た事により、人間として一番大切な事を忘 れていたため起って しまったと私は考えています。

今回の事件は、行政が起こしてしまった水俣病の悲劇と認め、二度とくり返えしては ならないと思います。

そのためには、行政や被害者そしてすべての人達が一体になり努力していく必要があると私は思います。

今後の課題として原因究明と実態を明らかにする必要があり、この事を行政は真剣に受け止め 実行する事を 私は 被害者を代表して強く要求したいと思います

平成十二年八月十六日

熊本県 水俣市 月浦

緒方 正実

少しなりともあり、さらに水俣病事件という世界にも類を見ない重大な事件だけに、大きな問題だけに目を向けて来た事により、人間として一番大切な事を忘れていたため起こってしまったと私は考えています。

今回の事件は行政が起こしてしまった水俣病の悲劇と認め、二度とくり返してはならないと思います。

そのためには、行政や被害者そしてすべての人達が一体になり努力していく必要があると私は思います。

今後の課題として原因究明と実態を明らかにする必要があり、この事を行政は真剣に受け止め、実行する事を私は被害者を代表して強く要求したいと思います。

平成十二年八月十六日

熊本県水俣市月浦

緒方正実

〈資料3〉 「ブラブラ」表記問題——②水俣病対策課「水俣病認定申請に係る疫学調査書の調査結果等について」

水俣病認定申請に係る疫学調査書の調査結果等について

平成12年9月19日
水俣病対策課

1　疫学調査書への記載件数等の調査結果

(1) 記載の経緯について

ア　昭和45年2月1日から昭和53年5月まで

昭和45年2月1日から旧救済法が施行され、法に基づく認定制度が始まったが、疫学調査は水俣市立病院医療相談室の記録によっており、調査は申請者が言われたことを文章で記載されていた。

(例) 体の具合が悪くなったので、何もせず家でブラブラしている。

昭和48年5月に水俣市立病院健診センターが開設され、同病院の指導のもと県職員も調査にたずさわるようになったがその方法等は同様であった。

昭和50年4月からは、県職員のみで調査を実施することになったが、昭和50年後半頃になると表形式の記載箇所に単語表記に近い表現も見られるようになった。

昭和51年3月に初めて単語表記の例が見られた。

昭和51年5月に県の水俣病検診センターが設置されたのを機に、調査要領がまとめられそれに基づき調査が行われるようになり、調査は、申請者等の日常生活状態を聞き取ったことを主観を入れず記載されるようになったが、体の具合が悪い等のため、仕事をしていないような状態を意味する言葉と理解されていた。

この間は、短文での表現と単語表記とがされるようになった。

イ　昭和53年6月から平成7年10月頃まで

昭和53年6月に調査対象者の増に対応し、調査を迅速、効率的に実施するため、調査書の様式が整理され、印刷統一された。

このため、記載方法も聞き取った結果を可能な部分については、記号表記や単語表記されるようになり、またその意味も日常生活状態を表す言葉として、定着していったこともあり、単語表記される例が増え常態となっていった。(その理由を付記する例もある。)

この間も、聞き取った結果を記載していたが、昭和60年代になり、再調査や補足調査が増加するにつれ、このような調査では、当初調査をベースとして内容の確認、その後の経過の調査を行うため、その記載を参考にして単語表記で記載されることもあった。

ウ　平成7年11月以降

平成7年10月頃までは、すべての調査項目を聞き取っていたが、同年11月頃に、より調査を迅速、効率的に進めるため、事前調査を実施することになった。このため、この間の調査は、事前調査の記載内容の確認と事前調査にない項目についての聞き取り調査が行われるようになった。

従って、事前調査書には、記載はないが、聞き取り結果をまとめる疫学調査書では、職業のみならず、日常生活状態を記載するため、聞き取った内容から判断して記載される例がでてきた。

この間も、その意味は、日常生活の状態を表すと理解されており、その記載は、申請者が言われたのを記載することもあったが、次のような例が常態化していった。

①　再調査や補足調査では、初回調査結果を参考にして記載されたもの。

②　前任者から、無職の場合は、職業ではなく、聞き取った内容から判断して日常生活状態を記載すると引き継いだため聞き取り内容から記載されたもの。

(2)　記載件数等について

昭和45年2月に「公害に係る健康被害の救済に関する特別措置法」(旧法)が施行され法に基づく認定制度が始まった以降の申請分について調査を行った。

平成12年7月末現在の総申請件数13,172件のうち、未調査分及び法施行前認定患者分等調査記録のないものを除いた13,006件の申請分について調査を行った。

その結果、当初調査、補足調査のいずれかに記載のあった申請分を、申請単位で1件として、7,186件に記載があり、55%であった。

また、初回申請分（実人数ベース）で、8,959冊で、4,295冊、48％に記載があった。

また、当初調査、補足調査をそれぞれ1件とした総調査件数は、25,191件で、9,241件（37％）に記載があった。

その年度別内訳は、別添資料２（略）のとおりであった。

２　今後の対応

(1) 今後作成する調査書には、各調査項目欄に記載すべき内容に沿って、日常生活状況、健康状態、職業等を具体的に表記することとし、不適切な行政用語は使用しない
(2) 職員へは調査趣旨を徹底するとともに、申請者の方々へ十分配慮した対応を行うよう徹底する。

〈資料３〉「ブラブラ」表記問題――③水俣病対策課「疫学調査書の記載に係る調査結果」

疫学調査書の記載に係る調査結果

平成13年6月6日
水俣病対策課

Ⅰ　調査件数等

平成13年1月末現在の申請総数13,175件のうち、詳しい疫学関係記録があるもの13,015件について調査をいたしましたが、その中で、要望のあった調査者の主観、意見等が記載されているもの及び申請者の方に不快感や嫌悪感を招くと思われる表現あるいは今日では不適切な差別用語とされている表現が新たに確認されたものは、次のとおりでした。

Ⅱ　調査結果（数字は記載年度等）

１　調査者の主観、意見が記載されているもの
疫学調査は、申請者等から聞き取ったことを主観的判断をまじ

えず記載する必要があり、調査者の主観、意見を記載すること自体にも問題があるが、中には申請者に対する不信感や水俣病に対する理解が十分でないと思われるような記載があった。

記載件数は12件で、年度別で見ると、昭和40年代6件、50年代4件、60年代1件、平成に入って1件となっている。

(1) 自覚症状の訴えについて調査者の主観、意見が記載されたもの（全て自覚症状欄）

○自覚症状（誇張されている面が伺える）(S47)

○耳が聞こえにくい（面接中小声で問いかけるが聞こえている）(S49)

○ことば①頭痛の時、口がもつれる、舌がもつれる②面接者の観察ではふつう（S49）

○ことば①口がもつれる、言葉がつかえたりする②面接者の観察ではやや不明瞭（S49）

○ことば①言葉がつかえたりする②面接者の観察ではふつう(S49)

(2) その他自覚症状欄以外の欄において調査者の主観、意見が記載されたもの

○最近は魚も高くて月に２～３度しか食べない。また酒も飲まんので魚はいらん。（正直!!）(S49 食生活欄)

○焼酎の飲みすぎ（？）(S52 家族の状況欄)

○（注）長男は父が水俣病であったと思いこんでいる。(S53 補足調査記録欄)

○（調査者意見）現在も自分の名前の「●」が書けないし、四季も知らず知能は低いので成績が中位とは思われない。(SS6 補足調査記録欄)

○目も見た感じちょっと変だ。(S59 補足調査記録欄)

○本人に精神的欠如（？）が感じられた。(S62 症状の経過欄)

○調査は再度電話をして本人から聴収したが、頭がいかれている……以下は最初の電話の際、妻が訴えたことと言い回しまでそっくりで、妻が言われているらしかった。(H3 補足調査記録欄)

2　不快感や嫌悪感を招くと思われるもの

(1) ゴロゴロに関するもの

ゴロゴロの文字は、昭和49年度から平成7年度までの各年度に

見られ、年度別には、最少1件（昭和54年度他8年度）から最多13件（昭和49年度）となっており、総計では84件であった。
記載箇所は、主に自覚症状及び症状の経過の欄であり、ほとんどが文章中に記載されていた。単語的な記載例が4件あり、特にこれは、申請者等が見た場合、不快な感じで受け取られると思われる。

（文章中の記載例）
○体がだらしく疲れやすくゴロゴロしている日が多くなった（S49 症状の経過欄）
○少し無理して家事などをすると何日間はゴロゴロしている（S50 自覚症状欄）
○疲れやすく仕事から帰宅するとゴロゴロ寝てばかりいる（S52 症状の経過欄）
○身体がだるいためいつもゴロゴロしている（S62 補足調査自覚症状欄）
○疲れやすく昼はゴロゴロしている事が多い（H4 補足調査自覚症状欄）

（単語的な記載例）
○ゴロゴロ（病気療養）（S52 生活歴・職歴欄）
○ゴロゴロしている（S52 補足調査就労状況欄）
○寝たきり。（ゴロゴロ）（S52 補足調査就労状況欄）
○家でゴロゴロ（S63 補足調査作業内容及び稼働状況欄）

(2) その他表現が好ましくないと思われるもの
申請者にとって、不快感をおぼえられるのではないかと思われる表現が53件あった。
表現別に類別すると、
「狂う」に類するもの……………………………19件
「ボサーッと」に類するもの……………… 9件
「(頭が) おかしい」に類するもの…… 8件
「知能が遅れ（低い)」に類するもの… 6件
「ヨチヨチ歩く」に類するもの………… 4件
その他…………………………………………………… 7件　となっている。
記載年度でみると、昭和40年代15件、50年代29件、60年代6件、平成に入って3件となっている。

（記載例）
○2回目の検診の頃から頭が狂ったようになり申請した（S47 備考欄）
○気が狂ったようにして死亡（S51 家族の状況欄）
○頭が痛い時はクシャクシャして狂うような感じがする（S52 自覚症状欄）
○ひどい時は気違いみたいに狂い出す（S62 自覚症状欄）
○ボケーとしている（S50 家族の状況欄）
○ボサーッとしている時にヨダレがでる（S52 自覚症状欄）
○2、3日ボサーとしてうわの空で（S60 症状の経過欄）
○頭がおかしくなって死んだ（S49 家族の状況欄）
○S32年頃からおかしくなった（S52 生活歴、職歴欄）
○脳がおかしくなって（S60 症状の経過欄）
○知能がおくれている（S49 家族の状況欄）
○知能程度は低く（H1 症状の経過欄）
○道路で歩くと腰から下がシビれて座り込む（ヨチヨチ歩く）（S50 日常生活欄）
○頭がぼけて「ばか」になったような感じ等の症状があった（S49 症状の経過欄）
○本人に話かけても訴えずニヤニヤ笑うばかりの為、母親から聴取（S52 備考欄）
○声は出るが言葉にならない。「バカ」は言える。それ以外の言葉はアワアワ言えるだけである。（S51 症状の経過欄）
○30年代死亡＊コロッと（H6 家族の状況欄）

3　その他

「土方」は541件、「人夫」は225件など職業に関する用語、「びっこ」は387件、「どもる」は24件など心身障害に関する用語等で、現在では他の表現に言い換えるようになっている記載も多数見られた。

Ⅲ　今後の対応について

今回の調査において、水俣病に対する理解が十分でないと思われる調査者の主観的表現や申請者にとって不快と思われるような表現あるいは今日不適切な差別用語とされているもの等が確認された。

今後は、このような水俣病被害者の信頼を損ねる事態を生じることのないよう、職員一人一人が自省自戒していくとともに、県としても次のような対応を進めながら、県職員の水俣病問題の理解と、人権に対する職員の意識の向上、さらに被害者に対して共感できる人間性の涵養に取り組んでいく。

1　水俣病関係業務における職員の基本姿勢

水俣病関係職員に対しては、日常業務の中での指導や現地水俣での研修等を通して、水俣病問題の本質を深く認識するとともに、被害者の立場に立って職務に当たるという基本的な姿勢を徹底するよう、十分な指導に努めていく。

2　疫学調書作成の改善等

疫学調査書の作成に当たっては、調査の趣旨・目的やその内容を申請者に十分説明して行うとともに、質問等に対しては誠意をもって対応する。

さらに、調書の記載にあたっては、申請者等の立場に立ち、不快感や嫌悪感を与えることのないよう、表現方法には十分配慮するとともに、記載内容については本人の確認を得ることとし、また、個人情報に関する書類の調査等に当たっては必ず本人の同意を得る等適正な事務処理に努めていく。

3　県職員に対する水俣病問題の理解の徹底

水俣病問題には、水俣病の発生の経過や地域社会に与えた様々な軋轢まで含め多くの複雑な問題をはらんでいるものであり、職員研修等を通して、職員一人一人がその本質について認識を深めるよう努めていく。

4　県民や児童生徒に対する水俣病問題の理解の促進

水俣市や水俣病資料館、水俣病情報センター、あるいは教育委員会等関係機関と連携し、水俣病問題について広く国民や県民の理解を促すため啓発活動の一層の推進に努めるとともに、環境教育、環境学習の充実を図っていく。

〈資料４〉「人格」記載問題――①県知事から不服審査会への「報告書」抜粋（平成18年６月７日）

報告事項

14　ゴールドマン、アイカップ、瞳孔視野測定法の３つの検査法のうち、１つの検査において視野狭窄がみられなかった場合に視野狭窄無しと確定することは医学的に正しいのか（速記録p97）

水俣病にみられる視野狭窄は、大脳の後頭葉の鳥距野がメチル水銀により器質的に障害されることにより生じる。したがって、このような器質的な障害によるものである以上、症状に多少の差はあるにしても何度かにわたる検査において、ときに正常な視野を示すというようなことはあり得ず、そのような場合には、少なくともメチル水銀による器質的障害に基づく求心性視野狭窄ではないかと考えられる。

そもそも、視野は、検査方法や被験者の環境、人格的機能的要因によって影響を受けやすく、機能的障害による視野の変動は、比較的頻繁に起こりうる。

したがって、何回かの検査で、ときに視野の狭窄を示したとしても、それだけで直ちに器質的障害による視野狭窄があると認めることはできず、むしろ、一度でも正常な視野を示した場合には、器質的障害による視野狭窄はないと判断される。

〈資料４〉「人格」記載問題――②県知事から不服審査会への不適切表現の修正（平成18年10月4日）

水俣対第 492 号
平成 18 年 10 月 4 日

公害健康被害補償不服審査会
会長　大西孝夫様

熊本県知事　潮谷義子

口頭審理において報告を求められた事項の一部修正について

平成 18 年 6 月 7 日付け水俣対第 155 号で提出しました平成 11 年第 22 号事件（審査請求人：緒方正実氏）の口頭審理において報告を求められた事項の中に不適切な表現がありましたが、下記のとおり修正いたしますので、よろしくお願いいたします。

記

14　ゴールドマン、アイカップ、瞳孔視野測定法の３つの検査法のうち、１つの検査において視野狭窄がみられなかった場合に視野狭窄無しと確定することは医学的に正しいのか（速記録　P97）

水俣病にみられる視野狭窄は、医学的には、大脳の後頭葉の鳥距野がメチル水銀に障害されることにより生じるため、検査により、ときに正常な視野を示すことはないと言われています。

〈資料５〉　不服審査会の第二次裁決書（2006年11月22日）

平成十一年　第二十二号

裁決書

　審査請求人　　　熊本県水俣市月浦×××　　緒方正実

　処分をした行政庁　　熊本県知事

【主文】

本件審査請求に係る熊本県知事の処分を取り消す。

【結論】

原処分は疫学条件に、十分な配慮が払われておらず、また感覚障害、求心性視野狭窄に関する判断に、疑義があるなど問題が多く、不当な判断に基づくものと言わざるを得ない。したがって、請求人の濃厚な疫学条件を十分に考慮しつつ、改めて認定審査手続きをやり直すべきである。

よって、主文のとおり裁決する。

　平成十八年十一月二十二日

理　由

第一　審査請求の趣旨及び経過

一　趣旨

審査請求人（以下「請求人」という。）の審査請求の趣旨は、熊本県知事（以下「処分庁」という。）が平成十一年一月八日付けで請求人に対して行った公害健康被害の補償等に関する法律（昭和四十八年法律第一一一号。以下「法」という。昭和六十三年三月一日をもって公害健康被害補償法の題名が改められた。）第四条第二項の規定による認定を行わないものとする処分（以下「原処分」という。）を取り消すことを求めるものである。

二　経過

（一）請求人は、平成十年二月十三日付けで処分庁に対して法第四条第二項の規定による認定申請を行った。

（二）処分庁は、これに対して、平成十一年一月八日付けで請求人を法第二条第三項の規定により定められた疾病である水俣病と認定することはできないとして原処分を行った。
（三）請求人は、これを不服として、平成十一年一月二十五日付けで処分庁に対して異議申立てを行った。
（四）処分庁は、平成十一年八月十一日付けでこの異議申立てには理由がないとしてこれを棄却した。
（五）請求人は、これを不服として、平成十一年九月八日付けで当審査会に対して審査請求を行った。

（略）

第三　判断

請求人を水俣病と認定すべきかどうかについて、請求人側及び処分庁側の口頭審理における陳述及び提出資料に基づいて検討し、次のとおり判断する。

一　暴露歴

請求人には二歳時の調査で二二六ｐｐｍという高濃度の毛髪水銀値が検出され、また、幼児の頃から有機水銀に汚染された魚介類を多食しながら育ち、母親をはじめ同居の家族や親族に水俣病認定患者が多数存在することなどから、請求人が有機水銀に対する長期、かつ、濃厚な暴露歴を有することは明白である。

二　症候

請求人の症候は、前記第二の二（二）イに記載のとおりである。

三　医学的検査結果とその考察

（一）感覚障害

平成十年九月二十一日の小児科検診において、四肢の痛覚及び振動覚の低下が見られているが、触覚については、左右差があるとの記載のみで、低下が認められるかどうかには言及がなされていない。この点についての処分庁側の口頭審理における説明でも、低下という評価は含まれていないとのことである。

同年三月五日の神経内科における検診では、痛覚は両側腹部を除いて全身脱失が見られ、触覚は上下肢全体で特に末梢優位に鈍麻が見られている。関節位置覚は左第五趾のみ正解、関節運動覚は二分の一の正答率であったとされている。なお、複合覚の検査は行われていない。

これらの所見を踏まえ、処分庁側は、請求人の感覚障害は水俣病に特徴的なパターンとは異なるとして、水俣病認定を否定する根拠の一つとしている。しかし、請求人が二歳時に二二六ｐｐｍという極めて高い毛髪水銀値が検出されていること、同居家族に水俣病の認定患者が多いことなど濃厚な疫学条件を有していることを考慮しないで、水俣病に特徴的なパターンとは異なるから判断条件の適用上感覚障害は認められないとした処分庁の判断には大いに疑問があると言わざるを得ない。水俣病に特徴的なパターンとはどのようなものか、議論のあるところであると考えるが、仮にそのようなパターンがあるとしても、そのパターンに当てはまるかどうかということだけで水俣病認定上の最重要項目である感覚障害の有無を判断すべきではあるまい。まず問われるべきは、上記のような所見が現出した原因が何かであり、請求人のように濃厚な疫学条件を有している者の場合には、他に明確な原因があることが証明されない限り、有機水銀由来の所見として採用しても差し支えないものと考える。少なくとも、上記所見に見られる障害は、水俣病の特徴と矛盾するものではないと考えられ、水俣病に特徴的なパターンから外れるとしても、有意の所見として扱うべきであると考える。

したがって、請求人には感覚障害が認められるとするのが妥当な判断であろう。

（二）小脳性運動失調

平成十年三月五日の神経内科の検診では、四肢の協調運動について、ジアドコキネーシスは緩徐であるが確実に実施可能とされ、指鼻試験障害は見られず、膝踵試験障害・脛叩き試験障害は、右足による検査は不能であり、左足による検査では障害は見られなかったとされている。また、右大腿部に筋萎縮が見られ、右下肢近位筋に軽度ないし高度の筋力低下が見られ、右膝関節の拘縮が見られ、起立・歩行の検査では、右膝関節拘縮のため右下肢を引きずる跛行であったとのことである。

同年九月二十一日の小児科の検診では、共同運動の検査でジアドコキネーシス及び指鼻試験は拙劣であったが、失調性ではなかったとされ、起立・歩行では片足起立は開眼で右足で二秒、左足は七秒で崩れ、閉眼では右足二秒、左足は三秒で崩れ、また、右膝関節拘縮のため右下肢による跳躍は不可で、踵歩行及びつま先歩行は拙劣であったとされている。

以上のことから、小脳性運動失調はないと判定されている。

請求人には、昭和五十年に右大腿骨骨折という既往があり、それが上記検診結果にかなり影響しているものと思われ、特に右下肢を引きずる跛行など下肢に係る障害の多くは、身体障害者第二種四級に認定されている障害である「右大腿骨骨折による右膝関節機能全損」に由来するものと考えられる。他方、小脳性運動失調を示唆する所見としては、小児科検診での運動系拙劣の所見があるのみで、神経内科の検診結果には見るべき所見がないと思われる。したがって、積極的に小脳性運動失調があるとは認め難い。しかし、小児科の検診結果である運動系拙劣、具体的にはジアドコキネーシス、指鼻試験、踵歩行・つま先歩行の拙劣が小脳性運動失調ではないとした処分庁の判断の根拠ははっきりしない。この点は、疫学条件や各症候を総合的に判断する際にその一要素として考慮する必要があると考える。

(三) 求心性視野狭窄

平成十年三月二十日のゴールドマン視野計による検査で、右眼は耳側七十二度、鼻側三十七度で中程度の狭窄、左眼は耳側五十五度、鼻側四十二度で軽度の狭窄と判定されている。また、同月二十七日のクリムスキーアイカップ検査では、右眼は耳側七十度、鼻側六十度、左眼は耳側七十度、鼻側六十度で、両眼とも耳側八十度未満で狭窄が認められるが、鼻側が五十七度以上であるので、狭窄の程度はごく軽度と判定されている。同月五日の神経内科における対座法による検査では、右眼八十四度、左眼七十四度で、右眼は八十度以上あり狭窄は認められないが、左眼は八十度未満であり狭窄が認められると判定されている。

処分庁は、上記所見があることは認めているが、他の所見との総合判断により請求人には求心性視野狭窄は認められないとの判断を下している。その否定的所見の一つが、瞳孔視野測定法による検査結果である。瞳孔視野測定法は、北里大学医学部眼科学教室の石川哲教授を中心とする研究グループにより視野を他覚的に測定する試みとして開発に着手された測定法であるが、まだ開発途上の段階にあると言うべきであり、視野測定法として確立されたものとは考えられない。したがって、ゴールドマン視野計による検査及びクリムスキーアイカップ検査で視野狭窄があると認められた検査結果に対し、瞳孔視野計による検査では両眼とも正常な反応があったとして、それらの複数の検査結果を否定し得るかどうか大いに疑問である。

ゴールドマン視野計による検査やクリムスキーアイカップ検査については、自覚的測定法としての問題や制約がないわけではないと考えるが、一応確立された検査法であり、その検査結果として視野狭窄が認められているのであるから、濃厚な疫学条件を考慮し、素直に求心性視野狭窄ありと認めるのが妥当と考える。

なお、参考資料として、前回申請の際の同九年二月及び八月の視野測定結果が添付されているが、これを本件申請における審査資料として、特に、本件申請における視野狭窄の存在を否定する材料として援用せよという趣旨であれば、受け入れ難いというほかはない。申請時点の検診結果に基づいて判断をすべきであろう。

(四) 中枢性眼球運動障害

平成十年三月二十日及び二十七日の眼科での眼球運動検診において、滑動性追従運動は正常範囲、衝動性運動及び前庭動眼反射はいずれも異常なしと判定されており、したがって、中枢性眼球運動障害は認められない。

（五） 中枢性聴力障害

平成十年五月十二日及び同年六月二十六日の耳鼻咽喉科の検診において、純音オージオグラムによると軽度の感音性難聴のパターンが得られており、自記オージオグラムによると聴覚疲労現象は陰性、語音聴力は正常範囲と判定されている。したがって、中枢性聴力障害は認められない。

（六） 平衡機能障害

平成十年五月十二日及び同年六月二十六日の耳鼻咽喉科の検診において、視運動性眼振検査によると、水平方向、垂直方向ともに正常範囲と判定されている。また、眼振は、同じ耳鼻咽喉科の検査でも、同年三月二十日及び二十七日の眼科検診でも（マイナス）である。したがって、請求人には平衡機能障害は認められない。

（七） 考察の総括

請求人には感覚障害が認められ、求心性視野狭窄が認められるが、中枢性眼球運動障害、中枢性聴力障害、平衡機能障害はいずれも認められない。小脳性運動失調については、その存在を示す積極的所見はなく、その存在を疑わせる所見として小児科検診における運動系の拙劣があるのみである。したがって、いわゆる五十二年判断条件及び小児性水俣病の判断条件を機械的に適用すれば、請求人はこれに該当しないと判断されてもやむを得ないという状況にあると思われる。

さらに問題を複雑にしているのは、請求人には右大腿骨骨折による右膝関節機能全損という身体障害を有しており、そのため、四肢の協調運動に障害があるかどうかを判定するために必要な全項目の検査ができないという事情である。

したがって、そのような状況の下で下した処分庁の判断にはそれなりの理由があると考えざるを得ないが、だからと言って、処分庁の主張をそのまま是認することには少なからず躊躇させるものがあることを否定できない。特に、請求人に認められる濃厚な疫学条件の存在が検診から認定審査に至る過程でどの程度考慮されたのかが処分庁の弁明からは余りうかがえないという点に強い疑念を覚える。上記（一）及び（三）で述べたように、検診で得られた感覚障害についての有意所見を水俣病に特徴的なパターンと異るという安易、かつ、不明瞭な理由で否定してよいものかどうか、自覚的測定法であるとはいえ、広く用いられているゴールドマン視野計やクリムスキーアイカップ法による有意の測定結果を未だ確立したとは認め難い瞳孔視野測定法の測定結果によって簡単に否定できるものかどうか、処分庁の下した判断には強い疑問を感じるとともに、その判断の際に請求人の濃厚な疫学条件の存在を考慮する姿勢が全くと言っていいほど欠如していたように思われてならない。

また、小脳性運動失調の有無については、右大腿骨骨折による関節機能全損という障害により必要な検査ができないという事情があり、判断が難しいことは否定できないが、小児科検診における運動系の拙劣という所見が小脳性ではないとする根拠が不明確である。

上記のように、感覚障害及び求心性視野狭窄が認められるとなると、小脳性運動失調の疑いがあれば、いわゆる五十二年判断条件に該当することになり、小脳性運動失調についての判断が極めて重要な意味を持つことになるので、小児科における運動系の拙劣との所見を有意の所見ととるかどうかについては慎重な判断が求められるところである。少なくとも、明確な根拠を示さないまま小脳性運動失調ではないと判定することは問題ではないかと思われる。当審査会としては、濃厚な疫学条件の存在を考慮すれば、感覚障害及び求心性視野狭窄が認められ、小脳性運動失調が疑われるとして請求人を水俣病と認定する余地は十分にあるとの印象を払拭しきれないでいるが、結局その印象を払拭するに足る処分庁の弁明を得るには至らなかった。

このように、本件原処分には、濃厚な疫学条件に十分な考慮が払われていると言い難く、また、感覚障害及び求心性視野狭窄に関する判断には疑義があり、さらに小児科検診での運動系拙劣との所見を小脳性運動失調ではないとした判断の根拠が不明確であるなど問題が多いと言わざるを得ない。したがって、濃厚な疫学条件を十分に考慮しつつ、改めて検診から始まる認定審査手続をやり直すべきであると考える。

四　結論

原処分は、疫学条件に十分な考慮が払われておらず、また感覚障害・求心性視野狭窄に関する判断に疑義があるなど問題が多く、不当な判断に基づくものと言わざるを得ない。したがって、請求人の濃厚な疫学条件を十分に考慮しつつ、改めて認定審査手続をやり直すべきである。

よって、主文のとおり裁決する。

平成十八年十一月二十二日
公害健康被害補償不服審査会
審査長　大西孝夫
審査員　近藤健文
審査員　田中義枝

〈資料６〉　緒方正実認定申請・不服審査請求経緯表

年	月	政府解決策	認定申請１	認定申請２	認定申請３	認定申請４
1996	5	申請				
	12	非該当				
1997	1		申請			
	12		棄却			
1998	1		異議申立			
	2			申請		
			異議棄却			
	5		不服審査請求			
	10		処分庁・弁明書			
1999	1			棄却		
	1			異議申立		
	3				申請	
	8			異議棄却	棄却	
	9			不服審査請求		
	11			弁明書	異議申立	
2000	3				異議棄却	申請
	4				不服審査請求	
	5				弁明書	
2002	7		口頭審理１			
	9					棄却
	11					異議申立
2003	4					異議棄却
	5		口頭審理２			不服審査請求
	8					弁明書
2004	2		審査請求棄却			
2006	1			口頭審理		
	6			未回答分回答書		
	7			反論書・意見書		
	10			県が回答書修正		
	11			棄却処分取消		
2007	3			〈認定〉		
	5				不服審査請求取り下げ	不服審査請求取り下げ

〈資料7〉

天皇・皇后水俣病資料館訪問に際しての講話

二〇一三年一〇月「全国豊かな海づくり大会」が熊本県で行われ、天皇と皇后が水俣湾への稚魚放流の後、水俣病資料館を訪ねた。その時のスピーチである。

会長あいさつ

水俣市立水俣病資料館語り部の会を代表して、お礼のごあいさつを申し上げます。天皇皇后両陛下、今日はご多忙にもかかわらず、私たち語り部の会員とお会いしていただき心からお礼申し上げます。

私たち語り部一三名は、これまで自分が体験した水俣病、心で感じた水俣病の事実に加えて真実の部分を世界の皆様に伝える活動をしています。熊本県内の小学五年生を中心に年間、約二万八千人の世界の人たちに講話を行っています。

私たちの願いは、二度と水俣病のような悲惨な出来事を繰り返さないよう世界の人たちが水俣病からいろんなことを学んでほしいと願っています。

両陛下とお会いできたことを私たち一人ひとりが励みとさせていただき、これからも力の続く限り世界の人たちの幸せのため、そして自分自身の幸せのために水俣病資料館語り部として、講話活動を続けたいと思います。両陛下、今日は、お疲れのところ本当にありがとうございます。

これから、水俣病資料館語り部を代表して両陛下に「私、緒方正実が体験した水俣病」の講話を聴いていただきたいと思います。

私は、水俣病公式確認の翌年、一九五七年同じ熊本県内の葦北郡芦北町女島という小さな漁村に生を受けました。ここ水俣市からおよそ北方向へ直線距離で一五キロほど離れたところにあります。目の前は青々とした不知火海の海、そして後ろには緑がたくさんの国有林に恵まれ、何事も起こらなければ自然に恵まれ子供の私はすくすく育つはずでした。

先祖代々漁業一家だった祖父・福松を先頭に、家族や地域の人たちと、すぐ目の前の不知火海にカタクチイワシの魚を求めて毎日、漁に出ていました。

網元の祖父を支えるおよそ三〇人の人たちのことを網子と呼んでいました。働き者だった祖父福松は毎日三時間寝ればいいと言っていたくらい網子さんや家族の生活を守るため村一番の働き者だったそうです。

しかし一九五九年、緒方家に思いもよらない悲劇がおそいかかってきました。私が生まれて一年ほどたった一九五九年九月、当時私を抱いて寝てくれていた祖父福松が突然原因不明の病気を発病したそうです。手足のケイレン、よだれの垂れ流しなど様々な症状が現れて、発症から三カ月後の一九五九年一一月二七日祖父福松はもがき、苦しんであの世へ旅立ちました。

その後の解剖の結果、脳から七八ｐｐｍ髪の毛からは四三六ｐｐｍの水銀が検出されました。その後、急性劇症型水俣病と判明し、町で最初のメチル水銀の犠牲に遭い命を奪われました。

祖父と生まれ変わるようにして二歳違いの私の妹、ひとみが生まれましたが、ひとみは体に重度の障害を背負い胎児性水俣病としてこの世に生を受けました。

当時、二歳になったばかりの私の髪の毛から二二六ｐｐｍの水銀が検出されました。このように私たち緒方家はチッソ水俣工場が排水と共に水俣湾にたれ流した水銀によって大きく未来を左右されてしまいました。

現在、緒方家親族全体では二〇名ほどが水俣病患者認定を受けています。本家を継いだ父は、一九七一年、症状を訴えながら認定申請準備中に三八歳で亡くなりました。私は、父の水俣病の解決を願い、この事実を国に何度も何度も伝え続けていますが、いまだに父の水俣病被害は解決していません。このことが私の中で苦しみとなって現在も続いています。

水俣病は、現在では、伝染しない、遺伝もしないと言われていますが、発生当時は症状を発病した人やその家族に対して差別や偏見がありました。奇病だ、患者が出た家には行くな、嫁はもらうな、など噂されたそうです。さらには父・義人が不知火海で捕った魚を水揚げしても町の市場が父の魚だけを買ってくれなかったそうです。水俣病と言う病気の苦しみに加えて、事実と違った噂による、風評被害によって私の家族や多くの被害者が苦しめられた歴史が事実として残されています。水俣病は現在いろんな問題を残しています。けっして終わっていないことを両陛下に知っていただきたいと思います。

水銀の被害に遭った私は、子供の頃そういう状況を目で見て人として幸せになりたいという願いの中で、私は、自分の水俣病被害を周りの人たちに知れないために必死で水俣病から逃げ続けました。今考えてみると、祖父福松は自分の命を犠牲にしながら、妹ひとみは母親のおなかの中で水俣病を引き受け、正面から向かい合っているにもかかわらず、逃げ続ける自分自身に絶望した時がありました。そういう私の水俣病との格闘が三八歳まで続きました。

やがて、私は自分が求めていた本当の幸せとは、隠し続けることでもなく水俣病から逃げ続けることでもないことに気づきました。そういう思いの中、一九九五年、当時の最終水俣病救済策の政治解決に、正直、誰にも気づかれないよう人目を気にしながら申請をし、私の水俣病に一応の区切りを付けようとしました。

しかし、結果は救済の対象になりませんでした。メチル水銀と思われる手や足のしびれなどさまざまな症状を抱えながら生きている私をなぜ、救ってくれなかったのか。行政への絶望感の中、その原因をまず探し始めました。

やがて、一つの原因は私が本当の幸せを求める中、水俣病に対する間違った向き合い方の三八年間だったことに気づきました。原因を知った私は自身の水俣病解決に向けて、一九九七年、日本の法律、公害健康被害補償法に基づく認定申請をしました。

私は、十年間何度も棄却されながらも、ひたすら国、熊本県行政に助けを求める意味で被害された事実を訴えながら認定申請を四回繰り返しました。十年間の年月は要しましたが二〇〇七年、二二六六番目の水俣病患者認定を受けました。当時、認定を受けた私に市民や多くの人が奇跡に近い認定を勝ち取りましたねと口々に言われました。しかし私の中ではもう一つのことを考えていました。

私が水銀の被害に遭った事実を自身の都合で三八年間隠した人生を、行政や世の中の人たちが許してくれるのに十年間の年月がかかった思っています。そういう意味では、行政と私の努力によって私の救済問題が解決したと思っています。正直に生きることがどれだけ人間にとって大切なことか身に染みて思い知らされました。

苦難を乗り越えるもやい直し

現在、私は水俣病資料館語り部の一人として世界の皆様に水俣病を伝えるもう一つの活動を続けています。以前は海だった水俣湾が現在は埋め立てられています。その大地の上に水俣病によって長い年月の中で市民が対立した歴史があります。その半世紀以上にわたる苦難を乗り越える目的で一九九七年、もやい直しが始まりました。市民がボランティアで木の実をまき、大きくたくましく育てた森です。その森が実生(みしょう)の森と名付けられています。

この森の下には、水銀に汚染された大量の魚たちが眠っています。森は魚たちの思いや、市民が苦難を乗り越えようと努力する思いを吸収しながら大きく育ちました。現在では市民の絆の形がこのような実生の森になりました。私はその木の枝で「祈りのこけし」を彫り続けています。患者として、一人の人間としての思いを込めて世界の人たちへ約三〇〇〇体を届けています。

二度と水俣病と同じような苦しみが世界で起きないことを必死で考えていく中で実生の森の祈りのこけしが生まれました。今では私自身が実生の森に救われた思いの中にいます。私自身が水俣病から学んだこととしてメッセージにしています。両陛下に聞いていただきたいと思います。

水俣からのメッセージ

苦しいでき事や悲しいでき事の中には幸せにつながっているでき事がたくさん含まれている。

このことに気づくか気づかないかで、その人生は大きく変っていく。

気づくにはひとつだけ条件がある。

それはでき事と正面から向かい合うことである。

私は今、これまでのチッソの努力、そして行政の努力だけでは私の水俣病は許すことができませんでしたが、私は人を恨むためにこの世にうまれてきたのではないと必死で考えていく中で、私自身の努力によって原因企業のチッソや行政を許せるそんな思いの中にいます。

私たち語り部はこれからも世界中の人たちに、人として正直に生きる大切さと、自分にとって本当の幸せとはどういうことなのかを一緒に考えていただくために私の水俣病の体験を語り続けたいと思っています。

両陛下、今日は私の講話を聴いていただいて心からお礼申し上げます。

*

天皇陛下のお言葉

ほんとうにお気持ち、察するに余りあると思っています。

やはり真実に生きるということができる社会をみんなで作っていきたいものだと改めて思いました。

本当にさまざまな思いを込めて、この年まで過ごしていらしたことに深く思いを致しております。

今後の日本が、自分が正しくあることができる社会になっていく、そうなければと思っています。

みながその方向に向かって進んでいけることを願っています。


平成二五年一〇月二七日・水俣病資料館語り部講話室にて

(2016年4月1日現在)

◎国家賠償訴訟／民事訴訟（水俣病被害の賠償を求める）関係

訴訟名	裁判所	提訴日	請求内容	原告数	原告・弁護士（代表）	被告	訴訟の要点、経過
互助会・第二世代訴訟	福岡高裁	二〇〇七年一〇月二一日	一六〇〇万円 重症一人は一億円	八人	佐藤英樹（原告団長） 山口紀洋（弁護団長）	チッソ／国／熊本県	胎児性小児性世代で初の集団提訴 原告は水俣病被害者互助会 地裁判決では三人のみ賠償認定
新潟三次訴訟	東京高裁	二〇〇七年四月二七日	一二〇〇万円	一〇人	高島章（弁護団長）	昭和電工／国／新潟県	新潟未認定患者の補償救済 県は患者救済認定等に責任 二〇一五年三月地裁判決は行政責任を認めず。控訴
特措法訴訟（熊本）	熊本地裁	二〇一三年六月二〇日	四五〇万円	九次計一二五六人	園田昭人（弁護団長）	チッソ／国／熊本県	特措法で「非該当」や地域・年齢で外された人など不知火患者会の新訴訟（ノーモア第二次訴訟）
同（東京）	東京地裁	二〇一四年八月一一日		四次計六七人	尾崎俊之（弁護団長）		
同（大阪）	大坂地裁	二〇一四年九月二九日		五三人	徳井義幸（弁護団長）		
特措法訴訟（新潟）	新潟地裁	二〇一三年一二月一一日	八八〇万円	一〇三人	中村周二（弁護団長）	昭和電工／国	原告は特措法で「非該当」や地域・年齢で外された人など。四次訴訟で和解した阿賀野患者会の新訴訟
地位確認訴訟	大阪地裁	二〇一四年一二月二〇日	補償協定の地位確認	一人	田中泰雄（弁護団）	チッソ	原告は元関西訴訟勝訴原告。のち県から公健法認定を得るもチッソは協定調印を拒否 故人のため遺族が承継

〈資料8〉　患者数と訴訟——①係争中の水俣病訴訟

◎行政訴訟（公害健康被害補償法による棄却処分取消・認定や補償給付を求める）関係

新潟行政訴訟	新潟地裁	二〇一三年一二月三日	公健法の水俣病認定	九人	高島章（弁護団長）	新潟市	三次訴訟原告で市審査会で棄却された人についての認定義務付け訴訟
障害費義務付訴訟	大阪地裁	二〇一四年三月二〇日	公健法障害補償費支給	一人	川上敏行（認定患者原告）中島光孝（弁護団）	熊本県	チッソ協定調印拒否→公健法での毎月給付を請求→県拒否のため提訴
互助会・行政訴訟	熊本地裁	二〇一五年一〇月一五日	公健法の水俣病認定	七人	佐藤英樹（原告団長）山口紀洋（弁護士）	熊本県／鹿児島県	棄却処分を取消し公健法認定の義務づけを求める

◎行政訴訟（国・県に水俣病政策の転換を求める）関係

調査義務づけ訴訟	東京地裁	二〇一四年五月二六日	住民健康調査の実施	一人	佐藤英樹（申請者・原告）山口紀洋（弁護士）	国／熊本県	食品衛生法に基づく食中毒調査の義務づけ→二〇一五年三月原告敗訴で控訴
調査義務け訴訟	東京地裁	二〇一五年九月九日	住民健康調査の実施	一人	津田敏秀（医師・原告）山口紀洋（弁護士）	国／熊本県／鹿児島県	食品衛生法に基づき不知火沿岸住民への食中毒調査の義務づけを求める

〈資料8〉 患者数と訴訟——②水俣病患者数（2015年12月現在）

公害健康被害補償法 （1969 旧法、1974 現行法～現在）

	熊本県	鹿児島県	新潟県・市	計
認定（→補償協定*）	1786	492	704	2982〈A〉
棄却（累計件数）	約12000	3674	1382	約17000
申請／未処分者数**	1249（20）	785（2）	155	2189（22）〈X〉

＊チッソ、関西訴訟原告6人には補償協定調印拒否〈a〉。
＊＊（　）内は国審査会希望の内数。新潟は14年3月末時点。

1995-96 第一次政治決着（5カ月限定受付）

	熊本県	鹿児島県	新潟県・市	計
判定（一時金260万円＋医療手帳）	7992	2361	799	11152〈B〉
保健手帳のみ	842	347	35	1224〈b〉
非該当	1296	485	113	1894

2010-12 和解・特措法（2年2カ月限定受付）

		熊本県	鹿児島県	新潟県・市	計
	司法和解（不知火患者会・阿賀野患者会）		2772	171	2943〈C〉
特措法	一時金対象判定	19306*	11127	1811	32244〈D〉
特措法	手帳のみ（切替申請含む）	18307	4416	114	22837〈d〉
特措法	救済対象外	5144	4428	77	9649
特措法	未判定または異議申立て			106	106

訴訟・自主交渉での賠償確定者（1973東京交渉3／1985二次訴訟4／2004関西訴訟54）＝61〈E〉

補償または一時金受給者合計（A＋B＋C＋D＋E－a）49376人
手帳（医療費自己負担免除）のみ受給者合計（b＋d）24061人
公健法申請：未処分者（X）2189人

●水俣病の認定

一九七四年施行の「公害健康被害補償法」（現在は「公害健康被害の補償等に関する法律」。略称「公健法」）により、熊本の水俣病は、熊本または鹿児島の県知事に、患者側から認定を申請する仕組みとなっている。申請者が各科の検診を受け、その資料を基に医学者による認定審査を経て、知事から処分（「認定」または「棄却」）が下される。

「認定」を受けた場合は、一九七三年に患者とチッソが結んだ協定が適用され、一六〇〇万円～一八〇〇万円、および月々の手当、医療費等の補償を得られる（認定患者数は「資料8―②」参照）。

●一九九五年政府解決策

水俣病補償については、チッソ経営難のもと、国が資金を調達し、熊本県債を介してチッソに融資するという特異な形が続いている。そのため認定患者数は著しく絞り込まれ、不知火沿岸でメチル水銀曝露を受け、神経系の症状を有する多数の人々が、「水俣病ではない」として切り捨てられてきた。患者は、裁判・審査請求や座り込み交渉など、さまざまに闘い続けたが、この「未認定問題」に、それなりの決着を図ろうとしたのが一九九五年、村山内閣による「政府解決策」である。

棄却処分を受けた人のうち一定の症状を持つ人に行政が医療費と手当を出す「総合対策医療事業」がその基盤。それに加えて「国県の水俣病加害責任は認めない、対象者を水俣病とは認定しない」ことを前提としつつ、チッソが和解の一時金として二六〇万円を支払うというもので、当時の与野党とも支持した。翌年にかけて、訴訟や認定申請を取り下げることを条件に、受付と受給者判定が行われた。政治解決、政治決着

（第一次）、などと呼称されることもある（対象者数は「資料8―②」参照）。

●チッソ水俣病関西訴訟

関西訴訟と御手洗行政訴訟（一九九七年勝訴）は、和解を拒んで一九九五年「政府解決策」以後も継続した。そして二〇〇一年、関西訴訟大阪高裁判決は、原告のほとんどに対しチッソに賠償（最高で八〇〇万円）を命じるとともに、国と熊本県にも「水質二法の適用の遅れ」について賠償責任があると判示した。病像論では「中枢神経損傷説」を採用して感覚障害や運動失調の解釈を進化させた。それらを踏襲し確定させたのが二〇〇四年一〇月一五日の「関西訴訟最高裁判決」である。

判決の意義は、右記のみではなかった。最高裁判決報道を契機に、水俣病と名乗り出ることをためらっていた人々が続々と認定申請を始め、六万五千人（医療費ケアのみの希望者も含む）の未認定患者の存在が顕在化したことが特筆される。決着したはずの「未認定問題」が振り出しに戻り、再び起こされた集団訴訟や認定申請に対応するため、二〇〇九年「水俣病特措法」と司法和解による、いわば「第二次決着」が図られた（対象者数は「資料8―②」参照）。

なお、関西訴訟で勝訴した原告のうち六人は、その後、「公健法認定」をも得たが、チッソが「関西訴訟で賠償済み」として判決よりも給付が手厚い補償協定締結や差額支払いを拒否。訴訟原告の苦闘は今も続いている。

●行政不服審査請求

行政が下す処分に対して不服があるとき、上級庁に審査を求める手続き。基本は「行政不服審査法」の定めによるが、それに加えて「公健法」では、公害健康被害補償不服審査会や口頭審理について定めている。

裁判における「判決」にあたるのが「裁決」。処分を受けた側の不服が正当と認められれば、その処分を破棄し、担当の行政庁に処分のし直しを求める「差し戻し」となる。大多数の場合は、元の処分のままでいいとして「審査請求棄却」となる。

●溝口行政訴訟

認定申請後に亡くなった溝口チエさんの次男、溝口秋生氏が、棄却処分の取り消しを熊本県に求めたもの。行政不服審査で差し戻し裁決を得られず、やむなく提訴した行政訴訟。一審は敗訴したが、二〇一二年に福岡高裁で「棄却処分取消＋認定義務付け」という完全勝訴の判決を勝ち取り、二〇一三年四月三〇日の最高裁判決で勝訴が確定した。最高裁判決は水俣病審査の指針とされてきた「水俣病判断条件」（一九七七年環境庁）の不備不足を明確に指弾、疫学条件にも目を向けて故・チエさんを水俣病と認めた。

この判決により水俣病認定の在り方が抜本的に見直されるべきところ、環境省は二〇一四年の新通知で「判断条件の継続」を謳い、他方、患者側の永年の要求である「不知火海沿岸住民健康調査」は未実施のまま。新たな認定申請者が二〇〇〇人を超え、訴訟も次々と提起され、「未認定問題」が再々度、問われている。

●毛髪水銀調査

熊本県衛生研究所（松島義一所長）が一九六一（昭和三六）年からの三年間で水俣・芦北の沿岸漁村の住民二七六二人の毛髪を採取し、個々人の水銀値を表示したもの。「大多数が一〇ｐｐｍ以上、四人に一人は五〇～一〇〇ｐｐｍ、最高は九二〇ｐｐｍ」との調査概要は論文として報告されているが、結果を本人に知らせたり、認定申請の勧めや医療指導に使われることはなかった。故・宮沢信雄氏が一九七〇年以降に見つけ出し、以後運動関係者が保存した。

年表・水俣病事件史と緒方正実個人史

＊個人項目はゴチックにしている。また、事件史と同項目の個人項目には★印を付した。
＊日付不詳は「――」で示した。
＊敬称は略した。

一九〇八（明治四一）年

八・二〇　野口遵、水俣村に日本窒素肥料株式会社（日窒）水俣工場設立。カーバイド生産開始、電気化学工業の基礎を確立

一九三二（昭和七）年

五・七　日窒水俣工場、アセトアルデヒド酢酸工程稼動。触媒に水銀を使用する同工程からの無処理廃水が水俣湾の百間港へ放出され始める

一九四〇（昭和一五）年

——　日窒水俣工場のアセトアルデヒド年産九一五九トン。国内需要の過半数を占有

一九五一（昭和二六）年

——　水俣湾内の貝類減少、チヌ（クロダイ）・スズキなどが死んで浮上

一九五二（昭和二七）年

八・二七　熊本県水産課三好礼治技師、水俣工場と湾の調査。カーバイド残滓による漁業被害を指摘、工場排水分析の必要性を県に報告（三好復命書）

一九五三（昭和二八）年

——　水俣湾周辺の数多くの漁村で「猫踊り病」によるネコの変死が多発。翌年、ネコ全滅のため水俣市茂道の漁民がネズミ駆除を市衛生課に要請

一九五六（昭和三一）年

一二・一五　五歳の女児、水俣市出月で発病。後に水俣病認定患者第一号とされる

五・一　新日本窒素肥料株式会社（一九五〇年改称。以下、「新日窒」とする）付属病院、脳症状を主訴として入院していた水俣市月浦（つきのうら）の姉妹ら四人について水俣保健所へ届け出。水俣病の公式確認といわれる

八・三　熊本県衛生部、「原因不明の脳炎様患者が多発」と厚生省公衆衛生局防疫課に電文報告。同日、熊本大学（以下、「熊大」とする）に調査研究依頼

八・二四　熊大医学部水俣奇病研究班（班長・尾崎正道医学部長）発足、現地調査。一一・三、中間報告「伝染病ではない。ある種の重金属中毒特にマンガンが疑われる。人体への侵入は魚介類摂取によると考えられる」

一九五七（昭和三二）年　誕生

一・一七　水俣漁業協同組合（以下、「漁協」とする）、新日窒に「汚悪水放流中止か浄化装置設置を」と要求

二・二六　熊大研究班報告会。「水俣奇病は水俣湾魚介類による中毒性脳症」として、漁獲禁止か販売目的の採取禁止の必要性を確認。この時点で食中毒の原因食品は特定されたが、早急な対策は実行されなかった

三・六　熊本県水産課内藤大介技師、水俣市内百間港一帯の漁業被害を調査。漁獲皆無、漁民の困窮甚大等を県に報告（内藤復命書）

四・四　伊藤蓮雄水俣保健所長が水俣湾産の魚介類を投与していたネコが発病。一～七週間で五匹発病し、熊本県衛生部に報告（伊藤ネコ実験）

八・一六　熊本県衛生部長、厚生省公衆衛生局に食品衛生法適用について照会

九・一一　山口正義厚生省公衆衛生局長、食品衛生法による漁獲・販売禁止をめざす熊本県衛生部に対し「水俣湾内の魚介類すべてが有毒化しているという根拠がないので法の適用はできない」と回答。漁獲禁止の告示なされず

一二・二八　緒方正実、葦北（あしきた）郡芦北町女島（めしま）で漁業（網元）の父義人、母スズ子の四男二女の次男として出生

一九五八（昭和三三）年

六・二四　参議院社会労働委員会で、尾村偉久（たけひさ）厚生省環境衛生部長が「原因物質は新日窒水俣工場から流出と推定」

七・七　厚生省公衆衛生局、関係機関に「新日窒水俣工場廃棄物が港湾泥土を汚染し、魚介類回遊魚類が廃棄物中の化学毒物と同種の物質で有毒化、これの多量摂食によって発症と推定」などと通達

九――　新日窒水俣工場、アセトアルデヒド酢酸工程の排出先を南の百間港から北の水俣川河口・八幡プールに変更。これにより廃水が水俣湾を経由せず不知火海に直接流出

一一・九　通商産業省（以下、「通産省」とする）、厚生省に対し「七月通達のマンガン・セレン・タリウム説には根拠なし」と文書で反論

一九五九（昭和三四）年　一歳

三・一一　水俣川河口を漁場とする漁民が発病。この頃から北の津奈木村・芦北町の漁獲減。六月に南の鹿児島県出水市で漁民が発病。汚染の水俣湾から不知火海への拡大が明白となる

七・一四　熊大研究班報告で、武内忠男教授らが有機水銀説。七・二二、水俣食中毒部会として「水俣

病は現地魚介類摂食で起こる神経系疾患で、毒物は水銀が極めて注目される」と報告

八・五　西田栄一新日窒水俣工場長ら、熊本県議会水俣病対策特別委員会で熊大に反論「工場は無機水銀使用。工程で有機化の報告は世界的にない」

九――妹ひとみ誕生

九中旬　祖父福松、水俣病の症状発症

九・二八　大島竹治日本化学工業協会理事、旧日本軍による海中投棄爆薬説

一〇・　六　細川一新日窒付属病院長、アセトアルデヒド廃水を餌にかけ投与していたネコ四〇〇号の発病を確認、技術部幹部に報告（細川ネコ実験）

一〇・二一　秋山武夫通産省軽工業局長、新日窒社長に、排水路を八幡プールから百間港に戻し浄化装置を年内に完成させるよう指示

一一・　一　水俣工場、アセトアルデヒド酢酸工程の排水を八幡プールから百間排水口へ逆送開始。しかし以後も八幡プールへの排出は続いた

一一・一二　厚生省食品衛生調査会、水俣食中毒部会の結論をふまえ「水俣病の原因は水俣湾周辺の魚介類中のある種の有機水銀化合物」と大臣に答申

一一・一三　池田勇人通産大臣、閣議で渡辺良夫厚生大臣に「有機水銀が工場から流出との結論は早計」と答申批判。答申は宙に浮き、水俣食中毒部会は解散させられた

一一・二七　同居していた祖父福松が急性劇症型水俣病で死去（解剖後認定）

一二・二四　新日窒水俣工場でサイクレーターの竣工式。水銀化合物の除去機能がないことを隠しての虚偽宣伝に寺本広作熊本県知事も加担した

一二・三〇　寺本広作県知事ら提示の、因果関係や責任を問わない見舞金（死者三〇万円／生存者成人に年一〇万円／未成年に年三万円）を新日窒が支払うとの調停案を受け、水俣病患者家庭互助会やむなく調印（見舞金契約）

一九六〇（昭和三五）年　二歳

二・二六　通産・厚生省、経済企画・水産庁と研究者で水俣病総合調査研究連絡協議会発足。四月の会合で、清浦雷作東京工業大学教授、アミン説

八・二四　新日窒技術部と細川一医師、アセトアルデヒド工場の精ドレーンをかけた餌で追試のネコ実験開始。のちに明らかな発症を確認

一〇・一八　熊本県衛生研究所、関係保健所に「水俣病に関する毛髪中の水銀量の調査」について通知

一二――　この年、アセトアルデヒド年産が四五二四五トンでピークに達する

一九六一（昭和三六）年　三歳

五――　熊本県衛生研究所、三年間で不知火海沿岸のべ二七二六人分にわたる「水俣病に関する毛髪中の水銀量の調査・第一報」。大多数が日本人平均の三倍の一〇ppm以上、四人に一人は五〇〜一〇〇ppm、最高は九二〇ppm。調査結果は非公開

★熊本県衛生研究所は右の毛髪水銀調査で緒方家の人たちの毛髪も分析したが、県は対象者への結果報告や摂食注意の行政指導をせず

八・七　水俣病診査協議会、死後解剖で胎児性患者を初めて認定。九月、会は厚生省から熊本県へ移管、水俣病患者診査会

一九六二（昭和三七）年　四歳

四・一七　新日窒、労働組合に「安定賃金制」を提示。合理化推進の第二組合により労組は分裂、市民世論も二分の大争議となる

五――　熊本県衛生研究所、「水俣病に関する毛髪中の水銀量の調査・第二報」。「汚染源が全く除去されたものではない」と指摘

八――　入鹿山且朗（いるかやまかつろう）熊大医学部教授ら、「アセトアルデヒド工程の廃泥から塩化メチル水銀を摘出」と医学誌に論文発表

一一・二九　患者診査会、患児一六人を胎児性水俣病患者として一括認定

一九六三（昭和三八）年　五歳

――　水銀の影響か涎（よだれ）が止まらず、治療のため病院へ通う

二・一七　入鹿山且朗教授の有機水銀抽出が報道される（熊本日日新聞）。二・二〇、熊大研究班が正式発表

三――　徳臣晴比古熊大医学部助教授、医学雑誌の論文に「一九六〇年までで水俣病は終息したようだ」と記述（患者認定の制約につながる）

五――　熊本県衛生研究所、「水俣病に関する毛髪中の水銀量の調査・第三報」。「汚染は、全く終息したものとは思われぬ」と総括しつつも調査打切り

一九六四（昭和三九）年　六歳

二・二八　水俣病患者審査会設置の熊本県条例制定。患者認定が初めて法的位置づけを得る。三・二八、審査会は患児六人を認定し合計は死者含め一一一人

四　女島（めしま）小学校入学

一一・一二　新潟市内の男性が原因不明の神経症状で新潟大学病院脳神経科に入院。阿賀野川の魚を多食、毛髪水銀量三六〇ｐｐｍと後に判明

一九六五（昭和四〇）年　七歳

一・　一　新日窒、社名をチッソ株式会社（以下、「チッソ」とする）と変更

五・三一　椿忠雄新潟大学医学部教授、新潟県衛生部に「阿賀野川下流に原因不明の水銀中毒患者が発生」と報告

六・一二　新潟県と新潟大、記者会見し「阿賀野川流域に有機水銀中毒患者が発生」と発表（「新潟水俣病」の公式確認）。新潟大と保健所、流域約三〇〇〇人対象の戸別訪問調査開始。毛髪水銀値五〇ＰＰｍ以上の女性には妊娠・授乳規制を指導

七・二八　通産省、「工場における水銀の取り扱いについて」を水銀使用各社に通知、原因究明中としつつ排水処理への注意を促す

九・　八　厚生省、新潟水銀中毒事件特別研究班を設置。九・一〇、昭和電工鹿瀬工場周辺試料から水銀検出と発表

一九六六（昭和四一）年　八歳

六――　チッソ水俣工場、アセトアルデヒド酢酸工程の排水を閉鎖循環方式に改める

―― 急性盲腸炎で二週間入院

一九六七（昭和四二）年　九歳

六・一二　新潟水俣病の患者・家族、昭和電工に水俣病の損害賠償を求め新潟地裁に提訴→一九七一・九・二九、一審判決

一九六八（昭和四三）年　一〇歳

――小学校五年次に体育の授業中、体育館の柱にぶつかって顔を大怪我。運動失調によるものか

五・一八　チッソ水俣工場、電気化学から石油化学への転換という経営的理由でアセトアルデヒド工程の稼動停止。塩化ビニール工程は一九七一年まで続行

八・三〇　チッソ労働組合が水俣病を起こした会社の労組として会社の責任を問わなかったことを恥じた「恥宣言」を組合大会で決議

九・二六　厚生省「水俣病に関する見解と今後の措置」発表、公式確認から一二年たって「熊本水俣病は新日本窒素水俣工場で生成されたメチル水銀化合物が原因」と断定。科学技術庁「新潟水俣病は昭和電工鹿瀬工場で副生されたメチル水銀化合物を含む排水が中毒発生の基盤」（政府公害認定）

一九六九（昭和四四）年　一一歳

五・二九　認定審査会が五年ぶりに開かれる。二〇人審査し、五人認定、二人保留、川本輝夫ら一三人を棄却

六・一四　水俣病認定患者二九世帯一一二人（渡辺栄蔵代表／のち一三八人）、チッソの損害賠償を求め民事訴訟を熊本地裁に提起（第一次訴訟）→一九七三・三、一審判決

一二・一五　「公害に係る健康被害の救済に関する特別措置法」（救済法／旧法）公布

一二・二七　救済法に基づく公害被害者認定審査会発足（徳臣晴比古会長）

一九七〇（昭和四五）年　一二歳

七・四　第一次訴訟出張尋問で細川一医師、ネコ四〇〇号実験等を証言。会社が見舞金契約以前に工場排水が原因と知っていたことが判明

三──女島小学校卒業
四──湯浦中学校入学

八・一八　六月に再び棄却処分をうけた川本輝夫ら九人、熊本・鹿児島県知事の棄却処分を不服として厚生省に初めて行政不服審査請求の申立て→一九七一・八、環境庁裁決

一九七一（昭和四六）年　一三歳

──水俣病認定申請準備中だった父義人が心不全で死去。享年三八歳
──中学二年次から三年次までの二年間、副鼻腔炎治療で通院

七・一　環境庁発足。行政不服審査を含め、水俣病問題が厚生省から移管

八・七　環境庁、川本輝夫ら申立ての行政不服審査で、熊本・鹿児島県知事の棄却（水俣病否定）処分を破棄し、差し戻す裁決。同時に「有機水銀の影響が否定できない場合」「主要症状のいずれかがある場合」も水俣病に含むとの事務次官通知

九・二九　新潟地裁、新潟水俣病（第一次）訴訟判決。昭和電工の安全管理義務違反の過失を認め、原告の患者や被汚染者に対して一〇〇〇万～一〇〇万円の賠償を命ず。昭電は控訴せず確定

一〇・六　熊本県知事、棄却処分取消しの川本輝夫ら七人を含む一六人を認定。一〇・八、鹿児島県知事、同じく二人を認定

一〇・一一　熊本県知事の認定を得た川本輝夫、佐藤武春らの患者一八家族、「一律三〇〇〇万円」の償いをチッソに直接求める自主交渉を開始

一二・　六　自主交渉派、上京。一二・七〜八、丸の内のチッソ東京本社で島田賢一社長らと交渉を行ったが、途中病気を理由に社長は逃亡

一二・二四　自主交渉派、チッソ従業員に排除され、本社前路上にテントを設けて座り込み（一九七三年七月まで）

一九七二（昭和四七）年　一四歳

六・　五　国連人間環境会議のストックホルムに患者坂本フジエ、しのぶ母子、浜元二徳（つぎのり）らが出発。宇井純、土本典昭、原田正純、塩田武史も同行、水俣病を世界に訴える

七・二四　四日市大気汚染訴訟判決。被告六社の共同不法行為責任を判示、確定

八・　九　イタイイタイ病控訴審判決。三井金属鉱山の賠償責任確定

一九七三（昭和四八）年　一五歳

一・二〇　新認定と未認定の患者・家族一四一人、チッソに損害賠償請求の民事訴訟を熊本地裁に提起（第二次訴訟）→一九七九・三、一審判決

三——湯浦中学校卒業を待って、吉田耳鼻科で副鼻腔炎の手術。三週間入院

三・二〇　熊本地裁、第一次訴訟で患者全面勝訴の判決。チッソの賠償責任を明示。慰謝料一八〇〇万〜一六〇〇万円の三ランク、一九五九年の見舞金契約を「公序良俗に反する」と一蹴、チッソ控訴せず確定

三・二二　自主交渉派と訴訟派患者が合流し結成された東京交渉団（田上（たのうえ）義春団長）、チッソ本社内で島田賢一社長らと謝罪や生涯の生活保障を求め東京交渉開始。四・三〇、新認定患者の慰謝料も判決と同等／一時金以外に年金や諸手当などの回答を得る

五・二二　熊大医学部第二次研究班、「一〇年後の水俣病に関する疫学的・臨床医学的・病理学的研究第二年度報告」を熊本県に提出。総括で、比較対照のために診た有明町住民の「第三水俣病」の可能性にも言及

五・二二　第二次研究班報告をもとに「有明海に第三水俣病　水銀汚染各地に」の報道（朝日新聞）。以後「徳山にも患者」等の報道合戦。全国が水銀パニックの様相に

七・　九　東京交渉団、三木武夫、沢田一精、馬場昇、日吉フミコの立会いで水俣病補償協定に調印。判決なみの慰謝料一八〇〇万～一六〇〇万円、医療費／介護手当などの恒久的な補償となる

一九七四（昭和四九）年　一六歳

一・一〇　熊本県、汚染魚封鎖のため水俣湾を囲む仕切り網を設置

九・　一　救済法にかわり、公害健康被害補償法（公健法／新法）施行

九・　一　熊本県、認定審査会で「保留」「要観察」となった申請者につき医療費自己負担分補助と手当支給を開始

一二・一三　水俣病認定申請患者協議会（申請協）の未認定患者、熊本県に対し「不作為違法確認の行政訴訟」提起→一九七六・一二・一五、熊本地裁判決

一九七五（昭和五〇）年　一七歳

一・一三　東京地裁、自主交渉川本裁判（東京地検がチッソ社員に対する傷害罪で、川本輝夫を不当に起訴）で、執行猶予つきの有罪判決。川本被告控訴→一九七七・六・一四、東京高裁判決

一・一三　水俣病患者らがチッソ歴代幹部を殺人・傷害罪で東京地検に告訴。のち熊本県警に一〇三人

追加告訴。翌一九七六・五・四、熊本地検が吉岡喜一元社長と西田栄一元工場長を業務上過失致死罪で起訴→一九七九・三・二二、熊本地裁判決

八・七　杉村国夫、斉所一郎熊本県議、環境庁への陳情で「認定申請者にはニセ患者が多い」と発言。九月、申請協が県議会に抗議（ニセ患者発言）

一〇・七　熊本県警・地検、申請患者緒方正人、坂本登と支援者、計四人を熊本県議会への公務執行妨害と傷害で不当逮捕。

★同居していた緒方正人が逮捕される現場に出くわす
一一・二八　バイク事故で右大腿部を複雑骨折し、湯之児(ゆのこ)病院に入院。八カ月経っても治らないことで、主治医から「水銀の影響の可能性がある」と言われる

一九七六（昭和五一）年　一八歳

一二・一五　熊本地裁、一九七四年一二月に申請協提訴の「不作為違法確認の行政訴訟」で未処分の申請者原告三七三人全員につき、認定業務の滞りを認め「熊本県の不作為は違法」と断ずる判決。

一二・二八、沢田一精熊本県知事が控訴断念を表明

一九七七（昭和五二）年　一九歳

六・一四　東京高裁、自主交渉川本裁判の控訴審判決。一審有罪判決を破棄し、検察の起訴自体が不当として実態審理を経た刑事訴訟で初めての、公訴棄却判決→一九八〇・一二・一七、最高裁判決

七・一　環境庁、水俣病認定検討会（椿忠雄座長）の結論により「後天性水俣病の判断条件」を通知。複数の臨床症状の組み合わせが必要、として一九七一事務次官通知の認定要件を事実上狭めた

一二・二六　一〇・二五　熊本県から「右大腿骨骨折による右膝関節機能の著しい障害」として身体障害者手帳（第二種五級）を交付される

一〇月に着工した水俣湾へドロ処理工事の安全性を危惧した不知火海沿岸の住民・患者一八一七人、熊本地裁に水俣湾へドロ処理工事差し止めの仮処分申請。へドロ処理工事、停止。（一九八〇・四、却下決定）

一九七八（昭和五三）年　二〇歳

三――水俣市百間にある建具店に就職

六・一三　泰子と結婚

六――結婚を機に、水俣市袋に住まいを構える

六・一六　前年三月に発足した「水俣病関係閣僚会議」で国の水俣病対策決定。補償金支払分を熊本県が貸付けるチッソ金融支援など

七・　三　環境庁「水俣病の認定に係る業務の促進について」通知。水俣病の範囲は医学的蓋然性が高い場合のみ／死亡などで資料が得られぬ時は棄却、として一九七一年の事務次官通知を事実上撤回。一九七七年の水俣病判断条件とあわせ認定を狭める体制が確立（新次官通知）

一一・　八　認定申請を棄却された御手洗鯛右（みたらいたいすけ）ら四人、処分の取消しを求める行政訴訟を熊本地裁に提訴（棄却取消訴訟）↓一九八六・三・二七、一審判決

一二・一五　申請協と東海・関西の患者、患者認定の遅れがなおも改善されないため、国と熊本県の認定業務の怠慢を問う「不作為制裁」の賠償請求訴訟を熊本地裁に提起（待たせ賃訴訟）↓一九八三・七、一審判決

一九七九（昭和五四）年　二二歳

一——湯之児病院に膝の手術で再入院

三・二二　熊本地裁、チッソ刑事裁判で、吉岡喜一元社長と西田栄一元工場長に業務上過失致死傷罪で禁固二年執行猶予三年の有罪判決。一九八二年九月の福岡高裁、一九八八年二月の最高裁はいずれも被告の上訴を棄却、確定

三・二八　熊本地裁、水俣病第二次訴訟判決で司法による初の水俣病認定。チッソに対し、死亡未認定原告一人に二八〇〇万円、棄却処分を受けている生存原告のうち一一人に一〇〇〇万～五〇〇万円の賠償を命ず。チッソ控訴↓一九八五・八、福岡高裁判決

七・七　第一子（長女）誕生

八・二一　熊本地検、歴代大臣告訴につき立件不可能との不起訴処分。八・二五、申請協・水俣病患者連盟などの患者、これを不服として起訴を求める付審判（ふしんぱん）請求。熊本地検、請求を受理し意見書を熊本地裁に送達↓一九八一・四、決定

一九八〇（昭和五五）年　二三歳

三・二四　杉村国夫・斉所（さいしょ）一郎県議の一九七五年のニセ患者発言に対し、申請協が提起していたニセ患者発言名誉毀損訴訟判決。熊本地裁、公務中のこととして熊本県に対し謝罪広告と慰謝料支払を命ずる。確定

五・二一　水俣病被害者の会の未認定患者、国・熊本県・チッソに対し水俣病の賠償を求める、初の国賠訴訟を熊本地裁に提起（第三次訴訟）。同訴訟団は一九八四年に各地の訴訟原告らと水俣病被害者の会・弁護団全国連絡会議（全国連）を結成↓一九八七・三、一審判決

一二・一七　最高裁、自主交渉川本裁判で検察の上告を破棄し、公訴棄却判決が確定

一九八一（昭和五六）年　二三歳

四・八　熊本地裁、一九七九年の付審判請求に対し「歴代大臣不起訴は相当」と患者の請求を棄却。ただし「行政の対応は余りに遅く不適切」と指摘

一九八二（昭和五七）年　二四歳

六・二一　新潟水俣病の未認定患者、国・昭和電工に対し水俣病の賠償を求める訴訟を新潟地裁に提起（新潟第二次訴訟）。一九九二・三、一審判決は国の責任認めず患者控訴→一九九六・五、政府解決策受諾

一〇・二八　チッソ水俣病関西患者の会、死者二人を含む原告患者三六人につき国・熊本県・チッソに対し、水俣病の賠償を求める訴訟を大阪地裁に提起。県外での未認定患者の国賠訴訟は初めて（関西訴訟）→一九九四・七、一審判決

一九八三（昭和五八）年　二五歳

七・二〇　熊本地裁、待たせ賃（不作為制裁）訴訟で代表原告全員に対し賠償に値する熊本県の不作為を認める判決。国・熊本県控訴→一九八五・一一、福岡高裁判決

一九八四（昭和五九）年　二六歳

――体毛が抜ける異常のため水俣市立病院で受診。「水銀による中毒を起こしたため」と診断される

四・九　第二子（長男）誕生

五・二　首都圏の未認定患者、国・熊本県・チッソに水俣病の賠償を求める訴訟を東京地裁に提起（東

京訴訟)。一九九二・二、一審判決は国・熊本県の責任を認めず患者控訴→一九九六・五、政府解決策受諾

一九八五(昭和六〇)年　二七歳

八・九　叔父の緒方正人、熊本県から「毛髪水銀含有量について」の回答書を手に入れる。回答書に記された二二六ppmの水銀値を知ったのは一九九六年の春

八・一六　福岡高裁、第二次訴訟控訴審判決。「水俣病判断条件は厳格に失する」と批判、未認定患者の五原告中四人を水俣病と認めチッソに一〇〇〇万~六〇〇万円の賠償を命ずる。判決確定

一〇・一二　第二次訴訟判決に対し、環境庁の水俣病医学専門家会議(祖父江逸郎座長)が「判断条件は妥当」と再確認

一一・二八　近畿・北陸の未認定患者、国・熊本県・チッソに水俣病の賠償を求める訴訟を京都地裁に提起(京都訴訟)→一九九三・一一、一審判決

一一・二九　福岡高裁、待たせ賃(不作為制裁)訴訟で一審に続き患者勝訴の判決。「認定申請から処分までは六~一六カ月で足りる」と相当期間を画す。国・熊本県上告。(一九九一・四・二六、最高裁の破棄差戻しを受け、一九九六・九・二七、福岡高裁が請求棄却の逆転裁決。二〇〇一・二、最高裁、患者上告棄却決定)

一二・二七　緒方正人、認定申請を取下げ、独自の闘いを始める

一九八六(昭和六一)年　二八歳

三・二七　熊本地裁、棄却取消訴訟判決。四原告全員を水俣病と認め、棄却処分を破棄。判断条件は「狭きに失する」と再び批判された。熊本・鹿児島県、控訴→一九九七・三、福岡高裁判決

七・一　環境庁と熊本県、曝露歴と感覚障害のある棄却者に対し、再び認定申請しない条件で医療費自己負担分を支給する「特別医療事業」を開始→一九九二・五、「総合対策医療事業」に拡充

一九八七（昭和六二）年　二九歳

三・三〇　熊本地裁、第三次訴訟判決。原告八五人を水俣病と認め、二〇〇〇万〜三〇〇〇万円の賠償を命ずる。チッソに加え、国と熊本県の賠償責任を初めて認めた。一九九三年の同訴訟第二陣原告にも同様判決。いずれも被告控訴→一九九六・五、政府解決策受諾

一〇・一三　熊本県、申請者七〇人全員を棄却。通算一五七回の認定審査会で認定なしは初、以後それが恒常化。三四人を特別医療事業の該当者とする

一九八八（昭和六三）年　三〇歳

二・一九　九州の未認定患者、国・熊本県・チッソに水俣病賠償を求める訴訟を福岡地裁に提起（福岡訴訟）→一九九六・五、政府解決策受諾

三・八　申請協などの患者、水俣病チッソ交渉団を結成。認定制度の限界を見据え、チッソに対して補償要求の直接交渉開始。九・四、水俣工場正門で座り込み開始（翌年三月まで）

六——緒方建具店として独立する

七・二七　チッソ交渉団が上京し、チッソに対して認定によらない直接補償を要求。チッソの拒否により公害等調整委員会に「原因裁定（因果関係確定）」の申立て。九月、公調委は「認定制度がある」ことを理由に却下決定

一九八九（平成元）年　三一歳

——現在の住所（水俣市月浦）に新居を建てる

三・二六　チッソ交渉団、細川護熙（もりひろ）熊本県知事・岡田稔久水俣市長・地元国会議員の立会いでチッソと「今後も補償交渉を続ける」との覚書に調印。二〇四日の水俣工場前座り込み撤収

一九九〇（平成二）年　三三歳

三・二八　チッソ水俣病患者連盟川本輝夫委員長ら、厚生省と熊本県知事に対し水俣湾と周辺の漁獲禁止と魚介類の販売禁止措置を求める訴訟（漁獲禁止義務づけ訴訟）を熊本地裁に提起。一九九一・一二、地裁、原告の訴えを棄却

三・三一　水俣湾へドロ処理工事が終了。百間港が形を変え、五八・二ヘクタールの広大な埋立地が出現

四・一一　ＩＰＣＳ（国際化学物質安全性計画）、有機水銀の新クライテリア（警戒基準）をまとめて各国に通知。成人の毛髪水銀値五〇ｐｐｍは従来通りだが、妊婦の場合は毛髪一〇～二〇ｐｐｍでも胎児に影響、と指摘

九～一〇　国賠訴訟を審理中の東京地裁、熊本地裁、福岡高裁、同地裁、京都地裁が続々と和解勧告。原告と、熊本県・チッソは応じたが国は拒否。以後各裁判所で国ぬきの和解協議が始まる一方、原告団・全国連は国も和解協議に参加するよう運動を強める

九・二八　細川護熙県知事、和解勧告受け入れ方針表明

一〇・一　山内（やまのうち）豊徳環境庁企画調整局長、「国は和解勧告拒否」と表明

一〇・二九　水俣病関係閣僚会議、「国に水俣病発生責任はない」「判断条件は正しい」として一連の和解勧告を拒否する政府見解

一九九一（平成三）年　三三歳

八・七　福岡高裁の和解協議で友納治夫裁判長、和解救済上の水俣病につき「一定の居住歴と四肢末梢の感覚障害を要件とする」との所見

九・一一　福岡高裁、国に解決責任ありとする所見、和解参加をうながす

九・二四　国、福岡高裁に和解協議不参加を回答

一一・一六　水俣病患者連合（申請協とチッソ交渉団が合併）、チッソ交渉。チッソ、訴訟原告以外の未認定患者にも同条件で救済すると表明

一一・二六　中央公害対策審議会環境保健部会水俣病問題専門委員会（井形昭弘委員長）の検討を踏まえ「今後の水俣病対策のあり方」を環境庁長官に答申。国の加害責任にはふれず、「グレーゾーン」の患者として棄却者に医療手帳を支給することなどを提案。のち二〇〇一年に開示された議事録から、専門委員会は感覚障害だけの水俣病があることを承知しながら事実を歪曲した答申を出したことが判明した

一九九二（平成四）年　三四歳

五・一　環境庁、中公審答申を受けて棄却者に対する「総合対策医療事業」を発表。一九八六年の特別医療事業に月二万円程の療養手当を加えたもので、判定検討会を経て医療手帳を交付。一九九五年の政府解決策の基盤ともなる

一〇・一三　一級技能検定合格証授与

一九九三（平成五）年　三五歳

一・七　福岡高裁友納治夫裁判長、和解対象者の金額とランクづけを提示。症状や資料の有無により八〇〇万～二二〇〇万円、一三種類の額になるとの案

一一・二六　京都訴訟で京都地裁、国・熊本県の責任を認め、原告全員を水俣病とする判決。被告控訴↓

一九九六・五、政府解決策受諾

一九九四（平成六）年　三六歳

五・一　水俣湾埋立地で水俣市が三年前から始めた水俣病犠牲者慰霊式で、初当選直後の吉井正澄市長が市政責任者として初めて、過去の行政姿勢をわびる

七・一一　大阪地裁、関西訴訟一審判決。国と熊本県の水俣病責任を認めず／賠償額八〇〇万～三〇〇万円／一部原告につき時効成立として請求却下。原告は控訴し、後の政府解決策にも応じずに訴訟を継続↓二〇〇一・四、大阪高裁判決

一九九五（平成七）年　三七歳

四・二八　連立与党の自民・社会・さきがけ、「水俣病問題についての三党合意」を中間報告。裁判所の和解協議への参加を拒否し続けていた国・環境庁は自らが「患者とチッソの和解」の斡旋者となる方向に転じていく

六・二一　連立与党、「水俣病の解決について」を三党合意のうえ政府に提出。救済対象者は四肢末梢の感覚障害がある者／主治医の診断書も使い判定検討会で決定／給付内容は一時金・医療費・医療手当／争訟や申請は取下げ／国の何らかの態度表明

一二・一五　「水俣病政府解決策」閣議了承。総合対策医療事業の判定を時限的に再開し同様の曝露歴・感覚障害の者を認める／解決一時金は一人二六〇万円、五団体には加算金／一時金の額をチッソに融資、総合対策医療事業と地域振興策は国の予算措置。首相談話は「結果として対応に長期間を要したことの反省」のみで責任認めず。一二・二〇、知事は県議会で「遺憾の意」

一九九六（平成八）年　三八歳

――総合対策医療事業のことで、女島の実家で家族会議を開く。この政治解決策が「一番ふさわしい」と判断し、申請する

一・二二　熊本・鹿児島・新潟の三県、総合対策医療事業の申請受付開始（七・一、締切り）

二・二三　新潟第二次訴訟第一陣が昭和電工と和解。二・二七、第二陣〜第八陣も和解

五・一九　全国連（原告約二〇〇〇人）、水俣でチッソと協定調印。五・二二〜二三、第三次訴訟・福岡訴訟・京都訴訟・東京訴訟ともにチッソと和解し、国・熊本県に対する訴えを取下げ

五・一二　総合対策医療事業に申請。一二・一一、熊本県は「非該当」とする。ここから「水俣病の不条理」との闘いが始まる

一九九七（平成九）年　三九歳

一・六　第一回めの認定申請を行う（第一次の申請）

二・三〜三・一〇　認定検診（眼科、耳鼻科、内科など）を受ける

三・一一　福岡高裁、政府解決に参加せず棄却取消訴訟を一人で継続していた御手洗鯛右に対し、鹿児島県知事の棄却処分を破棄し水俣病と認める判決。鹿児島県は上告せず判決確定し、申請から二五年目の認定。ここまでの認定患者数（熊本・鹿児島合計／死者含む）二二六二人

三・一七　政府解決策（政治決着）による総合対策医療事業判定結果発表（熊本・鹿児島県関係分）。二六〇万円の一時金と医療手帳交付・一〇三五三人（以前からの手帳交付者も含む。死者六九四人は一時金のみ）／一時金なし保健手帳交付のみ・一一八七人／医療事業対象と判定されず・三四五三人（生存者二九六八人、死者四八五人）

八・二〇　熊本県、「調査対象魚の水銀値が国の規制値を下回った」として水俣湾仕切り網の撤去作業開始。一九九九・一〇、湾内漁業が二三年ぶりに再開

九・一　熊本県から水俣病認定申請者医療手帳を受け取る

一二・一九　福島譲二熊本県知事から「棄却処分」の通知を受け取る（第一次の棄却）

一九九八（平成一〇）年　四〇歳

一・二六　第一回めの認定申請棄却処分に対して、福島譲二県知事に異議申立てを行う（第一次の申立て）

二・一三　第二回めの認定申請を行う（第二次の申請）

――　総合もやい直しセンター「もやい館」が水俣川沿いに竣工。芦北町「きずなの里」、水俣市袋「おれんじ館」とともに政府解決策の一環

――　第一次の異議申立てで、福島譲二県知事から「棄却」の決定書が送付される

五・七　国の公害健康被害補償不服審査会（不服審査会）に第一次の行政不服審査請求を行う

九・一九　日本精神神経学会、「複数の症状を要件とする水俣病判断条件は誤り。高度の有機水銀曝露を受けた者は感覚障害だけでも水俣病と診断できる」との見解を発表。関西訴訟でも証拠として採用

九・二六　福島譲二県知事に対して、政治解決策や認定制度の中でも救済されないおかしさを、質問状として送付

――　福島譲二県知事（処分庁）、不服審査会に「弁明書」を提出（第一次の不服審

査請求に対する、熊本県の弁明）

一〇・二五　川本輝夫さんと県庁へ交渉に行く

一九九九（平成一一）年　四一歳

一・八　第二回めの認定申請も、福島譲二県知事から「棄却処分」の通知を受け取る（第二次の棄却）

一・一九　環境庁が行政不服審査で、熊本県の棄却処分を差戻す裁決を三度も内部裁決しながら送達せずにいたことが報道で判明。知らされぬ遺族は政治解決受諾のため請求を取り下げていた。

二・五、真鍋賢二環境庁長官謝罪。異例の審理再開を経て三・三〇、「認定が妥当」と裁決。のちに熊本県も謝罪し、一〇月認定（裁決書隠蔽事件）

一・二五　第二回めの認定棄却処分に対して、水俣病に遭って人生を左右されたこと、棄却という二重の苦しみを強いられたことで、福島譲二県知事に異議申立てを行う（第二次の申立て）

二・一八　川本輝夫（チッソ水俣病患者連盟委員長／水俣市議）、肝臓がんにより死去、享年六七歳

三・三一　第三回めの認定申請を行う（第三次の申請）

八・一一　第二次の異議申立てで、福島譲二県知事から「棄却」の決定書を受け取る

九・八　不服審査会に第二次の行政不服審査請求を行う

九・二四　福島譲二県知事から「棄却処分」の通知を受け取る（第三次の棄却）

一一・一二　福島譲二県知事（処分庁）、不服審査会に「弁明書」を提出（第二次の不服審査請求に対する、熊本県の弁明）

一一・一五　第三回めの認定申請棄却処分に対して、水俣病の被害に遭った事実を無視しないでほしいと、福島譲二県知事に異議申立てを行う（第三次の申立て）

二〇〇〇（平成一二）年　四二歳

三・一四　第四回めの認定申請を行う（第四次の申請）

三・二七　鹿児島県、保健手帳を返上し水俣病認定申請した患者を認定。前年認定の一人とともに胎児性

三・二八　第三次の異議申立てで、福島譲二県知事から「棄却」の決定書を受け取る

四・二七　不服審査会に第三次の行政不服審査請求を行う

五・三一　福島譲二県知事（処分庁）、不服審査会に「弁明書」を提出（第三次の不服審査請求に対する熊本県の弁明）

六・八　第三次の不服審査請求の県弁明書で、認定審査会が成績証明書を無断で使用していたことが判明。七・三、潮谷義子熊本県知事に対し、「プライバシーを侵害された」ことで抗議文を送付

七・一三　水本二(わかつ)県水俣病対策課長から「プライバシーの侵害とはならない」の回答

七・二四　疫学調査書の家族職業欄に「ブラブラ」と侮辱的な表記が判明（「ブラブラ」表記問題）

八・三　安田宏正県環境生活部長らが、「不適切だった。県の体質を反省している」と直接謝罪

八・一六　潮谷義子県知事が、成績証明書の無断使用と「ブラブラ」改ざん問題で、

九・二二　患者連合が、自民党三県議の発言で熊本県議会（倉重剛議長）と環境対策特別委員会（松村昭委員長）へ抗議文を送付

「ごめんなさい、では済まない重いものを感じている」と直接謝罪
九・二二　熊本県議会環境対策特別委員会で自民党県議の八浪知行、吉本賢児、杉森猛夫が「ブラブラ表記が的確な表現」と発言。県議会に抗議文を送付

九・二九　水俣病互助会・水俣病市民会議・水俣病事件を考える市民の会が、自民党三県議の発言で熊本県議会へ抗議及び要請文を提出

一〇・五　患者平和会・患者連合・全国連が、自民党三県議の発言で、潮谷義子県知事へ申入書を送付する

★潮谷義子県知事に対し、自民党三県議の発言で申入書を送付
一二・一五　潮谷義子県知事に対し、「毛髪水銀値二二六ppmの水俣病被害者が救済されないのは熊本県行政の力不足」という内容の申入書を送付

一二・二八　潮谷義子県知事、水俣湾汚染調査の継続を表明

二〇〇一（平成一三）年　四三歳

一・一　省庁再編で環境庁が環境省に改組。川口順子環境大臣が初代

四・二七　大阪高裁、関西訴訟の控訴審判決。国・熊本県にも水質二法などによる責任を認め、病像では患者側主張の「中枢神経損傷説」や「二点識別覚検査」を採用。高裁の行政責任判示は初。チッソは上告断念、国・熊本県は上告→二〇〇四・一〇・一五、最高裁判決

五・一一　熊本地裁のハンセン病国賠訴訟で患者全面勝訴の判決。五・二五、小泉純一郎首相が上告断念

を表明、関西訴訟との違いが際立つ

六・六　熊本県から「疫学調査書の記録に係る調査結果について」の報告を受ける

六・八　水俣保健所に「水俣湾の魚介類を食べ、緒方正実がメチル水銀による中毒症状を起した」として、二宮正医師（熊大医学部助手）と津田敏秀医師（岡山大医学部講師）が届け出る（食中毒事件として初めて）

六・一一　「ブラブラ」問題で反省した熊本県は、疫学調査書を使用する前に本人確認と、同意の印鑑を押すことと改め、内容確認として「水俣病患者及び申請者の状況」が送付される

六・一四　自民党県議の八浪知行、吉本賢児、杉森猛夫の発言に対し、回答が得られず再度質問状を送付

――　水俣保健所（内野高子所長）から、「水俣湾の魚の摂取によるメチル水銀中毒症である」と認めながらも、直近の喫食による症状ではないとして「食中毒事件として調査は行わない」という連絡を受ける

八・八　熊本県に対して、総合対策医療事業に申請した際、医師に毛髪水銀含有量二二六ppmの資料（県からの回答書）を医師に差し出し、診断書に「添付」と記載したはずの資料が行方不明となり、判定委員会へ届かなかったことで調査依頼。八・二〇、県水俣病対策課長（氏名不記載）から、診断書に「資料が綴じられていたことがわかる」としたにもかかわらず「確認できない」との不誠実な報告書が送付される

八・一七　熊本県から「審査会資料として成績証明書を使用することに係る同意書の

提出について（依頼）」の通知が送付される。八・二八、潮谷義子県知事に対して手紙（質問）を送付。熊本県から回答が得られず、同意書は不提出

一〇・一二　東京の支援者、井形昭弘医師を関西訴訟控訴審における一九九八年の証言につき、偽証罪で大阪地検に刑事告発。（二〇〇三・一二、不起訴決定）

一〇・一五　水俣市で第六回国際水銀会議開催。国際社会が微量汚染での健康障害を問題視する中、日本政府の姿勢は後ろ向き。

★市内で水俣フォーラム主催の「水俣展」

一〇・二一　初めて公の場で、自身の水俣病被害を打ち明ける

一〇・二三　中央公害対策審議会環境保健部会水俣病問題専門委員会（井形昭弘委員長）の一九九一議事速記録が、内閣府の決定を経て情報開示請求者（東京水俣病を告発する会・鎌田学）に交付される。水俣病が中枢神経損傷に由来し、感覚障害のみの水俣病もあり得ることを承知しつつ、政治的・経済的都合からそれをごまかす方策を話し合っていたこと等、一九九二年の「特別医療事業」の医学的定義まで問われる議論だったことが明らかとなる。関西訴訟でも証拠採用

一二・一八　検診未了のうちに死亡し、病院カルテ調査を放置されたまま水俣病認定申請を棄却された故・溝口チエの遺族・溝口秋生原告が、熊本県に対し棄却処分取消を求める行政訴訟を熊本地裁に提起（溝口棄却取消訴訟）。二〇〇五・一〇・二八、義務付け訴訟を提起→二〇〇八・一、一審判決

二〇〇二（平成一四）年　四四歳

七・一八　第一次の不服審査請求についての口頭審理が行われる。請求人と三人の代

理人でのぞむ。審理が終らず、翌年の五月に結審

九・一三　国連環境計画、微量水銀による健康被害につき各国政府に早急な対策を求める

九・一九　第四回めの認定申請も、潮谷義子県知事から「棄却処分」の通知を受け取る（第四次の棄却）

九・二〇　原田正純熊本学園大学教授、社会福祉学部で「水俣学」開講。水俣病問題を現場に学ぶ総合的学問として伝える

一一・一七　第四回めの認定申請棄却処分に対して、潮谷義子県知事に異議申立て（第四次の申立て）

二〇〇三（平成一五）年　四五歳

一・一二　第八回水俣病事件研究会で、溝口秋生とともに発言。「総合対策医療事業の対象にならなかったことが、水俣病と正面から向かい合うきっかけになった」と訴える。このとき新聞に初めて実名を名乗る

一・一六　熊本県に対して、自身の認定申請に係る認定審査会の議事録、録音テープの開示請求を行う。二・七、熊本県から「議事要点録を作成しているため、議事録は作成しておらず。録音テープは存在しない」という理由で、不開示決定通知書が送付される。五・二一、口頭審理でこの問題を提起

三——高校を卒業した長男が家業を手伝う

三・　三　熊本県、認定申請者一九人を棄却処分。この中には第二次訴訟や関西訴訟で水俣病の賠償を認容されている原告も含まれており、認定制度の矛盾があらわに

四・一九　第四次の異議申立てで、潮谷義子県知事から「棄却」という決定書を受け取る

五・一五　不服審査会に第四次の行政不服審査請求を行う

五・二一　第一次の不服審査請求についての口頭審理が行われる。請求人と六人の代理人でのぞむ

七・一八　潮谷義子県知事より職業訓練指導員免許授与

八・一一　ＮＨＫラジオ「評伝・環境の思想人たち」三夜連続シリーズの最初として「水俣の闘士　川本輝夫」放送。その中で、自身の熊本県行政との闘いを語る

八・二九　熊本県（処分庁）、不服審査会に「弁明書」を提出（第四次の不服審査請求に対する、熊本県の弁明）

二〇〇四（平成一六）年　四六歳

一・三〇　熊本県認定審査会、県の情報公開審査会の決定を踏まえ、以後は議事録を作り公開することを決定。二宮正医師の情報公開請求に対し、情報公開審査会が「以後は開示すべき」とし、潮谷義子県知事が応じた。二〇〇九・三・二七、群馬の支援者・牧野喜好が「審査会委員の氏名の公表」などを求めた質問状を蒲島郁夫熊本県知事へ送付したところ、水俣病審査課の田中彬治課長から「個人情報の保護により、記載しない」などと回答を受ける

二・二五　第一次の不服審査請求で、不服審査会から「審査請求を棄却する」という裁決書が送付される

三・一七　熊本県、関西訴訟の原告ら六人の認定申請を棄却。行政認定と司法認定との「二重基準」の

問題が改めて露呈

六・一〇　水俣フォーラム主催の「水俣・札幌展」で柳田邦男と共演。北海道の人たちに水俣病事件の不条理を訴える。宇井純から励ましを受ける

六・二七　水俣市の山間部、水道水源上流の長崎・木臼野地区に計画された巨大な産業廃棄物処分場建設に対する反対運動始まる。二〇〇六・二・五、「産廃処分場阻止」の宮本勝彬氏が現職を破り、水俣市長に当選。二〇〇八・六・二三、IWD東亜熊本の親会社が産業廃棄物処分場事業の中止決定を発表。

七・五　最高裁で関西訴訟の弁論法廷。川上敏行原告団長らが陳情し行政側と弁護団が弁論を展開。

★原告支援のため溝口秋生と高倉史朗の三人で上京し、弁論法廷を傍聴する

八・二八　水俣湾埋立地親水緑地に設けられた屋外の能舞台で、石牟礼道子新作能「不知火」奉納公演。夕刻からの公演に全国から一三〇〇人が集い観能。

★スタッフとして長男とともに参加する

一〇・一五　最高裁第二小法廷、関西訴訟判決。大阪高裁判決の主要部分を踏襲し「水質二法を適用しなかった国、漁業調整規則を適用しなかった熊本県に、一九六〇年以降、水俣病の拡大を放置した責任がある」と判決。公式発見から四九年目にして行政の水俣病責任が確定した。

★原告支援のため川本ミヤ子や溝口秋生らと上京、傍聴席で判決を聞く

一〇・一五　関西訴訟団、判決を踏まえ抜本的な水俣病政策の改革を求める「要請書（公健法のメチル水銀中毒症の判断基準見直し等）」を提出し環境省と交渉。小池百合子環境大臣は原告患者らに促されて謝罪したが、環境保健部は「水俣病判断条件は見直さない」の一点張り。

★交渉の席で、水俣病被害に遭いながら、行政の怠慢によって救済されずに苦しみ続けていることを訴える

一〇・二六　潮谷義子県知事、最高裁判決を受け、司法認定との「二重基準」のままで今後の認定審査や処分を行わねばならない（司法認定された患者らを棄却処分する）ことに対し、強い疑念を表明

一一・一九　熊本県の産業に貢献したとして熊本県技能士連合会表彰

一二・二八　最高裁判決以後、認定申請が激増。水俣病出水の会の集団申請なども含め、判決後の申請者数が熊本県二一六人、鹿児島県二〇六人。いまだ救済を受けずにいる潜在患者の存在が明らかとなる

二〇〇五（平成一七）年　四七歳

三・二四　鹿児島県認定審査会の二年任期満了。鹿児島県が次期委員の委嘱を見送り、前年一〇月末任期切れの熊本県ともども、法による認定制度が機能停止状態に

四・　七　環境省、最高裁判決後の新対策として、関西訴訟・第二次訴訟原告に医療費／総合対策医療事業を拡充し「保健手帳」のみ募集再開／地域再生・高齢者医療対策等の検討、の三項目を発表

四・二三　最高裁判決後の熊本県への認定申請者が一〇〇〇人を超える。鹿児島県との合計は約一六〇〇人

五・　一　水俣市で公式確認四九年目の水俣病犠牲者慰霊式、最高裁判決をふまえ、小池百合子環境大臣と潮谷義子県知事があらためて謝罪。

★小池百合子環境大臣に申入書を手渡す
五・一一　国立水俣病総合研究センター主催の第三回公開セミナー「食と健康」の講演（三・二六）の中で、滝澤行雄水俣市助役が「頭髪水銀値二〇〇ppm以下では水俣病は起こらない」などと不適切な発言。この発言に対して、「私の親族は二〇～七一ppmで水俣病として認定されているが、あなたの発言と異なる」などを公開質問状として提出。五・二五、滝澤行雄助役から「わたくし個人の研究としての知見ではない。ロチェスター大学研究グループが発表していることを紹介」などと無責任な回答を受ける

五・一一　環境省で水俣病懇談会
六・一四　吉井正澄前水俣市長、水俣病につき首相が明確に謝罪表明をするよう提言
八・　八　水俣市内に熊本学園大学水俣学現地研究センターがオープン
九・二六　最高裁判決後の認定申請者が熊本、鹿児島両県あわせて三〇〇〇人を突破
一〇・　三　水俣病不知火患者会の五〇人が、未認定者を患者と認め賠償を命ずる判決を求め、国・熊本県・チッソに対して訴訟を熊本地裁に提起

二〇〇六（平成一八）年　四八歳

一・　四　伊藤祐一郎鹿児島県知事年頭会見。民事訴訟で争う姿勢を示している国に対し「最高裁判決があるのだからもう少し反省を」
一・一二　チッソ、前身の曽木電気発足から一〇〇年
一・二六　第二次の不服審査請求についての口頭審理で意見書を提出。請求人と一五

三・一二　水俣病公式確認五〇年事業「みなまたの五〇年フォーラム」。元チッソ付属病院の小嶋医師や、元福岡高裁友納判事らが講演。約三〇〇人参加

人の代理人でのぞむ
二・九　潮谷義子県知事に対し、「成績証明書使用については慎重に行なう約束のはずが、口頭審理で使用され著しくプライバシーを傷付けられた」という内容の手紙を送付する

二・二二　水俣病不知火患者会の一八六人が追加提訴。原告計八七六人。

二・一三　潮谷義子県知事から謝罪と今後の審査方法についての返事を受け取る

二・二三　谷﨑淳一県水俣病対策課長が自宅を訪問し、直接謝罪する

四・一七　水俣病不知火患者会が追加提訴。原告総数一〇〇〇人を超す

四・二三　朝日新聞社主催のシンポジウム「公式確認五〇年水俣病が問いかけたもの――産業優先社会の果てに」、石牟礼道子ほか。

★パネルディスカッションで語る

四・二五　衆議院本会議で「水俣病公式確認五〇年に当たり、悲惨な公害を繰り返さないことを誓約する決議」を全会一致で採択。四・二六、参議院も「水俣病公式確認五〇年に当たり、悲惨な公害を繰り返さないことを誓約する決議」を全会一致で採択

四・二九　水俣フォーラム主催の「叢想(そうそう)行列」に参加。チッソの本社があった場所や環境省庁舎などを巡る

四・三〇　水俣湾埋立地親水緑地に水俣病慰霊碑を建立

五・一　公式確認から五〇年目の水俣病犠牲者慰霊式、小池百合子環境大臣は「水俣病の拡大を防げなかったことをあらためてお詫び申し上げる」と謝罪。潮谷義子熊本県知事は「目に見える形の施策がなかなか困難である現実に、苦悩と申し訳なさで満ち満ちている」と謝罪。約一〇〇〇人が参列。

★小池百合子環境大臣に「水俣病から逃げないで」という思いをこけしに託し、手渡す

五・一五　国の公害健康被害補償不服審査会が、新潟の男性二人の棄却処分を取り消す差し戻し裁決

六——不服審査会へ提出した、処分庁（熊本県）の回答書に「視野は、被検者の環境、人格等機能的要因によって影響を受けやすく」と、水俣病被害者の応答を疑う表記が発覚

六・一二　処分庁（熊本県）が不服審査会へ提出した、口頭審理での請求人側の質問に対する「未回答事項についての回答書」を受け取る

六・一九　最高裁判決後の水俣病認定申請者が熊本、鹿児島、新潟三県で四〇〇〇人を超す

七・九　不服審査会に「（熊本県が）私の水俣病認定申請を棄却したのは、ずさんな検査方法に問題がある」という反論書を提出。七・一八、二一、高倉史朗、花田昌宣、鎌田学の三代理人が意見書を提出

八・一　「人格」問題で、谷﨑淳一県水俣病対策課長に「私の人権に関わり、さらに、私を傷つける表現」というお尋ね書を送付する

八・五　「川本輝夫『水俣病誌』出版記念の集い」で、川本家や溝口秋生と上京。行政

不服審査請求を、自らの人生を取り戻すためと位置づけ、そのために行政と闘っているることを訴える

八・一九　谷﨑淳一県水俣病対策課長ら三人が、水俣市公民館で面会し、「人格」問題で「配慮しないままに使ってしまった」と直接謝罪

八・二九　潮谷義子県知事が水俣来訪、水俣学現地研究センターにて人格問題で直接謝罪。自身の水俣病解決の訴えとして、こけしを手渡す

八・三一　定例会見で潮谷義子県知事は、「人権感覚が問われる中、本当に申し訳ないという気持でいっぱい」と述べる

九・六　水俣病認定申請者と「新保健手帳」の申請者の合計数（熊本、鹿児島の二県計）が一万人を超える

九・一九　「水俣病に係る懇談会」、小池百合子環境大臣に提言書を正式提出

一〇・四　熊本県、不服審査会に「口頭審理において報告を求められた事項の一部修正」として、「環境、人格等機能的要因」表記を削除して再提出

一一・一一　初期の水俣病研究に尽力し、自主講座で日本中の公害反対運動に指針を与えた宇井純逝去。享年七四歳

一一・二二　不服審査会（大西孝夫会長）が、「不服審査請求に係る熊本県の水俣病棄却処分を取り消す」との裁決を出す（差し戻し裁決）

一一・二七　不服審査会から「裁決書」を受け取る。熊本県の人権感覚が問われる中、水俣病の不条理との一〇年間の闘いの「結実の日」となった

一一・二八　熊本県庁での潮谷義子県知事と直接交渉（第一回めの交渉）

一二・二二　午前中は、熊本地裁での溝口行政訴訟傍聴。午後は、熊本県庁で金澤和夫県副知事と交渉（第二回めの交渉）

二〇〇七（平成一九）年　四九歳

一・二三　熊本県環境センターで村田信一県環境生活部長らと交渉（第三回めの交渉）

一・二四　泉田裕彦新潟県知事、「最高裁判決基準で新潟水俣病救済を検討」

一・二七　みなまた曼荼羅話会（シンポジウム）に参加。潮谷義子県知事が挨拶

一・三〇　国の公害健康被害補償不服審査会、出水市男性の請求を棄却

三・一　谷﨑淳一県水俣病対策課長と自宅にて交渉（第四回めの交渉）。「認定審査会はもうすぐ」と打ち明けられる

三・一〇　熊本県、認定審査会（岡嶋透会長）を二年七カ月ぶりに再開。熊本県の認定申請者は三二八三人に達する

★認定審査会、緒方正実は「認定が相当」と判断し、潮谷義子県知事へ答申。二〇〇五年三月に差し戻しの名古屋の男性は結論出ず

三・一一　新潟で再開した認定審査会、二人認定を答申。三・一三、新潟市長が二人認定、一人棄却。認定患者数六九二人に。新潟での認定は二二年ぶり

三・一五　村田信一県環境生活部長から、潮谷義子県知事が「水俣病」と認定した通知書を受け取る。公健法による患者認定は七年一一カ月ぶり。熊本県の認定患者は一七七六人となる。記者会見で潮谷義子県知事は、「緒方さんには、お詫びしてもお

三・二二　「詫びし切れない」「国の不服審査会の裁決は強い拘束力を持ち、一歩踏み込んだ形で諮問した」と謝罪

国の公害健康被害補償不服審査会が二件の審査請求を棄却。うち一人は関西の勝訴原告で、司法と行政の二重基準の矛盾が露呈

三・二八　チッソとの間で補償協定を交わす。その直後、後藤舜吉会長から「水俣病を起し種々多大のご迷惑をおかけした」という詫び状が届く

三・三〇　水俣市役所を訪問、宮本勝彬市長に水俣病認定の報告をする。こけしを手渡す

四・二七　新潟水俣病で第三次提訴。一二人の未認定患者が国・新潟県・昭和電工に対し一人一〇〇〇万円の賠償請求

四・二〇　潮谷義子県知事に対して、「私の症状に対してランクと言う表現を使うことは、気持ちいいものではない」という理由で、名称変更の要望を送付する

五・一　水俣病犠牲者慰霊式。熊本県環境センター前にて、若林正俊環境大臣に申入書と、こけしを手渡す。潮谷義子県知事と面会

五・八　第三次・第四次の不服審査請求の取り下げを行う

五・一五　関西訴訟原告の八一歳女性、「生きているうちに認定を」と大阪地裁に行政訴訟を提起。弁護団、基準見直しも訴え

五・一八　川上敏行・関西訴訟原告団長と夫人、水俣病と認める義務づけと三四年間放置している熊本県の不作為違法確認を求める訴訟を熊本地裁に提起。川上原告、「どうしても納得いかん」「門

戸を開きたい」。県、「認定は国からの受諾事務」（川上夫妻訴訟）

五・二六　みなまた観光物産館まつぼっくりで、緒方正実、水俣病行政不服審査請求の意味を考える集い。一〇年間の闘いとして「水俣病への思い」を報告。行政不服審査請求の意味や水俣病患者運動の展望などをテーマに、原田正純（熊本学園大学教授）、花田昌宣（熊本学園大学教授）、牧口敏孝（ＲＫＫ熊本放送・報道制作局部長）、高倉史朗（緒方正実行政不服代理人）の四名が講演

六・一〇　関西訴訟原告の坂本美代子と小笹恵、水俣病認定を求め熊本県庁前で座り込み。六・一二、金澤和夫副知事と交渉

六・一九　水俣市立水俣病資料館と水俣病センター相思社でこけしの販売を開始

六・二〇　潮谷義子県知事、前月の認定審査会の答申を受け認定申請の四人を棄却

六・二三　東京大学での公開自主講座「宇井純を学ぶ」と「宇井純さんを偲ぶ集い」に参加

六・二四　「水俣・カネミ　認定と補償救済を問うシンポジウム」に参加し発言。報告者は他に、原田正純、佐藤英樹（水俣病被害者互助会会長）、溝口行政訴訟弁護団事務局、カネミ油症被害者など

六・二五　チッソ本社で後藤舜吉会長と面会し謝罪を受ける。こけしを手渡す

七・二六　谷崎淳一県水俣病対策課長から、総合対策事業での棄却処分とした検査所見書に「添付」と明記したはずの毛髪水銀値の書類が欠落していた問題で、説明を受ける

八・一七　潮谷義子県知事、認定審査会の答申に基づき二人を新たに患者認定。一人は三月に結論が出なかった名古屋の男性

一〇・一一　水俣病被害者互助会（佐藤英樹会長）の九人、国・熊本県・チッソに対する水俣病賠償を求め熊本地裁に提訴（被害者互助会訴訟）

一〇・二九　国の公害健康被害補償不服審査会、鹿児島の二人の審査請求を棄却

八・九　熊本県に対して開示請求していた行政文書が送付される。取消裁決案件について、「諮問に当たっての知事の考え方（水俣病認定）に、異存はない」と答申したことを記載

九・二六　一九六八年、水俣病が公害認定された日。水俣市立水俣病資料館で「語り部」として活動を開始。「私の水俣病」をテーマに益城町立津森小学校で語る

一一・二七　「水俣病患者補償ランク付等申請書」をランク付委員会へ提出。また、このランク付委員会に「ランク付」という表現には、人をモノのように扱う言葉で、水俣病患者に対する配慮が欠けるものとして、名称変更の申し入れをする。一二・一三、委員会、申し入れに対して「締結当事者ではないので協定内容を変更する権限はない」と回答

一二・一九　熊本県が認定審査会資料の一部として使用していた、小中学校時代の成績証明書を小児性水俣病に限って全面的に廃止することを決定。田中彰治水俣病審査課長は、「人権面に配慮すべきだと判断した」と発言

一二・三〇　ＲＫＫ熊本放送、「水俣病公式確認五一年」の特別番組を放送。「ブラブ

ラ」表記問題や「人格」問題なども取り上げ、行政に侵害され続けた人間としての存在を自らの手で取り戻す闘いが描かれている

二〇〇八（平成二〇）年　五〇歳

一・二五　熊本地裁（亀山清長裁判長）、溝口訴訟判決。故・溝口チエの水俣病の症状を証明するカルテがないとして、病院調査を放置した熊本県の責任は不問のまま、原告の請求を「棄却取消し」も「認定義務づけ」も棄却。溝口秋生「悔しいと言うより、世界に恥ずべき判決」と訴える。

↓二〇一二・二、福岡高裁判決

★溝口裁判支援で、水俣病患者や支援者と裁判傍聴。判決後、県庁での潮谷義子県知事との交渉にも参加

一・二八　水俣病患者補償ランク付のため、自宅にて水俣市役所職員より聞き取りを受ける

二・　六　溝口秋生、熊本地裁判決を不服として福岡高裁に控訴

二・二八　水俣病資料館で水俣病を語る「語り部の会」の杉本栄子副会長逝去。

★逝去にともない、同会の副会長に選任される

四・一　小規模授産施設「ほっとはうす」にこけしの売上金を寄付

四・一一　ほっとはうす「みんなの家」落成式に参加

五・一　水俣病犠牲者慰霊式。鴨下一郎環境大臣と蒲島郁夫熊本県知事にこけしを手渡す

五・七　水俣病患者補償ランク付委員会（委員と事務局の七人）より自宅で聞き取り

調査を受ける
七・二九　水俣病患者補償ランク付委員会から、「Cランク」決定通知書を受け取る
八・九　水俣フォーラム主催「水俣・新潟展」で講演。新潟県立「環境と人間のふれあい館（新潟水俣病資料館）」を見学。新潟水俣病患者や旗野秀人（安田患者の会事務局）らと懇親
八・三〇　六月二四日に逝去した記録映画作家・土本典昭の追悼集会「土本典昭さんをしのぶ水俣の夕べ」に参加
九・三〇　新潟県議会、医療費などを支給する独自の「新潟水俣病地域福祉推進条例」を可決
一一・一二　国の公害健康被害補償不服審査会が出水市の男性に対し、鹿児島県の処分を取り消す裁決。一二・二三、四年ぶりに再開された認定審査会で水俣病と認め伊藤祐一郎鹿児島県知事に二五日答申、翌日に認定。鹿児島県では八年ぶり
一二・二二　新潟県と新潟市の認定審査会が申請者一〇人のうち一人を「認定相当」と結論、二六日認定
一二・二二　新潟県、認定審査会委員に弁護士を初選任

二〇〇九（平成二一）年　五一歳

二・一三　自民・公明の与党水俣病問題プロジェクトチーム（園田博之座長）、水俣病未認定患者の新たな救済策と、チッソ分社化の優遇措置を盛り込んだ法案の三月提出を決める
三・一三　自民・公明の与党、「水俣病被害者の救済及び水俣病問題の最終解決に関する特別措置法案」（水俣病特措法案）を国会へ提出
三・一五　記録集『孤闘——正直に生きる』を出版

三・二〇　本願の会（浜元二徳代表）、水俣病互助会（諫山茂会長）、チッソ水俣病患者連盟（松崎忠男委員長）、「水俣病特措法案」の撤回を要求する緊急共同声明を発表

三・二五　水俣病互助会などの水俣病患者一一団体、「水俣病特措法案」特に分社化、地域指定解除の撤回を要求する声明を発表

四・一　新潟県が独自に新潟水俣病患者を救済する「新潟水俣病地域福祉推進条例」施行。国の基準より幅広く「新潟水俣病患者」と認め、月額七〇〇〇円の福祉手当を支給

五・一　水俣病犠牲者慰霊式。国立水俣病情報センターにて、蒲島郁夫県知事に記録集を手渡す

五・二　東京・水俣病を告発する会主催「川本輝夫さん逝去一〇年の集い」

六・一〇　「語り部の会」が環境省から表彰されることとなり、浜元二徳会長の代わりに上京。斉藤鉄夫環境大臣にこけしを手渡す

七・八　七・二に衆議院本会議で可決された「水俣病被害者の救済及び水俣病問題の解決に関する特別措置法」（以下、「水俣病特措法」とする）が、参議院本会議で可決、成立。七・一五、施行

七・一六　原徳壽（のりひさ）環境省環境保健部長、朝日新聞西部本社版記事で「（患者原告の）共通診断書は信用できない」「不知火海沿岸では体調不良をすぐ水俣病に結びつける」などと「ニセ患者」発言。患者各団体、抗議

八・一四　関西訴訟の最高裁判決集会で「この国は放置国家です」と述べた患者の大村トミエ（川崎在住）が逝去

九・二一　不知火会沿岸住民健康調査実行委員会（原田正純実行委員長）の一斉検診。二日間で一〇四

四人が受診

九・三〇　熊本県への認定申請者が四〇〇〇〇人を超す

一〇・六　蒲島郁夫熊本県知事、チッソ水俣病関西訴訟の勝訴原告・坂本美代子を水俣病と認定。二年ぶりのこと。七日、堀尾俊也チッソ総務部長「確定判決が出ている方には、損害の補填は結論がついている」と補償協定調印を拒否

二〇一〇（平成二二）年　五二歳

一・九　チッソの後藤舜吉会長、社内報の年頭所感に「（分社化によって）水俣病の桎梏（しっこく）から解放される」と述べたことが判明、患者各団体こぞって抗議。環境省は会長を呼び口頭注意

一・一一　水俣病不知火患者会が総決起集会を開き、環境省との和解協議に応じる方針を正式決定。一二日、小沢鋭仁（さきひと）環境大臣が国も和解協議に入ると表明

一・二二　熊本地裁が原告の不知火患者会と被告の国・熊本県・チッソに和解勧告

二・五　前年出版の記録集『孤闘——正直に生きる』が熊本日日新聞社の出版文化賞・マイブック賞を受賞

三・二九　熊本地裁が和解案。患者への一時金二一〇万円／療養手当一万二九〇〇円～一万七七〇〇円（月額）／医療費／団体一時金二九億五〇〇〇万円／原告と被告で設置する第三者委員会が判定。共通診断書と第三者委員会の診断書の両方を使う／へその緒などで胎児期から体内に水銀が存在したことを示す科学的データがあれば一九六九年以降生まれも候補とする／等で原告・被告双方が基本合意。二〇一一・三、不知火患者会、和解受入れを正式決定

四・一六　鳩山由紀夫内閣、司法和解と同等の内容を軸に「救済措置の方針」を閣議決定。司法和解と

特措法救済を並行させる「第二次政治決着」が本格始動

五・一　鳩山首相が歴代首相として初めて犠牲者慰霊式に出席。国を代表して「公害防止の責任を十分に果たすことができず、水俣病の被害の拡大を防止できなかった責任を認め、衷心よりおわび申し上げる」と謝罪。同日、水俣病特措法に基づく救済申請が始まる

五——「ほっとはうす」の理事となる

★患者・遺族代表として祈りの言葉。「真実を伝え続ける」と表明。鳩山首相と小沢環境大臣にこけしを手渡す

七・一　環境省・小林光事務次官に「水俣病被害者救済特別措置法に関するお尋ね書」を送付する

七・一六　大阪地裁、関西訴訟勝訴原告の女性F氏が、国・熊本県に対し公健法による水俣病認定を求めた行政訴訟で、患者勝訴の判決。「昭和五二（一九七七）年判断条件に規定する症候の組み合わせがない限り水俣病と認めないという国の主張には医学的裏付けがない／四肢の感覚障害は水俣病の基礎的症候で感覚障害のみの水俣病も存在すると認められる／メチル水銀の摂取状況や他に原因疾患がないことなどを考慮すれば原告は水俣病と認められる」→二〇一二・四、大阪高裁判決

九——「水俣・明治大学展」で認定まで一〇年間の闘いを話す

九・三〇　大阪地裁、関西訴訟で勝訴後、公健法で患者と認定された男性I氏が、「損害賠償は裁判で決着済み」としてチッソが補償協定を拒むのは不当として一時金一六〇〇万円の支払いなどを求めた訴訟で、補償協定の適用を認めず、患者敗訴の判決→二〇一一・五、大阪高裁判決

一〇・一　水俣病特措法で受給判定を得た申請者に対して一時金の支給が始まる
一二・一五　松本龍環境大臣、水俣病特別措置法に基づいてチッソが申請していた分社化につき後藤舜吉会長に認可書を交付。「加害者免責を急ぐな」と、患者各団体はチッソと国に抗議

二〇一一（平成二三）年　五三歳

一・一二　チッソ、子会社ＪＮＣを設立登記。事業部門をすべてＪＮＣに移し、チッソは患者補償のみを行う持株会社となる

二――建具職人として「水俣市環境マイスター」に認定される

三・三　新潟水俣病四次訴訟（一七三人）、国・昭和電工と和解
三・一一　東日本大震災。福島第一原発一～三号炉で炉心溶融
四・一　チッソ事業部門のＪＮＣが営業開始
五・一　水俣病犠牲者慰霊式。近藤昭一環境副大臣参列。

★水俣病犠牲者慰霊式に出席。近藤環境副大臣にこけしを手渡す
五――国会のため慰霊式を欠席した松本龍環境大臣が五月中旬水俣を訪れた際、慰霊碑の前でこけしを手渡す

五・三一　大阪高裁、関西訴訟勝訴原告・認定患者の男性に対し、チッソとの補償協定の適用を認めなかった一審判決を支持し控訴を棄却（二〇一三年七月、最高裁で患者敗訴確定）
七・六　蒲島郁夫熊本県知事、チッソ水俣病関西訴訟の川上敏行夫妻を水俣病と認定

二〇一二（平成二四）年　五四歳

一二・一　熊本学園大「水俣学講義」で認定をめぐる闘いについて話す

二・四　細野豪志環境大臣、水俣病特別措置法に基づく救済措置の申請期限を七月三一日までと正式表明

――「語り部の会」の数人で沖縄訪問。ひめゆり平和祈念資料館など三カ所と交流

二・二七　福岡高裁、棄却取消請求の溝口行政訴訟で熊本地裁判決を取り消し、遺族原告・溝口秋生の請求を全面的に認める判決。「水俣病判断条件は唯一の基準とするには不十分で運用も適切と言い難い。本来認定されるべき申請者が除外されていた可能性は否定できない／原告の母親チエには手足や口の感覚障害があり、メチル水銀の摂取歴や生活環境などを慎重に検討すれば水俣病と認定できる／熊本県の棄却処分は違法で、水俣病認定をするべきなのは明らか」→二〇一三・四、最高裁判決

★判決傍聴

四・一二　大阪高裁、棄却取消請求のF氏行政訴訟で、大阪地裁判決を取り消し、原告女性（遺族が継承）の請求を退ける判決。二〇一三・四、最高裁判決

五・一　水俣病犠牲者慰霊式、細野豪志環境大臣と参列

★語り部の会会長代行として慰霊式に出席、細野環境大臣と懇談、祈りのこけしを手渡す

六・一一　原田正純逝去。医師として水俣病患者やカネミ油症・土呂久鉱害・三池CO中毒などの被害者に寄り添い、公害の背景にある社会的差別構造を問い続けた。溝口訴訟控訴審では原告側証人として「チエさんは水俣病」と証言

七・一　水俣病資料館企画委員会委員の委嘱を受ける

八・三一　七・二八　福島県いわき市で講演。原発事故と津波の被災地訪問
患者多数の反対にも拘わらず、水俣病特措法に基づく申請期限が二年四カ月で締め切られる。
熊本・鹿児島・新潟あわせて六万五千人が申請
九・二七　国立水俣病総合研究センター水俣病情報センター懇話会委員となる
一〇・六　富山県で開かれた、イタイイタイ病・新潟水俣病・水俣病の語り部による
「伝承会」に参加
一〇・一一　一次訴訟から関西訴訟・溝口訴訟までを支え続けた宮澤信雄逝去
一一・二三　蒲島郁夫熊本県知事から技能者の模範として表彰

二〇一三（平成二五）年　五五歳

四・一　浜元二徳から引き継ぎ、水俣市立水俣病資料館「語り部の会」の会長となる
四・一六　最高裁（寺田逸郎裁判長）、溝口行政訴訟福岡高裁判決を支持し、熊本県側の上告を棄却。
「裁判所は個別の事情と証拠を総合的に検討し、水俣病と認定できるかどうか判断する／感覚障害のみの水俣病が存在しないという科学的な実証はない／五二年判断条件が定める症状の組み合わせが認められない場合でも、水俣病と認定する余地がある」四・一九、熊本県知事、故・溝口チエを水俣病と認定
★溝口訴訟支援で上京、判決傍聴
四・一六　最高裁（寺田逸郎裁判長）、F氏行政訴訟で原告敗訴の大阪高裁判決を破棄、審理を高裁に差し戻し。五・二、熊本県が控訴を取り下げ一審の患者勝訴判決が確定。故F氏は県から水俣病と認定されるがチッソは関西訴訟で賠償済みとして補償協定調印拒否、関西勝訴原告で公健法

認定された人への調印拒否が六件に上る

五・一　冊子「水俣病認定後の闘いの記録二〇〇七―二〇一三」発行

五・一　水俣病犠牲者慰霊式に出席した石原伸晃環境大臣にこけしを手渡す。

六・二〇　不知火患者会、水俣病特措法に申請できなかったり線引きや却下をされた天草を含む原告により国県チッソに賠償を求める訴訟を熊本地裁に提起（ノーモア特措法訴訟）。一二月新潟（阿賀野患者会）、二〇一四年東京・大阪でも同様の提訴

八・二七　水俣市総合計画策定審議会委員の委嘱を受ける

一〇・九　人体に有害な水銀の採掘・輸出入・製品化などを規制する「水俣条約」を採択する外交会議が熊本市と水俣市で開会

★開会式スピーチとして「水銀条約採択への願い」を語る（本書所収）

一〇・二七　第三三回全国豊かな海づくり大会のため天皇・皇后が水俣訪問

★「語り部の会」の会員一〇人と懇談の際、会長として自身や家族が次々と水俣病で苦しんできた経験を語る（本書所収）

一〇・三一　互助会訴訟原告で不服審査請求も行っていた下田幸雄に対して、国の公害健康被害補償不服審査会が熊本県の棄却処分を差し戻す裁決。「組み合わせを求める水俣病判断条件には合致しないが感覚障害が有機水銀の暴露によるものと認定できる」と溝口訴訟の最高裁判決を踏まえた裁決。一一月、熊本県が認定、補償協定を調印

一二・一七　イタイイタイ病の加害企業・三井金属鉱業と被害者団体「神通川流域カドミウム被害団体連絡協議会」が、同社がカドミウム腎症の被害者に一時金一人当たり六〇万円を支払う等で和解

の合意書に調印

二〇一四（平成二六）年　五六歳

二・　九　産廃処分場反対を貫いた宮本勝彬市長の後継として、市民派の西田弘志が水俣市長に当選

三・　七　溝口訴訟・F氏訴訟の最高裁判決で判断条件を批判された環境省「公害健康被害の補償等に関する法律に基づく水俣病の認定における総合的検討について」（環境保健部長通知）を関係県に送付。新通知は「感覚障害のみでも認定できる」としながらも「魚介類の多食期間や入手方法を証明し、体内水銀濃度や居住歴、職歴などを確かめる／水俣病特有の症状か確かめる／曝露から発症の期間は通常約一カ月、長くて約一年以内なら因果関係の確からしさが高い／客観的資料の裏付け」等の要件を設け、事実上認定を更に狭める内容。過去の棄却処分の再審査も認めず、患者各団体は批判し撤回を要求。二〇一四年二月、佐藤英樹（被害者互助会代表）、新通知差止め仮処分を東京地裁に提起

三・二三　長男が結婚

三・二四　内閣府情報公開・個人情報保護審査会は、溝口訴訟の控訴審（福岡高裁）で熊本県が提出した意見書に関して、環境省環境保健部特殊疾病対策室の担当者が作成した意見書試案を、「行政文書として管理すべきところを誤って廃棄した」と、環境大臣への答申で同省の隠蔽体質を批判した

三・三一　熊本地裁、被害者互助会・第二世代訴訟の一審判決。原告八人のうち三人については基本的に感覚障害の症状だけで「水俣病に罹患している」と判断、国・熊本県・チッソに対して四〇〇万～一億円の賠償を命ず。他方、五人の請求を棄却。原告団は全員で控訴

四・一　★判決傍聴
ケアホーム「おるげ・のあ」竣工。ほっとはうすに集う胎児性患者が入居開始
★建具の内装を担当
四・一六　桑原史成の写真集『水俣事件』に土門拳賞
四・二七　国が熊本県などに代わり水俣病患者の認定業務を行う「臨時水俣病認定審査会」の会合を一二年ぶりに開く。七・九答申を受けた環境省は四人（熊本県三、鹿児島県一）に棄却処分を下す
五・一　水俣病犠牲者慰霊式、石原伸晃環境大臣参列
★慰霊式で水俣病犠牲者の名簿納めの儀をする。石原環境大臣と語り部の会会長として懇談。石原環境大臣や蒲島熊本県知事に対して、国連教育文化機構（ユネスコ）の世界記憶遺産として「水俣病の資料、写真や映像など」を登録する活動への支援を求める要望書を語り部の会会長として提出
★同日、留守宅に「金がほしくて騒いでいる」と誹謗の匿名電話。後日その会話記録を公表し、患者被害者への偏見や差別が今も続いていることを問題提起
五・一六　佐藤英樹（被害者互助会会長）、「水俣病食中毒調査義務付け訴訟」を東京地裁に提訴。山口紀洋弁護士「発生当初から食品衛生法による被害調査が一度も行われていない。これを義務付ける」
五・三一　石牟礼道子全集（一七巻＋自伝）完結
六・二〇　参院本会議で、チッソが子会社株を売却しやすくする特例を盛り込んだ改正会社法が与党な

どの賛成多数で可決成立。不知火患者会・被害者互助会・被害市民の会等、合同で反対声明

八・八　東京地裁（谷口豊裁判長）、環境省新通知の差止めを却下。一〇・三一原告控訴

八・三〇　水俣病特措法の判定結果公表。三二二四四人に一時金が支給される一方、九六四九人が非該当とされた

一〇・一八　水俣で開催された水俣条約採択一周年行事行われる

★水俣条約一周年行事に出席。望月義夫環境大臣、副大臣に祈りのこけしを手渡す

二〇一五（平成二七）年　五七歳

三・二三　新潟地裁（大竹優子裁判長）、新潟水俣病第三次訴訟判決。原告一一人のうち七人を患者と認め、昭和電工に一人三三〇万〜四四〇万円の支払いを命じる。国と新潟県の賠償責任については認めず

五・一　水俣病犠牲者慰霊式

★慰霊式に出席。望月環境大臣と語り部の会会長として懇談する

五・三一　新潟水俣病が公式に確認から五〇年

六・一三　相思社評議員になる

六・二五　東京高裁（柴田寛之裁判長）、「環境省新通知」の差止めを棄却。七・九、原告上告

八・八　ほっとはうす（社会福祉法人さかえの杜）の代表理事になる

八・二五　熊本県は水俣病特措法による給付を認めた二二八一六人のうち、対象地域外に居住歴のある三七六一人が感覚障害などの症状を訴え、救済の対象になったと発表

九・七　津田敏秀（岡山大医学部）、食品衛生法による水俣病調査義務付けを求めて東京地裁に提訴

九・一五　新潟県は新通知で兄弟二人を水俣病と認定。認定患者数は計七〇四人

一〇・二四　水俣条約二周年行事

★出席

二〇一六（平成二八）年　五八歳

二・一六　四大公害の四日市を訪ね「四日市公害と環境未来館」の語り部と交流。こけしを手渡す

四・一四、一六　熊本地震

四・二〇　水俣病犠牲者慰霊式実行委員会の会議で熊本地震を理由に五月一日の慰霊式延期を提案。延期が決定

五・一　熊本水俣病が公式確認から六〇年を迎える

六・一九　水俣病センター相思社の理事に就任

一〇・七　水俣条約三周年行事

★出席

一〇・二九　水俣病公式確認六〇年水俣病犠牲者慰霊式、山本公一環境大臣参列

★慰霊式で名簿納めの儀をする。山本環境大臣と語り部の会会長として懇談をする。また国、熊本県へ世界記憶遺産登録などの要望書を手渡す。山本環境大臣に祈りのこけしを手渡す

【参考資料】

＊事件史部分は『水俣病誌』の年表（東京・水俣病を告発する会作成）、緒方氏個人史部分は『孤闘』の年表を参照している。

宮澤信雄『水俣病事件四十年』葦書房、一九九七年
川本輝夫『水俣病誌』世織書房、二〇〇六年
緒方正実『孤闘――正直に生きる』創想舎、二〇〇九年
緒方正実『水俣病認定後の闘いの記録 二〇〇七―二〇一三』下田健太郎編集、自費出版、二〇一三年
『季刊 水俣支援東京ニュース』東京・水俣病を告発する会

【チッソ水俣病事件から命の尊さを学ぶ会 牧野喜好・作成】

解説・緒方正実さんの闘いと水俣病

チッソの環境汚染

九州本島の南西にある日本窒素肥料（のち「チッソ」。現在の事業部門は「ＪＮＣ」）水俣工場では、ビニールや合成繊維の原料となるアセトアルデヒドを、戦前から生産していた。会社は、工程で生じた廃液やカーバイド残滓を、水俣湾や不知火海にそのまま流し続けた。排水に含まれていた猛毒のメチル水銀は触媒として投入された水銀剤が工程内で有機化したものだが、それが海中でプランクトンから小魚、そして魚貝類全般へと蓄積される。近年その水銀の高さが懸念されている外洋のクジラやマグロの場合も同じだが、メチル水銀は無味無臭で、見た目や味からは汚染が分からない。

不知火海は魚種豊か、中でも水俣湾周辺は「魚湧く海」と呼ばれるほどの漁場で、網による漁獲や一本釣り等で得られた魚介類は、いつも沿岸の家々の食卓の中心を占め、住民は長らくそれを食べ続けた。

戦後、高度経済成長のもとでアセトアルデヒドの増産が続き、垂れ流されるメチル水銀の量も飛躍的に増え、一九五六（昭和三一）年には「奇病」患者が公式に確認される。その四年後には漁民の大規模な抗議行動や国会議員の視察もあったが、食品衛生法によって住民が一斉健康調査されることや漁獲と販売が規制されることは一度もなかった。電気化学から石油化学への製法転換でこの工程を会社が廃止するまで、排出規制や操業停止も、刑事捜査もされないままだった。

会社は工場排水と「奇病」の因果関係を否定し続けたが、熊大医学部研究班の分析やチッソ附属病院のネコ実験を通じて、昭和三〇年代にすでにこれが工場内で副生したメチル水銀に由来することが明らかになっている。自然界の食物連鎖を通じて起こったメチル水銀中毒症は世界に前例がなく、沿岸地域丸ごとの殺人傷害事件にほかならなかった。

しかし、政府が水俣病を「チッソによる公害」と認めるのは一九六八（昭和四三）年という遅きに失し、法律で健康被害者の認定が始まるのがその翌年。チッソの賠償責任が一次訴訟判決で確定し、公害としての補償が始まるのは一九七三（昭和四八）年のことである。そのころ、緒方正実さん（以下、「著者」とする）は十代であった。

水俣病の病理と症状

金属水銀や無機水銀も人体に毒だが、メチル水銀（有機水銀）は普通の毒物を遮（さえぎ）る関門や障壁を越えて脳や胎盤の中まで侵入するため、健康や生命への影響が格段に大きい。急性劇症患者の場合、著しい運動失調や言語障害をきたし、痙攣発作を繰り返しながら死にいたることが多い。本文にあるように、著者の祖父は、水俣と地続きの不知火海沿岸漁村の網元で、一九五九（昭和三四）年の秋に発病、激しい症状のもと同年末に亡くなっている。また、実妹が胎児性の患者で、学校の送り迎えなど、幼いころから著者がよく面倒を見ていたことも詳しく語られている。生まれ育った芦北郡の漁業も工場排水の影響を濃厚に受けており、著者が幼少期に採取された頭髪の二二六ｐｐｍという高い水銀値は、のちに水俣病被害を裏付ける貴重な証拠となる。

水俣病は、症状の度合や発現のかたちが多様だ。症状が傍目（はため）にわかる劇症・重症患者や胎児性患者のみが水俣病患者だという偏った認識が流布していた時代、自らの神経症状を水俣病だと気づかない人々も多かった。頭痛、めまい、立ちくらみ、からすまがり、不眠、感覚麻痺……そういった症状がメチル水銀に関係することを自覚してからも、傍目に症状が分かりにくいことから、未認定患者は時に「ニセ患者」との誤解や中傷とも闘わねばならなかった。チッソや漁協、近隣住民の目などを意識して認定申請をためらう人がいることも今なお続く現実だ。

認定と補償救済

水俣病の認定は、「公害健康被害の補償等に関する法律」（以下、「公健法」とする）により、熊本・鹿児島県の知事が、各科の医師で構成された認定審査会の判断に基づいて行なっている。しかし審査会は、「水俣病による感覚障害か否かを判別できない」「症状の組み合わせに乏しく認定相当とは言えない」などとして認定数を著しく絞り込んだ。そのため、著者の居住する水俣市や芦北町、そして対岸の島々など不知火海のおよそ南半分の沿岸地域に、「水俣病とは認定されないが他に原因を考えられない感覚障害」を有した人々が多数放置されるという異常事態が、長らく続くこととなる。

認定患者数が限定されてきたことには医学外の要因も無視できない。一九七三（昭和四八）年、水俣病第一次訴訟判決とチッソ本社交渉を経て、認定患者への補償の枠組みが「（水俣病補償）協定書」として確立する。その時、チッソの後盾であった日本興業銀行の頭取は「認定患者一三〇〇人ぐらいまではチッソを支える」と述べたという（川本輝夫さんが報道関係者から伝聞した話）。そして認定患者がその数に達した一九七〇年代末、案の定チッソは倒産の危機を迎えた。政府はチッソ救済の県債方式を設けてチッソを支える一方、「水俣病判断条件」を策定して認定基準を厳しくした。倒産の危機にあえぐチッソと、それを県債融資で支える行政にとって、患者数を絞り込むことは財務上の至上命題となった。

未認定患者は処分を何年も待たされた揚句「水俣病ではない」として切り捨てられるが、訴訟や直接交渉の結果、一九九五（平成七）年、村山内閣において、「水俣病ではないが類似の症状を持つ人々」を「国が仲介者となってチッソと和解させる」という第一次政治決着（政治解決・政府解決策とも言う）が行われる。この時、約一万人の未認定患者が、解決金二六〇万円での決着を、断腸の思いで受け入れた。著者が当初、「水俣病とは認定されずに解決できるのは自分に合っている」と考えて申し出たのがこの政治決着であった。しかしその対象と判定されず、そこから著者の孤軍奮闘が始まる。

棄却処分の不服を争う険しい道

一九九七（平成九）年、著者は公健法に基づき、熊本県知事に対して水俣病認定を申請した。多項目にわたる検診と、認定審査会の審査を経て著者に示されたのは「棄却」（水俣病とは認めない）処分だった。

しかし、自らの水俣病をはっきりさせることに目的を定め直していた著者は、叔父の緒方正人さんや支援者の助言も得、認定申請を再度・再々度おこないつつ、行政不服審査請求という道に突き進む。これは、行政から下された処分に納得できない人が、処分庁（熊本県）に異議を申し立て、次にその上級庁（環境省外局の公害健康被害補償不服審査会）に処分の差し戻しを命ずるよう求めるもので、行政内部で行なわれるミニ裁判のような手続きである。水俣病認定をめぐる行政不服審査では、川本輝夫・佐藤ヤエさんらが一九七一（昭和四六）年に差し戻し裁決を経て認定を得たが、原処分が否定されて差し戻される率は、四十年余で三パーセントに満たない、細くて狭い道である。

結果的に著者は二回目の棄却処分をめぐる行政不服審査で国の不服審査会から「原処分破棄・差戻し」の裁決を勝ち取り、それを経て熊本県知事の水俣病認定という稀有な逆転を勝ち取る。

しかし、それと同じほどに貴重なのが、この闘いの中で著者が、それまで熊本県と認定審査会が当たり前のように行なってきた認定審査の手続きに素朴な疑問を感じ、辛抱強く県行政を問いただしたことだった。

●小児性水俣病を判断するとして小学校の成績証明書を提出させ、本人の了解なしに別手続きで使用したこと（本文Ⅱ章9⑴参照）。

●申請者やその家族が定職をもたないことを「ブラブラ」と差別的に表記していたこと（同9⑵参照）。

●本人の症状が水俣病ではないとの理由づけに「その視野狭窄は本人の人格に由来する」と答弁したこと（同9⑶参照）。

いずれも水俣病患者や認定申請者に対する人権蹂躙が甚だしい事例として、熊本県内では大きく報道された。そしてそのそれぞれにおいて、県知事や県職員が謝罪し、以後の是正につながった。

著者は、本書での口調そのままに普段は穏やかだが、行政の著しい不届きに接した時は怒りが燃え上がる。それでも、相手の良心に訴える丁寧な問いかけを辛抱強く続け、当時の潮谷義子県知事を動かし、知事自身が著者を水俣に訪ねたり直筆の謝罪手紙を書くという、為政者側の誠実をも引き出すこととなった。

関西訴訟から引き継いだ希望

著者の闘いは第一次政治決着（政府解決策）後の一九九七（平成九）年から十一年間に及んだ。この時期は新たな認定申請者がほとんどなく、現地において水俣病未認定問題は終わったと見られかけていた時期である。

そこに衝撃と覚醒をもたらしたのが二〇〇四（平成一六）年の関西訴訟最高裁判決だった。行政責任も病像定義も曖昧な和解決着をよしとせず、国家賠償訴訟を唯一継続したチッソ水俣病関西訴訟団が、国と熊本県の水俣病放置拡大責任を認め水俣病像をも改めさせる判決を確定させたのである。

著者は、亡くなった母の棄却処分取消を求め、ただ一人の原告として行政訴訟を始めた溝口秋生さんとともに、東京で最高裁判決を傍聴している。関西訴訟が二人をはじめ未認定患者を励まし、そして現在では著者の逆転裁決や溝口さんの最高裁判決・逆転認定（二〇一三／平成二五年）が次に続く人々の大きな拠り所となって今に至っている。

水俣病は患者と認定されても様々な困難があるところ、以上は、未認定問題のみに絞って事件と運動の経過や著者の活動を略述したに過ぎない。ひとまず、この問題を数字でまとめると、公健法よる認定患者が熊本・鹿児島両県で著者を含めて約二三〇〇人、村山内閣の第一次政治決着での解決金該当者が約一万人、そして特措法和解（第二次決着）に申し出た人が六万五千人である。「能う限りの救済」を標榜した特措法（二〇〇九年制定）だが、締切を急いだことや地域・年齢で線引きしたこと等により、救済から外される人々が少なからず、それが現在も続く新たな提訴を生むこととなった。そして関西訴訟や溝口訴訟の論点を引き継ぐ被害者互助会の訴訟は控訴審を展開中である（巻末資料8参照）。

今後も続く未認定患者の申請や運動の中で、訴訟以外に行政不服審査請求という道にも一縷の可能性がある。著者の歩んできた道はその点でも次代の人々の希望につながっている。

生きることへの問いかけと励まし

公式確認から半世紀を優に超える水俣病患者・被害者の運動は、代々の患者がそれぞれに渾身の闘いで歴史を綴ってきた、熱い血と汗の連鎖にほかならないが、著者の闘いは中でもひときわユニークである。相手の人間性に訴えかける、とはかつて川本輝夫さんもその重要性を説いていたことだが、組織人の良心に期待し訴えるというのはそう簡単ではなく、論理や問責に多くの力が傾注されるのが常だ。しかし著者の闘いにおいては、諄々（じゅんじゅん）たる語りや問いが県当局や不服審査会委員、そして県知事をも動かしたことは本文の通りである。

患者・被害者の個人史は、後世に残すべき貴重なドキュメントである。とりわけ自らの出自から説き起こし、水俣病を名乗ることの葛藤から、闘いへの転換、そしてその結果まで、半生の変遷を率直かつ平明に語りつくした記録は、ことさら稀有である。著者の記憶力と、自己を対象化し真摯に自問し続けてきた経緯には頭が下がる。

本書の語りに一貫している著者の誠実な苦悩は、水俣に縁のない者にも生きることの意味を問いかける。諦めずに持続しつづけることで道が開けるという励ましも、読む者の胸に響く。重い内容でありながら、その語りが凪の日の不知火海のように穏やかに光溢れていることはどのページを読んでも明らかだろう。

著者は現在、本業の建具店をご子息と共に営む傍ら、水俣市立水俣病資料館の語り部として自らの体験を来館者に語っている。また、その役割の延長で、二〇一三年の国際水銀条約会議や全国海づくり大会でも患者代表としての語りを任されるという多忙さであった。

この書物には、著者が行政不服に勝ち、認定を得て間もないころ、支援者の問いかけに応じてゆっくり長時間にわたって語られた話がまとめられているので、資料館などで著者の語りにふれた人にとっても、またこれから水俣病を学ぼうとする人にとっても、得るところは少なくないと思われる。

東京・水俣病を告発する会　久保田好生

編者あとがき

本書は、世織書房の伊藤晶宣さんが『水俣病誌』（川本輝夫著）に続いて緒方正実さんに上梓を提案し、申出に応えた緒方さんが語った内容をまとめたものです。川本さんの著書は公式確認から五〇年めに、緒方さんの著書は六〇年めの今年に刊行できたことを嬉しく思います。

「まえがき」にも述べられているとおり、本書は緒方さんが熊本県から水俣病認定を受けた二〇〇七年から約二年間に、また二〇一〇年も加えた三年間で六回にわたりのべ四十数時間、東京や水俣で語った内容で編まれています。作業は『水俣病誌』同様、関東や水俣在住の支援者で行ないました。また、桑原史成さんがカバー及び扉に海の写真を提供してくださいました。お礼申し上げます。

作業が遅れ著者にご心配をおかけしましたが、緒方正実さんの半生は終りえぬ水俣病に多くの示唆をもたらすばかりか、語りつがれ続ける内容であると信じています。

阿部浩・久保田好生・白木喜一郎・高倉史朗・平田三佐子・牧野喜好

二〇一六年八月一五日

緒方正実（おがた・まさみ）**プロフィール**

一九五七（昭和三二）年、熊本県葦北郡の漁村で網元の家に生まれる。幼少時に祖父が劇症型の水俣病で死亡。本人も毛髪水銀二二六ｐｐｍという汚染が確認されている。中学卒業後、漁業に従事したがのち建具師として独立。病苦と向き合いながら自らの水俣病を問い続け、一一年の闘いを経て二〇〇七（平成一九）年三月一五日、行政不服審査請求で棄却処分の差し戻し裁決と水俣病認定を得る。

現在、水俣市立水俣病資料館の「語り部の会」会長、ほっとはうす代表理事、水俣病センター相思社理事、本願の会会員。建具職で水俣市環境マイスター。著書に『水俣病患者 緒方正実著作綴』（水俣フォーラム、二〇〇七年）、『孤闘——正直に生きる』（創想舎、二〇〇九年）、『水俣病認定後の闘いの記録 二〇〇七—二〇一三』（下田健太郎編集、自費出版、二〇一三年）などがある。

【編者・スタッフ紹介】

● 編者

阿部浩（あべ・こう） 1957年生まれ。茨城・水俣病を告発する会。

久保田好生（くぼた・よしお） 1951年生まれ。東京・水俣病を告発する会。

高倉史朗（たかくら・しろう） 1951年生まれ。ガイアみなまた／緒方正実さん行政不服審査請求代理人。

牧野喜好（まきの・きよし） 1956年生まれ。チッソ水俣病事件から命の尊さを学ぶ会／緒方正実さん行政不服審査請求代理人。

● スタッフ

白木喜一郎（東京）、平田三佐子（埼玉）

水俣・女島の海に生きる――わが闘病と認定の半生

2016年11月27日　第1刷発行 ©

著　者	緒方正実
編　者	阿部　浩・久保田好生 高倉史朗・牧野喜好
カバー／扉写真	桑原史成
装　幀	M. 冠着
発行者	伊藤晶宣
発行所	(株)世織書房
印刷・製本所	(株)ダイトー

〒220-0042　神奈川県横浜市西区戸部町7丁目240番地 文教堂ビル
電話045(317)3176　振替00250-2-18694

落丁本・乱丁本はお取替いたします　Printed in Japan
ISBN978-4-902163-91-9

水俣病誌

川本輝夫〈久保田好生＋阿部浩＋平田三佐子＋高倉史朗・編〉

〈闘いの下で生涯を閉じた著者の全発言を収録・唯一の書〉　8000円

沖縄戦、米軍占領史を学びなおす●記憶をいかに継承するか

屋嘉比収

〈非体験者としての位置を自覚しながら、体験者との共同作業により沖縄戦の《当事者性》を、いかに獲得していくことができるか〉　3800円

［新版］通史・足尾鉱毒事件 一八七七～一九八四

東海林吉郎・菅井益郎

〈日本の「公害の原点」と称される、足尾銅山鉱毒事件のはじめての通史〉　2700円

増補改訂版〈平和の少女像〉はなぜ座り続けるのか

岡本有佳・金 富子＝責任編集　日本軍「慰安婦」問題WEBサイト制作委員会　1000円

忘却のための「和解」●『帝国の慰安婦』と日本の責任

鄭 栄桓

〈誰のため／何のための「和解」か。日韓合意の意味と捨てられた歴史を問う〉　1800円

人間学

栗原 彬＝編〈天田城介＋内田八州成＋栗原彬＋杉山光信＋吉見俊哉・著〉

〈時代／社会／日常の中で私はどう生きるのか。人間探究の書〉　2400円

〈価格は税別〉

世織書房